尽　善　尽　美　　　　弗　求　弗　迪

# 人性的优点

## 人性的弱点

精华合订本

[美] 戴尔·卡耐基 ◎ 著
(Dale Carnegie)
宿春君 ◎ 编译



電子工業出版社
Publishing House of Electronics Industry
北京·BEIJING

## 内 容 简 介

这是一本充满幽默与智慧的书，它的目的是为了帮助人们克服忧虑，积极地对待生活。通过克服人性的弱点、发挥人性的优点，从而实现自我的突破，提升人际交往能力和沟通能力，开创幸福成功的人生。

**图书在版编目（CIP）数据**

人性的优点·人性的弱点：精华合订本/（美）戴尔·卡耐基（Dale Carnegie）著；宿春君编译. —北京：电子工业出版社，2018.3

ISBN 978-7-121-32723-0

Ⅰ. ①人… Ⅱ. ①戴… ②宿… Ⅲ. ①成功心理－通俗读物Ⅳ. ①B848.4-49

中国版本图书馆 CIP 数据核字（2017）第 228903 号

责任编辑：杨雯　　文字编辑：娄晶晶
印　　刷：三河市鑫金马印装有限公司
装　　订：三河市鑫金马印装有限公司
出版发行：电子工业出版社
　　　　　北京市海淀区万寿路 173 信箱　邮编：100036
开　　本：720×1000　1/16　印张：18　字数：303 千字
版　　次：2018 年 3 月第 1 版
印　　次：2019 年 3 月第 7 次印刷
定　　价：39.80 元

凡所购买电子工业出版社图书有缺损问题，请向购买书店调换。若书店售缺，请与本社发行部联系。联系及邮购电话：（010）88254888，88258888。

质量投诉请发邮件至 zlts@phei.com.cn，盗版侵权举报请发邮件至 dbqq@phei.com.cn。

本书咨询联系方式：（010）57565890，meidipub@phei.com.cn。

# 前言

你是否常常为生活中的各种压力忧虑不堪、焦躁不已？

随着现代生活节奏的加快，人们的生活压力也逐渐增大，面临失业的威胁、巨额的房贷，复杂的人际关系的困扰，以及由这些压力引发的忧虑情绪问题越来越突出。

在忧虑情绪的折磨下，很多人出现失眠、孤僻的症状。忧虑还会引发各种精神性的疾病，引起肠胃性的疾病和心脏病，甚至还会使人们产生蛀牙。现如今，忧虑已经成为当代人身心健康的最大杀手。

对于这些沉浸在忧虑中不可自拔的人来说，戴尔·卡耐基无疑能够帮助人们去进行一场“快乐革命”。

戴尔·卡耐基是美国著名的教育家和演讲口才艺术家，同时也是著名的文化企业家。他生于 1888 年，逝于 1955 年。他的一生专注于常理的哲学影响和教育实践。在帮助人们学习如何处世上，在帮助人们获得自尊、自重、勇敢和自信上，在帮助人们克服人性的弱点、发挥人性的优点、开发人类潜能，从而获得事业成功和人生快乐上，给人们以智慧的启迪。

卡耐基一生中写了不少文章，登载于报纸和杂志上。他还开播了自己的无线电广播节目，在节目中，他讲述了很多著名人物鲜为人知的一面。卡耐基的著作以其节奏快且非常实用和迅速成功为特点，适应和反映了 20 世纪中期的社会要求，因此获得了人们的广泛欢迎。他的理论书籍被译成 30 多种语言，在全世界范围内广泛传播，成为销量仅次于《圣经》的经典著作。

现如今，卡耐基创办的成人教育机构、国际卡耐基成人教育机构及其遍布世界的分支机构有 1700 多个。半个世纪以来，成千上万的男女犹如关注华尔街股市的行情一般，不辞辛劳地从美国城市的一头到另一头，仅仅是为了聆听一次卡耐基的专题讲座。接受卡耐基理论教育的不仅有明星、巨商、各界领袖，也有军政要人、内阁成员，甚至还有几位总统，人数多达几千万个，影响了 20 世纪的几代人。美国《时代周刊》曾评价卡耐基：“或许除了自由女神，他就是美国的象征。”

早在开办教育机构之初，卡耐基就意识到，忧虑是人类面临的主要问题之一。无论是平凡的人还是伟大人物，都面临着忧虑的困惑。忧虑给人带来极大的负面影响。为此，卡耐基专门阅读了曾经面临严重问题的著名人物的传记，希望能从中找出摆脱问题的办法。他想办法帮助人们扫清忧虑障碍，使人们更加清楚、有效地表达自己的乐观思想，感知生活的快乐。

1948 年，卡耐基就关于如何消除忧虑这一方面写了这本《人性的优点》。与《人性的弱点》《语言的突破》一样，《人性的优点》成为卡耐基所开办的成人教育班主要教材之一。在《人性的优点》里，卡耐基收集整理了一套停止忧虑的原则，指导学员们将这些原则运用到生活中，并且让他们在班上对结果加以讨论，使他的原则不断地得到充实和完善。这些不仅是卡耐基成人教育机构的教科书，也是趣味无穷、使人受益匪浅的优秀读物。

为了帮助人们成功克服忧虑，也为了方便广大读者体会卡耐基的智慧精髓，我们精心编写了这本《人性的优点》。从卡耐基《美好的人生》《快乐的人生》及《语言的突破》等书中精心筛选内容，把卡耐基一生中最重要、最丰富的经验都汇集于此。

我们相信，这本充满幽默、智慧的书一定能够洗涤你的忧虑，给你的生活带来很大的启迪。我们也相信，这本书能够在繁忙的现代生活中给你带来一片宁静和永久的快乐。卡耐基的智慧将成为你心中最可靠的朋友，伴你一起勇敢开拓快乐而幸福的生活之路。

# 卡耐基自序

人生活在世上只有短短的几十年，却浪费了很多的时间去想许多半年内就会被遗忘的小事。实际上，世界上有半数的伤心事都是由一些小事引起的，诸如一点小小的伤害、一丝小小的屈辱等。相反，那些在图书馆、实验室从事研究工作的人很少因忧虑而精神崩溃，因为他们没有时间享受这种“奢侈”。忧虑最能伤害你的时候，不是在你行动之时，而是在你工作做完之后。

印度戏剧家卡里达沙把太阳升起——黎明到来的这一天称为生命中的生命，宣称“昨天是场梦，明天是幻影。唯有今天，才会使每一个昨天变成一个快乐的梦，使每一个明天成为有希望的幻景”。在你最失意的时候，你能否脱口而出“不管明天有多糟，我已经过了今天”？理由很简单，今天才是最真实的！

从 1931 年开始，我在纽约替商界和专业人士举办一项教育课程。最初，我只举办了演讲的课程。此类课程的目的是运用实际的经验，帮助成人在商业洽谈和团体中能依照自己的思想更清晰、更有效、更镇定地发表他们的意见。

然而，几年的授课经验使我认识到，除了上述问题，忧虑和许多的情绪已成为这些人面临的另一个普通而重大的问题。大部分学员是上班族，他们有各行各业的主管、推销员、工程师、会计，而他们大多数人都有问题。其中也有女性——职业妇女和家庭主妇，她们都有自己的问题。

在我们的医院里，有一半以上的病人都是因为紧张和情绪困扰而引起疾病住院的。我把纽约公共图书馆书架上 22 本有关忧虑的书都看遍了。我也到其他地方搜索所有我能找到的有关忧虑的书，可都没发现有任何一本能够适用于那些成人班的学员，于是我决定再动手写一本，就是这本《人性的优点》。

我为了撰写这本书，曾经读过所有我能找到的，有关这方面的资料，包括迪克斯报纸信箱回答，其他如离婚法庭的记录、双亲杂志，以及多种著名的著作。同时，我还雇用一位受过训练的人去研究、探索。他花费了一年半的时间，在各图书馆中阅读我所遗漏的资料，探究各种心理学的专集，追读多种杂志文章，探索无数的伟人传记，希望能找出各时代大人物是如何应对人生的。

我们读过各时代的伟人传记，读过那些领袖人物的生平纪事，从恺撒到爱迪生。有关罗斯福的传记，我就收集了100多本。我们决定不惜任何时间、金钱找出自古以来任何人用过的、关于交友和自我调适的切实的意见。

我曾经亲自访问过世界著名的成功人物，尽量从他们身上找出他们在人与人的关系上所运用的技巧。

我还做过一个比采访、阅读更重要的事情——我在一个专门研究如何克服忧虑的实验室里工作了 5 年——建立由我的成人训练班组成的实验室。据我所知，这是世界上第一所也是唯一一所研究忧虑的实验室。我们的做法是，将一套克服忧虑的准则教给学员，请他们回去实际运用，再回到班上报告结果。很多学员报告的都是一些过去用之有效的方法。

可以说，我是世界上听过“克服忧虑”的演讲最多的人。除此之外，我还见过成百上千的“克服忧虑”的案例。有些是他人寄给我的，有些是在班上得过奖的。总之，这本书绝非来自象牙塔，也不是教你克服忧虑的学院派的研究报告，而是一本记录成百上千位成年人克服忧虑的报告。这绝对是一本更为实际的书！

哈佛大学教授威利姆·贾姆士曾这样说过：如果和我们应有的成就做个比较，我们只是蒙眬半醒着，我们只是利用了身心一小部分的能源。在极限之内，我们尚有更多的能源，可是我们习惯不加以利用。

这本书唯一的目的就是帮助你发现它、开展它、利用它，那些是你尚未利用的财富！

如果在看完这本书的前三章后，你应对烦恼的方法仍然没有改进，至少对你来讲，我认为这本书是完全失败的。因为，教育最大的目的，不仅是寻求知识，还有实际的行动。

这就是一本行动的书！

这篇序言，和一般的序言一样，只是长了些，现在我们言归正传。

# 目　录

## 第七章　善待所有挫折



## 第八章　用头脑工作



## 第九章　与人交往的七项要领

# 第一章

# 认清身边的忧虑

# 忧虑影响健康

很多年以前的一个晚上，一个邻居按响我的门铃，要我和家人去种牛痘，预防天花。他是整个纽约市几千名志愿者中去按门铃的人之一。很多吓坏了的人都排了好几个小时的队接种牛痘。在所有的医院、消防队、派出所和大工厂里都设有接种站。大约有2000名医生和护士夜以继日地替大家种痘。怎么会这么热闹呢？因为纽约市有8个人得了天花——其中2人死了——800万纽约市民中死了2人。

我在纽约市已经住了37年，可是还没有一个人来按我的门铃并警告我预防精神上的忧郁症，在过去37年里所造成的损害，至少比天花要大1万倍。

从来没有人来按门铃警告我：目前生活在这个世界上的人，每10人中就有1人会精神崩溃，而大部分都是因为忧虑和感情冲突而引起的。所以我现在写本章，就等于来按你的门铃向你发出警告。

曾经获得诺贝尔医学奖的亚历克西斯·卡锐尔博士说："不知道抗拒忧虑的商人都会短命而死。"

其实不只商人，家庭主妇、兽医和泥水匠……都是如此。

几年前，我在度假的时候，跟戈伯尔博士一起坐车经过得克萨斯州和新墨西哥州。戈伯尔博士是圣塔菲铁路的医务负责人，他的正式头衔是海湾—科罗拉多和圣塔菲联合医院的主治医师。当我们谈到忧虑对人的影响时，他说，在医生接触的病人中，有70%的人只要能够消除他们的恐惧和忧虑，病就会自然好起来。不要误以为他们都是生了病，他们的病都像你有一颗蛀牙一样实在，有时候还严重100倍。我说的这种病就像神经性的消化不良，某些胃溃疡、心脏病、失眠症，一些头痛症和麻痹症等。

这些病都是真病，我这些话也不是乱说的，因为我自己就得过12年的胃溃疡。

恐惧使你忧虑，忧虑使你紧张，并影响到你胃部的神经，使胃液由正常变为不正常，因此就容易产生胃溃疡。

约瑟夫·蒙塔格博士曾写过一本《神经性胃病》的书，他也说过同样的话：“胃溃疡的产生，不是因为你吃了什么而导致的，而是因为你忧愁些什么。”

梅奥诊所的阿尔凡莱兹博士说：“胃溃疡通常根据你情绪紧张的高低而发作或消失。”

他的这种说法在对梅奥诊所的15 000名胃病患者进行研究后得到了证实。每5人中，有4人并不是因为生理原因而得胃病。恐惧、忧虑、憎恨、极端自私，以及无法适应现实生活，才是他们得胃病和胃溃疡的原因。胃溃疡可以让你丧命。

我最近和梅奥诊所的哈罗德·哈贝恩博士通过几次信。他在全美工业界医师协会的年会上读过一篇论文，说他研究了176位平均年龄在44.3岁的工商界负责人。他报道说：大约有1/3的人因为生活过度紧张而引起下列三种病症之一——心脏病、消化系统溃疡和高血压。想想看，在我们工商界的负责人中，有1/3的人都患有心脏病、溃疡和高血压，而他们都还不到45岁，成功的代价是多么高啊！而他们甚至都不能算是成功，一个身患胃溃疡和心脏病的人能算是成功之人吗？就算他能赢得全世界，却损失了自己的健康，对他个人来说，又有什么好处？即使他拥有全世界，每次也只能睡在一张床上，每天也只能吃三顿饭。就是一个挖水沟的人也能做到这一点，而且还可能比一个很有权力的公司负责人入睡得更安稳，吃得更香。我情愿做一个在亚拉巴马州租田耕种的农夫，在膝盖上放一把五弦琴，也不愿意在自己不到45岁的时候，就为了管理一个铁路公司，或者是一家香烟公司而毁了自己的健康。

说到香烟，一位世界最知名的香烟制造商，最近在加拿大森林里想轻松一下时，因为心脏病发作而死了。他拥有几百万美元的财产，却在61岁时就离世了。他也许是牺牲了好几年的生命换取了所谓的“生意上的成功”。

在我看来，这个有几百万美元财产的香烟大王，其成功还不及我爸爸的一半。我爸爸是密苏里州的农夫，默默无闻，却活到了89岁。

心脏病是美国的第一号凶手。在第二次世界大战期间，有三十几万人死在战场上，可是在同一段时间里，心脏病却杀死了200万平民——其中有100万人的心脏病是由于忧虑和过度紧张的生活引起的。中国人和美国南方的黑人却很少患这种因忧虑而引起的心脏病，因为他们处事沉着。死于心脏病的医生比农夫多 20 倍。因为医生过的是紧张的生活，所以才有这样的结果。

“上帝可能原谅我们所犯的罪，”威廉·詹姆斯说，“可是我们的神经系统却不会。”

这是一个令人吃惊而难以相信的事实：每年死于自杀的人比死于种种常见的传染病的人还要多。

为什么呢？答案通常都是“因为忧虑”。

古时候，残忍的将军要折磨他们的俘虏时，常常把俘虏的手脚绑起来，放在一个不停往下滴水的袋子下面……水滴着……滴着……夜以继日，最后，这些不停滴落在头上的水，变得好像是用槌子敲击的声音，使那些人精神失常。这种折磨人的方法，以前西班牙宗教法庭和希特勒手下的德国集中营都曾经使用过。

忧虑就像不停往下滴的水，而那不停地往下滴的忧虑，通常会使人心神不宁而自杀。

当我还是密苏里州一个乡下孩子的时候，礼拜天听牧师形容地狱的烈火，把我吓得半死。可是他从来没有提到，我们此时此地由忧虑所带来的重重痛苦的地狱烈火。比方说，如果你这样长期忧虑下去的话，你有一天就很可能会患上最痛苦的病症——狭心症。

这种病要是发作起来会让你疼痛尖叫，跟你的尖叫比起来，但丁的《地狱篇》听来都像是“娃娃游玩具国”了。到时候，你就会跟你自己说：“噢，上帝啊！噢，上帝啊！要是我能好的话，我永远也不会再为任何事情忧虑——永远也不会了。”如果你认为我这话说得太夸张，不妨去问问你的家庭医生。

你爱生命吗？你想健康、长寿吗？下面就是你能做到的方法。我再引用一次亚历克西斯·卡锐尔博士的话：“在纷繁复杂的现代城市中，只有内心保持平静的人，才不会变成神经病。”

你是否可以在现代城市的混乱中保持内心的平静呢？如果你是一个正常人，答案应该是：“可以的”，“绝对可以”。我们大多数人实际上都比我们所认知的要坚强得多。我们有很多也许从来没有发现的内在力量，就像梭罗在他不朽的名著《狱卒》里所说的：“我不知道有什么比一个人能下定决心改善他的生活能力更令人振奋了……要是一个人能充满信心，朝他理想的方向去做，下定决心过他所想过的生活，他就一定会得到意外的成功。”

## 精神问题的起因

著名的梅奥兄弟宣布，我们有一半以上的病床上，躺着患有神经病的人。可是，在强力的显微镜下，以最现代的方法来检查他们的神经时，却发现大部分人都非常健康。他们“神经上的毛病”都不是因为神经本身有什么异常的地方，而是因为情绪上有悲观、烦躁、焦急、忧虑、恐惧、挫败、颓丧等情形。柏拉图说过：医生所犯的最大错误是，他们想治疗身体，却不想医治思想。可是精神和肉体是一体的，不能分开处置。

医药科学界花了 2300 年的时间才认清这个真理。我们刚刚才开始发展一种新的医学，称之为“心理生理医学”，用来同时治疗精神和肉体。现在正是做这件事的最好时机，因为医学已经大量消除了可怕的、由细菌所引起的疾病——比方说，天花、霍乱、黄热病，以及其他种种曾把数以百万计的人埋入坟墓的传染病。可是，医学界一直还不能治疗精神和身体上那些不是由细菌所引起，而是由于情绪上的忧虑、恐惧、憎恨、烦躁，以及绝望所引起的病症。这种情绪性疾病所引起的灾难正日渐增加，日渐广泛，增长速度惊人。

医生们估计，现在活着的美国人中，每 20 人就有 1 人在某一段时期得过精神病。第二次世界大战期间被征召的美国年轻人，每 6 人中就有 1 人因为精神失常而不能服役。

精神失常的原因何在？没有人知道全部的答案。可是在大多数情况下，极可能是由恐惧和忧虑造成的。焦虑和烦躁不安的人，多半不能适应现实的世界，而跟周围的环境切断所有的关系，缩在自己的梦想世界，以此解决他所忧虑的问题。

在我写这一章时，我书桌上就有一本书，是爱德华·波多尔斯基博士所写的《停止忧虑，换来健康》。书中谈到了几个问题：

1. 忧虑对心脏的影响。
2. 忧虑造成高血压。

3．风湿症可能因忧虑而起。

4．为了保护你的胃，请少忧虑些。

5．忧虑如何使你感冒。

6．忧虑和甲状腺。

7．忧虑与糖尿病患者。

另外一本有关忧虑的好书，是卡尔·明格尔博士所写的《与己作对》。它没告诉你怎样避免忧虑的规则，却告诉你一些很可怕的事实，让你看清楚我们怎样通过焦虑、烦躁、憎恨、后悔、反叛和恐惧情绪来伤害我们的身心健康。

忧虑甚至会使最强壮的人生病。在美国南北战争的最后几天里，格兰特将军发现了这一点。故事是这样的：

格兰特围攻里奇蒙德有9个月之久，李将军那衣衫不整、饥饿不堪的部队被打败了。有一次，好几个兵团的人开了小差。其余的人在他们的帐篷中开会祈祷，叫着、哭着，看到了种种幻象。眼看战争就快结束了，李将军手下的人放火烧了里奇蒙德的棉花，以及烟草仓库，也烧了兵工厂，然后在烈焰升腾的黑夜里弃城逃走了。格兰特乘胜追击，从左右两侧和后方夹攻南部联军，而由骑兵从正面截击，拆毁铁路线，俘虏了运送补给的车辆。

由于剧烈头痛而使眼睛半瞎的格兰特无法跟上队伍，就停在了一个农家。“我在那里过了一夜，”他在回想录里写道，“把我的两脚泡在了加了芥末的冷水里，还把芥末药膏贴在我的两个手腕和后颈上，希望第二天早上能恢复。”

第二天清早，他果然复原了。可是使他复原的不是芥末药膏，而是一个带回李将军降书的骑兵。

“当那个军官来到我面前的时候，”格兰特写道，“我的头痛得很厉害，可是我一看到那封信的内容，我就好了。”

显然，格兰特是由于忧虑、紧张和不安才生病的。一旦他在情绪上恢复了自信，想到了他的成就和胜利，病马上就好了。

70年后，罗斯福总统的财政部长亨利·摩根索发现忧虑会使他病得头晕眼花。他在日记中记述说，为了提高小麦的价格，罗斯福总统在一天以内买了440万蒲式耳的小麦，使他感到非常忧虑。他在日记里说：“在这件事还没有结束之前，我觉得头晕眼花。我回到家中，吃完中饭后睡了两个小时。”

著名的法国哲学家蒙泰格被选为老家的市长时，他对市民们说：“我愿意用我的双手处理你们的事情，可是不愿把它们带到我的肝里和肺里。”

但我那个邻居却把股票市场带到了他的血液中，差点送了他的老命。

如果我想记住忧虑对人有什么影响，我不必去看我领导的房子，只要看看我现在坐着的这个房间，想想以前这栋房子的主人——他由于忧虑过度而进了坟墓。

忧虑会使你患风湿症或关节炎而坐上轮椅。康奈尔大学医学院的罗素·塞西尔博士是世界闻名的治疗关节炎的权威，他列举了4种最容易得关节炎的情况：

1．婚姻破裂。

2．财务上的不幸和难关。

3．寂寞和忧虑。

4．长期的愤怒。

确实，以上4种情绪状况并不是关节炎形成的唯一原因。而使关节炎产生最“常见的原因”是塞西尔博士所列举的这4点。举个例子来说，我的一个朋友在经济不景气的时候遭到了很大的损失。结果煤气公司切断了他的煤气，银行没收了他抵押贷款的房子，他的太太突然染上关节炎——虽然经过治疗和增加营养，但关节炎却一直到他们的财务状况改善之后才算痊愈。

不久以前，我和一个得这种病的朋友到费城去。我们去见伊莎瑞尔士内·布拉姆博士——一位主治这种病达38年之久的著名专家。在他候诊室的墙上挂了一块大木板，上面写着他给病人的忠告。我把它抄在一个信封的背面：

轻松和享受

最使你轻松愉快的是，

健全的信仰、睡眠、音乐和欢笑。

——对神要有信心，

——要能安稳入睡，

——从滑稽的一面来看待生活，

健康和快乐就都是你的。

他问我朋友的第一个问题就是："你的情绪是否有什么问题而使你产生这种情况？"他警告我的朋友说，如果他继续忧虑下去，就可能会染上其他并发症，如心脏病、胃溃疡，或是糖尿病。"所有的这些病症，"这位名医说，"都互为亲戚关系，甚至是很近的亲戚。"一点都不错，它们都是近亲——由忧虑所产生的病症。

## 忧虑销蚀容颜

我去访问女明星英乐·奥伯恩时，她告诉我她绝对不会忧虑，因为忧虑会摧毁她在银幕上的主要资产——她美丽的容貌。她告诉我说：

"当我最先想要进入影坛的时候，我既担心又害怕。我刚从印度回来，在伦敦一个熟人也没有，却想在那里找一份工作。去见过几个制片人，可是没有一个人肯用我。我仅有的一点钱渐渐用光了，整整有两个礼拜，只靠一点饼干和水过活。这下我不仅是忧虑，还很饥饿，我对自己说：'也许你是个傻子，也许你永远也不可能闯进电影界。归根究底，你没有经验，也从来没有演过戏，除了一张漂亮的脸蛋，你还有些什么呢？'

"我照了照镜子。就在我望着镜子的时候，才发现忧虑对我的容貌起了极坏的影响。我看见忧虑造成的皱纹，看见焦虑的表情，于是我对自己说：'你一定得马上停止忧虑，不能再忧虑下去了，你所能给人家的只有你的容貌，而忧虑会毁了它的。'"

再没有什么会比忧虑使一个女人老得更快，而摧毁了她的容貌。忧虑会使我们的表情难看，会使我们咬紧牙关，会使我们的脸上产生皱纹，会使我们愁眉苦脸，会使我们头发灰白，有时甚至会使头发脱落。忧虑会使你脸上的皮肤发生斑点、溃烂和粉刺。

曾经有一段时期在日本掀起了第一次"自然化妆品"热潮，与现时的"自然"有所不同，主要以使用更加原始的原材料生产化妆品为特色，如使用赤豆、丝瓜等所谓"传统智慧"的化妆品大行其道，对流行时尚极为敏感的年轻女性完全陷于其中不能自拔。这种自然化妆品的依据便是"绝不使用任何表面活性剂、防腐剂以及香精等成分”，使用这些“含对皮肤有害的物质”的大型化妆品生产厂家的化妆品对人的肌肤是极其危险的”，等等。这种极端的论调使陷于其中的女性纷纷对著名厂家的化妆品敬而远之，甚至持否定态度，一心追捧赤豆和丝瓜。

在这一片热潮中，有一位女性在接受某杂志的采访中曾语出惊人并发出豪言壮语：“除了纯自然的化妆品，其他都令人可怕，使用不得！”

可是大约一年之后，她又突然宣称自己是“敏感性肌肤”，开始热衷于由皮肤科医师开发研制的化妆品，“就是不使用防腐剂的自然化妆品也令人可怕，使用不得!”又过了大约两年，她又转而竭力称赞起所谓“无任何添加物”的化妆品来，对皮肤科医师开发研制的化妆品也变成了否定：“那只不过是一种错觉而已!”后来，每当与她联系时便换了一种“爱用品”的她，又迷上了我只听到过名字的二线品牌的邮购化妆品，而选择的理由自然是每次都各不相同，真是很有意思。毫无疑问，她就是那种“化妆品信息源”“超级时尚发布中心”，同时又是稍显不成熟的狂热的化妆品爱好家。

彷徨于各种化妆品间而无法确定自己所适合的，这本是谁都可能发生的事情，没有什么不好，可是她的情况却稍稍有些病态，对各种化妆品一一热衷又一一背弃。因肌肤总是不能变得光滑而美丽，尽管尝试了各种各样的化妆品，但是她一点儿也没有美丽起来，脸色总是显得暗淡无光，一直在为脸上的疙瘩而烦恼。

后来她又随着时尚潮流开始为“冥想化妆品”而倾倒，但是脸色仍然未见好转，终于发出了“难道所有化妆品都没有什么效果吗？”的疑问。即使这样，她还是没有停止尝试和彷徨，先后使用了各种“冥想化妆品”。她将毫无改善的原因统统归结为化妆品，而旁观者则清楚知道这绝不是化妆品的原因。3 年前，她结婚当了一名全职主妇，出于很容易理解的原因，她听从住所附近主妇们的推荐，又试着换用了在主妇中间很受欢迎的上门推销的化妆品，结果如何？令人简直不敢相信，她的肌肤一下子变得光滑美丽起来。

“真的是好不容易才遇上了这样好的化妆品啊！”

她兴奋异常地给我来电话报告。我问她：“怎么个好法？”她回答：“脸上的疙疙瘩瘩全都不见了，皮肤也变白了……”

我情不自禁地想：果不其然!

她为肌肤持续烦恼了约 10 年的根本原因不是因为“没有遇见好的化妆品”，而是她身体内反反复复蓄积下来的令人感觉不适的精神压力，巨大的精神压力会导致自主神经系统失调，血液循环不畅，皮肤的免疫机能低下或出现紊乱。她总是脸色暗淡，稍有一点小事脸上便长出疙瘩等，全都是内在的精神压力所致。那么，为什么持续了 10 年的讨厌的问题会在一瞬间全面解决呢？我想大家已经明白了吧，那就是结婚。年过 35 岁的“闪电式结婚”，不要说周围人觉得惊讶不已，就连她本人可能也觉得想不到。

类似的例子还可以举出许多。一位皮肤粗糙不堪的女性先后尝试了各种各样的化妆品，在某次人事变动后被调到了其他科室，突然间仿佛全身的毒素全部排出似的，肌肤变得光滑润洁起来；还有一位女性在与长期同居的男友分手，重新搬家之后，立即显得容光焕发，终于告别了彷徨于各种化妆品的生活。无论是谁，都是在改变了自己的日常生活场所的同时发生变化。

然而更重要的却是，现今的时代在被称作狂热的美容爱好家的人群中，像这种类型的人——将自己不幸的原因指向毫不相干的化妆品，漫无目标地热衷于化妆品中。并且这些人往往不信任“主流”化妆品，而宁愿更相信自然化妆品、邮购化妆品等“支流”的化妆品，热衷于从一些二线品牌的化妆品中发现所谓的“价值”。“支流”永远都不可能成为“主流”，因而她们“追求更好更有效的化妆品”的意识比一般人更加强烈，以至于一直彷徨于各种化妆品以及频繁更换化妆品的病态之中。

或许有人会认为这是“庞大的浪费”吧，不过我却有一瞬真的觉得靠着化妆品或多或少解救了深陷于“暗无天日”的巨大精神压力中的她们，这不也是一件好事吗？就拿她来说，大概甚至将“或许结不了婚”的原因也归罪于“化妆品一点也没有效果”吧。假如真是这样的话，那么她由于这种归罪也就不至于产生“我不是一个好女人”“我缺少女性的魅力”一类的自卑感，她之所以能够结婚，可以说也是因为她并没有这种自卑感的缘故。她所反复尝试和彷徨于许许多多的化妆品，也许没有治愈她肌肤上的问题，至少也减轻了她精神上的自卑感，所以说还是产生了效果的，一点也没有浪费。

日本知名的女性心理专家斋藤薰说过：“我觉得化妆品不只是搽在肌肤上的东西，它更应该是擦拭在精神上的东西。我们经常说使用化妆品后人会变得心情舒畅，其实它还从更深层次上减轻女性的精神苦痛。”

忧虑是女人容貌的最大克星，拥有一份好心情就是最好的天然化妆品。如果你不想让你眼周的皮肤过早出现皱纹，请及时地脱离忧虑。

# 让忧虑远离生活

在现实的生活中，我们每天必须亲自处理各种各样的工作，这些工作不仅满足我们生存的需要，同时也给我们带来快乐。但在多数情况下，我们其中的一些人却享受不到工作的快乐，而是痛苦于由工作压力带来的种种忧虑。

我曾参与过一项名为“压力下的家庭健康”调查，在接受调查的2万人中有近85%的人认为，绝对须要学习如何处理压力。根据过去10年美国家庭医师协会的调查估计，一般的病人中，有近3/4患有与压力有关的问题。这样的调查和其他类似的调查统计，引起许多公司机构与企业界领导人的关注，因为在过去的一年里，怠工、与压力相关的疾病而造成的生产效益低下，已使得他们的公司损失了500亿美元。而且他们相信在两年之内，这种花费会增至750亿美元——平均每位美国的工人要花750美元。家庭与婚姻是受压力影响最严重的领域。一般来说，压力是婚姻问题与人际关系产生问题最根本的原因之一。

艾柯森博士在他的一篇医学报告中为我们总结了一些关于工作压力带来的忧虑症状。他说：“压力是精神与身体对内在、外在事件的生理反应与心理反应，具有下列特征：A.主观性——同样的事件有人觉得有压力，有人却觉得无所谓；B.评价性——同样的压力有人认为对自己有帮助，然而有人却认为对自己有副作用；C.活动性——压力会因为对每一个人造成的严重性不同，从而产生不同程度的压力。”艾柯森仔细地观察他的病人，发现80%的人因为工作的压力产生忧虑，而烦躁和忧虑致使他们的身体经常呈现以下症状。

情绪：紧张、敏感、多疑、不稳定、焦躁不安、忧虑烦恼、难以放松等。

生理：口干舌燥、心跳急速、异常出汗、肌肉紧绷僵硬、便秘、头痛、失眠、血压升高、全身酸痛、疲劳、精神不济、消化系统不良、新陈代谢失调等。

行为：抱怨、争执、挑剔、责备、暴力、滥用药物、生活作息混乱、坐立不安等。

不错，工作的压力是忧虑的主要来源，但有时相反。你是否注意到，当你在工作出现过失或者差错的时候，你害怕别的同事或上司会发现这件事时，你心中有着一股怎样强大的压力？这种压力是我们每个人都会有的，因为我们都曾经或多或少在工作中出现过失误。

我在得克萨斯州举办的成人教育班上，一个叫玛丽·苏伊曼的女士讲述了她的一段至今难忘的经历。“10 年前，我刚刚从佛罗里达州国立大学毕业进入一家洗涤品公司的销售部工作。当时公司新研制出了一种冰箱除味剂，首先在几家超市做了这种新产品的接受程度调查，效果还不错。接着上司肖恩对我布置了新的销售任务——一星期内做出一份销售除味剂的策划案。当时我异常紧张，‘我只是个新手，为什么让我来做挑战性这么大、风险又这么高的策划案？为什么肖恩不让已经在这里工作了两年的彼得去做？’在这样的不安中我度过了前两天。我当时真实的感受是，当黎明到来的时候，我迅速起床赶到一个个社区中给每个家庭主妇分发除味剂，然后就在现场统计关于价格、包装、气味等方面的调查结果，到了晚上我面对摆在桌子上的一堆资料开始忧虑，‘这样能行吗？别的同事是否会取笑我？甚至在会上反对这种销售方式？成功的概率到底有多少？’整个夜晚就在这样的质疑中迷迷糊糊度过。到了第四天，事情开始有转机，一位退休在家的老教授找到我们公司，急切地问你们的除味剂怎么在超市的货架上找不到。这样简短的一个问题使我打消了忧虑，我自信地告诉上司我的策划案已经完成。压力消失了，困扰也不在了，我们成功地推销了新除味剂。”虽然事情时隔 10 年，玛丽依然很激动，“可能很多人生活中的忧虑和不快乐来自工作中的压力，其实更多的情况是，工作的压力不是因为工作本身，而是我们自己给自己制造的压力。”

著名的心理学者哈里·赖文生博谈到我们对自己将来的光明前景的概念，他说，我们总是尽力使每一件事尽善尽美，因为我们希望能活得更像心目中的自己。但在我们实际状况与自我期望之间总是有一段距离，这距离就是引起压力的根源，也称为自我的压力。因为我们理想中的“我”是导致潜在问题的原因。

前几年一个经常和我联系的商人谈到了他在这种压力中挣扎的经验，这种经验给了他很好的教训。他说：“许多年前我的公司领导曾经问我，是否愿意考虑调职到日本。那真是自我表现的好机会，但我知道，若我接受，很可能会造成家庭问题。我已因职业的关系搬家至 4 个不同的城市，其中的一次搬家之后，当时我那15岁的大儿子，离家出走了几天，以示抗议。我知道我不应再考虑为事业而搬家，因为我另外一个儿子那时也已经15岁，正值青春期的危险年龄。但我仍让上司将我列入考虑人选中达六周之久。在这段时间里，我说：‘我不会自我推荐的，上帝啊，我会让别人来决定。’我的太太琼说：‘我祷告，求神指示我们。’我知道，这是她表示不愿意去的方式。我那15岁的儿子则坦白地对我说：‘爸爸，我不要再搬家。’在6周后事情决定了，是由另一位同事去。虽然我口里说：‘那好啊。’但两天以后，我患了肠疾，而且并没有立刻就好，就在那个时候我才明白我的挣扎有多大。病了4天后，半夜肚子疼痛使我醒来，因为极度的疲乏而变得轻缓下来，我轻声地祷告：‘我现在才知道我一直在苦苦挣扎，请赦免我只想到自己的需要。请医治我与家人的关系……并且也请医治我身体上的不舒服。’那夜我也不必再爬起来了，因为我的罪已得赦免，而我的难处也随着紧张一并消失。结果我得到宝贵的教训，当一个人不顾一切要得到一个工作上的地位，而甘冒着失去家庭和邻里的和谐关系这种思想时，就会丧失分辨是非黑白的能力。”

在我们忙碌的生活中，自我管理的能力实在很重要，而理想的自我便是其中重要的部分。或许我们生命中有90%的时间是花费在自己的事情与追逐自我的理想中，我们只为自己着想，因为那会使我们陷在自我的捆绑中。古罗马有这样一句谚语，“不是负担，而是过重的负担杀死熊”。换句话说，是每日的压力，加上过多的焦虑伤害了我们。

另外还有一种压力，是来自犹豫不决的困扰。

有的时候你在工作中受到的压力，就和你得了感冒一样，是渐渐形成的。没人能事先警觉，因为每一个人都知道，一点点的压力不会伤害你，或许还有些好处呢。但当有一天你发现你受到的压力已超过了负荷，而你甚至不知道是从什么时候开始的。于是，你必须寻求一种医治的方法，从一场使你十分疲惫的争斗中得以解脱。在这项个人与压力的搏斗中，你若放弃自己的一意孤行，压力就可以减少许多。

# 忧虑是心灵的垃圾

如果你一直觉得不满，那么即使你拥有了整个世界，也会觉得伤心。在我们的生活中，大概有90%的事还不错，只有10%的不太好。如果我们要快乐，就要多想想90%的好，而不是去理会10%的不好。

众所周知，情绪可以影响甚至主宰人的心理及生理的健康，而厌烦更是许多心理失调和生活病症产生的根源。呼吸急促、头痛、睡眠不佳、晕眩、性无能、皮肤瘙痒等都是一些常见的生理症状。更令人担忧的是厌烦对人们心理上的影响，厌烦磨平了人们生活的锐气，浇灭了人们生活的热情，也夺去了人们生活的目标。

人们常认为，容易为厌烦所折磨的往往是那些没有工作、无所事事、游手好闲的人，然而实际上工作的人也同样不能避免。无论是工作还是休闲，厌烦最可能侵袭的人往往有这样一些特征：

- 渴望安全感和物质的保障
- 对别人的评价非常敏感
- 随波逐流
- 忧心忡忡
- 缺乏自信
- 没有创造力

爱默生有一句很精辟的话："当你觉得安全时，厌烦也会随着滋生，它是一种不安全的征兆。"因为那些在生活中选择了比较安全、没有风险道路的人，其实也是选择了平庸。他们的生活缺乏冒险与激情，缺乏创造与新意，因而他们也就很难获得成功与满足作为回报。

对于那些选择了不断进取和攀登生活道路的人来说，生活永远充满了挑战与刺激，几乎任何一件事都可以焕发生活的热情与创造的欲望。他们总有很多事可做，每样事又有很多方法可以选择。他们是如此充实又忙碌、乐观又开朗，面对他们充满韧性又朝气的生命力，厌烦永远找不到潜入他们内心的突破口。

对于每个人来说，生活中总会或多或少有感到厌烦的时候。尤其是在平时使我们不懈追求的事情上，最终却可能使我们厌烦。一份好不容易才得到的工作却带来无尽的压力；原本与女友甜蜜温馨的关系变得乏味厌倦；苦苦盼来的宝贵的休闲时间却因无所事事而成为一潭死水。于是我们往往开始指责周围的事物、社会、朋友、肮脏的城市、阴沉的天气、品质低劣的电视节目、丑陋而又多嘴的女同事乃至邻居家的笨狗。这实在是最容易又最普遍的一种反应。随心所欲地指责外在的影响，既获得了自我心理膨胀的满足，也不负责任地为自己找到了种种理由。

心理学家曾经分析过很多引起厌烦的原因，其中一些常见的因素是：

- 期望落空
- 工作没有挑战性
- 缺少运动
- 气量狭小
- 缺乏投入的热情
- 感情脆弱
- 生活单调乏味

然而问题是，是谁使我们的希望未能实现？是什么使我们的生活一成不变？是什么让我们变得如此冷漠？为什么我们不能心胸宽广些？如果这些问题得不到解决，这些心情就会在生活中一再出现，我们也将陷于厌烦的感情旋涡中不能自拔。

所以，归根结底，厌烦时我们没有理由也没有必要指责任何人、任何事。厌烦其实是我们自己造成的。不停地抱怨什么也改变不了，也不能解决任何问题。如果想使生活多彩多姿、丰富有趣，我们一定得靠自己。没有人能帮我们解决自己的问题。要想消除厌烦，完全取决于你是否有勇气承担责任、有信心战胜困难、有决心直面痛苦、有行动改变现状。当我们做到这些时，厌烦就不再是问题了。

# 第二章

## 消除心中的忧虑

# 用平均率战胜忧虑

我从小生长在密苏里州的一个农场上。有一天。在帮母亲摘樱桃的时候，我哭了起来。我妈妈说：“你到底有什么好哭的啊？”我哽咽地回答道：“我怕我会被活埋。”

那时候我心里充满了忧虑。暴风雨来的时候，我担心被闪电劈死；日子不好过的时候，我担心东西不够吃；另外，我还怕死了之后会下地狱；我怕一个叫詹姆怀特的大男孩会割下我的两只大耳朵——像他威胁过我的那样。我忧虑，是因为怕女孩子在我脱帽向她们鞠躬的时候取笑我；我忧虑，是因为怕将来没一个女孩子肯嫁给我；我还为我们结婚之后我该对我太太说的第一句话是什么而操心。我想象我们会在一间乡下的教堂里结婚，会坐着一辆垂着流苏的马车回到农庄……可是在回农庄的路上，我怎么能够一直不停地跟她谈话呢？该怎么办？怎么办？我在犁田的时候，常常花几个钟头在想这些惊天动地的问题。

日子一天天地过去，我渐渐发现我所担心的事情里有 99%根本就不会发生。比方说，像我刚刚说过的，我以前很怕闪电。可是现在我知道，随便在哪儿，我被闪电击中的机会大概是 1/350000。

我怕被活埋的恐惧，更是荒谬得很。我没有想到——即使是在发明木乃伊前的那些日子里——在 1000 万人里可能只有 1 人被活埋，可是我以前却曾经因为害怕这件事而哭过。

每 8 人里就有 1 人可能死于癌症。如果我一定要发愁的话，我就应该去为得癌症的事情发愁——而不应该去愁被闪电劈死，或者遭到活埋。

事实上，我刚刚谈的都是我在童年和少年时所忧虑的事。可是我们很多成年人的忧虑，也几乎一样荒谬。要是我们停止忧虑的时间够长，我们就可根据平均率评估我们的忧虑究竟值不值得。如此一来，我想你和我都能够把我们的忧虑消掉 9/10 了。

全世界最有名的保险公司——伦敦的罗艾得保险公司——就靠大家对一些根本很难得发生的事情的担忧，而赚进了几百万元。伦敦的罗艾得保险公司是在跟一般人打赌，说他们所担心的灾祸几乎永远不可能发生。不过，他们不把这叫作赌博，而是称之为保险。实际上这是以平均率为根据的一种赌博。这家大保险公司已经有200年的良好历史了，除非人的本性会改变，它至少还可以继续维持5000年。它只是替你保鞋子的险、保船的险，利用平均率来向你保证那些灾祸发生的情况并不像一般人想象的那么常见。

如果我们检查一下所谓的平均率，就常常会为我们所发现的事实而惊讶。比方说，如果我知道在5年以内，我就得打一场盖茨堡战役那样惨烈的仗，我一定会吓坏了。我一定会想尽办法去加保我的人寿险；我会写下遗嘱，把我所有的财物变卖一空。我会说："我大概没办法活着撑过这场战争，所以我最好痛痛快快地过剩下的这些年。"但事实上，根据平均率，在50～55岁之间，每1000人里死去的人数与盖茨堡战役里16万士兵中每1000人里平均阵亡的人数相同。

有一年夏天，我在加拿大洛基山区里弓湖的岸边碰见了何伯特·沙林吉夫妇。沙林吉太太是一个很平静、很沉着的女人，给我的印象是，她好像从来没有忧虑过。有一天夜晚，我们坐在炉火前，我问她是不是曾经因忧虑而烦恼过。"烦恼？"她说，"我的生活都差点被忧虑毁了。在我学会征服忧虑之前，我在自作自受的苦难中生活了11个年头。

"那时候我脾气很坏、很急躁，生活在非常紧张的情绪之下。每个礼拜，我要从在圣马提奥的家搭公共汽车到旧金山去买东西。可是就算在买东西的时候，我也愁得要命——也许我又把电熨斗放在熨衣板上了；也许房子烧起来了；也许我的女佣人跑了，丢下了孩子们；也许他们骑着脚踏车出去，被汽车撞死了。我买东西的时候，常常因发愁而弄得冷汗直冒，冲出店去，搭上公共汽车回家，看看是不是一切都很好。难怪我的第一次婚姻没有结果。

"我的第二任丈夫是一个律师——一个很平静、事事都能够加以分析的人，从来没有为任何事情忧虑过。每次我神情紧张或焦虑的时候，他就会对我说：'不要慌，让我们好好地想一想……你真正担心的到底是什么呢？让我们看一看平均率，看看这种事情是不是有可能会发生。'

"举个例子来说，我还记得有一次，那是在新墨西哥州，我们从阿布库基开车到卡世白洞窟去，经过一条土路，在半路上碰到了一场很可怕的暴风雨。

“车子一直滑着，没办法控制。我想我们一定会滑到路边的沟里去，可是我的先生一直不停地对我说：‘我现在开得很慢，不会出什么事的。即使车子滑进了沟里，根据平均率，我们也不会受伤。’他的镇定和信心使我平静下来。

“有一个夏天，我们到加拿大的洛基山区托昆谷去露营。有天晚上，我们的营帐扎在海拔 7000 尺高的地方，突然遇到暴风雨，好像要把我们的帐篷吹成碎片。帐篷是用绳子绑在一个木制的平台上的，外面的帐篷在风里抖着、摇着，发出尖厉的声音。我每一分钟都在想：我们的帐篷会被吹跑了，吹到天上去。我当时真吓坏了，可是我先生不停地说着：‘我说，亲爱的，我们有好几个印第安向导，这些人对一切都知道得很清楚。他们在这些山地里扎营，都扎了有 60 年了，这个营帐在这里也过了很多年，到现在还没有被吹跑过。根据平均率来看，今晚也不会被吹跑。即使被吹跑的话，我们也可以躲到另外一个营帐里去，所以不要紧张。’我放松了心情后睡得非常熟。

“几年以前，小儿麻痹症横扫过加利福尼亚州我们所住的那一带。要是在以前，我一定会惊慌失措，可是我先生叫我保持镇定，我们尽可能采取了所有的预防方法：我们不让小孩子出入公共场所，暂时不去上学，不去看电影。在和卫生署联络过之后，我们发现，到目前为止，即使是在加州所发生过的最严重的一次小儿麻痹症流行时，整个加利福尼亚州只有 1835 个孩子染上了这种病。在平常，一般的数目只在 200～300 之间。虽然这些数字听起来还是很惨，可是到底让我们感觉到，根据平均率看起来，某一个孩子感染的机会实在是很少。

“‘根据平均率，这种事情不会发生。’这一句话就消灭了我 90%的忧虑，我过去 20 年来的生活，过得那样美好和平静，都是靠这一句话的力量。”

回顾过去的几十年时，我发现我大部分的忧虑也都是因此而来的。詹姆·格兰特告诉我，他的经验也是如此。他是纽约富兰克林市场的格兰特批发公司的大老板。每次他要从佛罗里达州买 10～15 车的橘子等水果。他告诉我，他以前常常想到很多无聊的问题，比方说，万一火车出事怎么办？万一水果滚得满地都是怎么办？万一我的车子正好经过一座桥，而桥突然塌了怎么办？当然，这些水果都是经过保险的。可是他还是怕万一他没有按时把水果送到，就可能失掉他的市场。他甚至因过度忧虑而得了胃溃疡，因此去找医生检查。医生告诉他，他没有别的毛病，只是过于紧张罢了。“这时候我才明白，”他说，“我开始问我自己一些问题。我对自己说，‘注意，詹姆·格兰特，这么多年来你批发过多少车的水果？答案是：‘大概有 25 000 多车。’然后我问我自己，‘这么多车里有多少出过车祸？’答案是：‘噢——大概有 5 部吧。’然后我对我自己说，一共 25 000 部车子，只有 5 部出事，你知道这是什么意思？比率是 5000∶1。换句话说，根据平均率来看，以你过去的经验为基础，你车子出事的可能概率是 5000∶1，那你还担心什么呢？’

“然后我对自己说：‘嗯，桥说不定会塌下来。然后我问我自己，在过去，你究竟有多少车水果是因为塌桥而损失了呢？’答案是：‘一部也没有。’然后我对我自己说，‘那你为了一座根本没塌过的桥，为了 5000∶1 的失事概率而让自己忧愁成疾，不是太傻了吗？’”

“当我这样来看这件事的时候，”詹姆·格兰特告诉我，“我觉得以前自己真的太傻。于是我就在那一刹那决定，以后让平均率来替我担忧——从那以后，我就没有再为我的‘胃溃疡’烦恼过。”

埃尔·史密斯在纽约当州长的时候，我常听到他对攻击他的政敌说：“让我们看看记录……让我们看看记录。”然后他就把很多事实讲出来。下一次你若再为可能发生什么事情而忧虑，最好学一学这位聪明的老埃尔·史密斯，查一查以前的记录，看看你这样忧虑到底有没有道理。这也正是当年佛莱德雷·马克思塔特害怕自己躺在散兵坑里的时候所做的事情。下面就是他在纽约成人教育班上所说的故事：

“1944 年的 6 月初，我躺在奥玛哈海滩附近的一个散兵坑里。当时我正在第 9 信号连服役，而我们刚刚抵达诺曼底。我看到了地上那个长方形的散兵坑，就对自己说：‘这看起来多像一座坟墓。’当我准备睡在里面的时候，更觉得那就是一座坟墓，我忍不住对我自己说：‘也许这就是我的坟墓呢。’在晚上 11：00 的时候，德军的轰炸机开始飞了过来，炸弹纷纷往下落。我吓得呆若木鸡。前三天我根本睡不着。到了第 4 天还是这样。第 5 天夜里，我几乎精神崩溃了。我知道要是不赶紧想办法的话，我整个人就会疯掉。所以我提醒自己说：‘已经过了 5 个夜晚了，我还活得好好的，而且我们这一组的人也都活得很好，只有两个受了轻伤。’他们之所以受伤，并不是因为被德军的炸弹炸到了，而是被我们自己的高射炮的碎片打中。我决定做一些有建设性的事情来制止我的忧虑，所以在我的散兵坑上造了一个厚厚的木头屋顶来保护我自己不至于被碎弹片击中。我计算了我这个单位伸展开来所能到达的最远地方，告诉我自己：‘只有炸弹直接命中，我才可能被打死在这个又深又窄的散兵坑。’于是我算出直接命中的比率还不到万分之一。这样子想了几夜之后，我平静了下来，后来就连敌机来袭的时候，我也能睡得非常安稳。”

美国海军也常用平均率所统计的数字来鼓舞士兵的士气。一个以前当海军的人告诉我，当他和他船上的伙伴被派到一艘油船上的时候，他们都吓坏了。这艘油船运的是高单位汽油，于是他们都认为，要是油船被鱼雷击中，就会爆炸开来，把船上的每个人都送上西天。

可是美国海军有他们的办法。海军单位发出了一些很正确的统计数字，指出被鱼雷击中的 100 艘油船里，有 60 艘并没有沉到海里去，而真正沉下去的 40 艘里，只有 5 艘是在不到 5 分钟的时间沉没。那就是说，如果鱼雷真的击中油船，你有足够的时间跳下船——也就是说，在船上丧命的机会非常小。这样对士气有没有帮助呢？“知道了这些平均数字之后，我的忧虑一扫而光。”住在明尼苏达州保罗市的克莱德·马斯——也就是说这个故事的人说，“船上的人都觉得轻松多了，我们知道有的是机会，根据平均的数字来看，我们可能不会死在这里。”

## 永远活在今天

在一次培训课上，我和学员们讨论到“及时行乐”这个话题，大多数人认为“及时行乐”带有太多利己观念，但我认为“及时行乐”里面也包含很多积极进取的因素。有这么一个小故事：

一个 20 出头的小伙子急匆匆地走在路上。一个人拦住了他，问道：

“小伙子，你为何行色匆匆啊？”

小伙子连头也不回，飞快地向前跑着，只泛泛地甩了一句：

“别拦我，我要寻求幸福。”

转眼 20 年过去了，小伙子已变成中年人，可他依旧在路上奔波。

有一个人又拦住他。

“喂，中年人，你上哪儿去啊？”

“别拦我，我在寻找我的幸福。”

20 年又过去了，这个中年人逐渐变得苍老，面色憔悴，背也驼得像一张弯弓，可他仍挣扎着一步步向前走。

又有个人拦住他。

“老头子，你还在寻找你的幸福吗？”

“是啊！”

当老头儿回答完这句问话，猛然惊醒，一行老泪流了下来。原来，刚问他问题的那个人，就是幸福之神啊！他寻找了一辈子，实际上幸福就在他身边，他却屡次与他擦肩而过。

讲到这里，我看了看下面的学员，提出了这样一个问题：

“请问在座诸位，对于‘及时行乐’这个命题还有不同看法吗？”

教室内一片寂静，看得出每个人都陷入了苦苦的思索之中。

是的，我们的人生太短促，但是，我们脚下的路却很长很长。如果懂得享受生活中的乐趣，抛开人世间的一切苦恼与忧虑，我们的人生就是幸福的、快乐的。

1871 年春天，一个蒙德里尔综合医院的医科学生，因为受一句话的启发，而使他成为一代医学权威，创建了全世界知名的约翰·霍普金斯医学院，成为牛津大学的钦定医学教授，获得了医学界最高荣誉——女王勋章。他还被加封为子爵，他就是威廉·奥斯勒，而他看到的那句话是：

“最重要的不是去看远方的模糊，而要做手边清楚的事。”

他的成功，就是因为他活在一个所谓“完全独立的今天”。42 年后，他在耶鲁大学发表演说时对大学生们说：

“你们当中每一个的组织都比一条大船复杂、精美得多，所要走的航程也远得多，但你们要学会怎样适应并控制一切，活在一个‘完全独立的今天’。

“要注意聆听你们生活的每一个层面，隔断已经死去的昨天，也隔断那些尚未诞生的明天。那你拥有的就是今天。

“明天的重担，再加上昨天的重担，就会成为今天最大的障碍，要把未来像过去那样紧紧地关在门外，因为未来就在于今天。”

奥斯勒教授认为，为明日做准备的最好方法，就是要集中你所有的智慧、所有的热情，把今天的工作做得尽善尽美。在今天完成今日事，这才算为明天铺路。

我们多数的人都拖延着不去享受今天的生活，我们都梦想着天边有一座奇妙的玫瑰园，而不去欣赏今天就开放在我们窗口的玫瑰。

“我们生命的小小历程是多么奇怪啊，”斯蒂芬·柯高写道，“小孩子说：‘等我长大的时候。’然而等他长大成人了，他又说：‘等我结婚之后。’可是结了婚，又能怎么样呢？他们的想法变成了‘等到我退休之后’。然而，等到退休之后，他回头看看他所经历过的一切，似乎有一阵冷风吹过来。不知怎么的，他把所有的事情都错过了，而一切又一去不再回头。我们总是无法及早领会，生命就在今天的生活里，就在每一天和每一个时刻里。”

“生活在一个完全独立的今天里”这句话，让一名瘦了40磅，精神濒临崩溃的士兵摆脱了忧虑，步入了快乐而有益的生活。他的名字叫泰德·班哲明，住在马里兰州的巴铁摩尔城。

“在1945年的4月，”泰德·班哲明写道，“我因忧愁患了一种医生称为结肠痉挛的病，这种病使人极为痛苦。

“我当时整个人筋疲力尽。我在第94步兵师担任士官的职务，工作是建立并记录在作战中死伤和失踪者情况的记录，还要帮忙挖掘那些在战事激烈的时候被打死的、被草草掩埋的士兵。我得收集那些人的私人物品，要确切地把那些东西送到他们的家人或近亲的手里。我一直在担心，怕我们会造成很严重的错误，我担心我是不是能撑得过这些事，我担心是不是还能活着回去把我的独生子——一个我从来没有见过的、16个月的儿子抱在怀里。我既担心又疲劳，瘦了40磅，我眼看着自己的两只手只剩下皮包骨。我一想到瘦弱不堪的自己回家就害怕，我崩溃了，哭得像个孩子，我浑身发抖……有一段时间，也就是德军最后大反攻开始不久，我常常哭泣，几乎放弃了还能再成为一个正常人的希望。

“最后我住进了医院。一位军医给了我一些忠告，彻底改变了我的生活。

在为我做完一次彻底的全身检查之后，他告诉我，我的问题纯粹是精神上的。‘泰德，’他说，‘我希望你把你的生活想象成一个沙漏，你知道在沙漏的上半段，有成千上万粒的沙子，它们都会很慢很平均地流过中间那条细缝。除了弄坏沙漏，你跟我都没有办法让两粒以上的沙子同时通过那条细缝。你我和每一个人，都像这个沙漏。每天早上开始的时候，有成百上千件的工作，让我们觉得我们一定得在那一天里完成。可是如果我们不一件一件来做，让它们慢慢平均地通过这一天，像沙粒通过沙漏的细缝一样，那我们就一定会损害到我们自己的身体或精神了。’

“从那一天起，‘一次只流过一粒沙，一次只做一件事’这个忠告，它在身心两个方面都救了我。目前对我在印刷公司的公共关系及广告部中的工作，也有莫大的帮助。我发现在生意场上，也有像在战场上的同样的问题，一次要做好几件事情——但却没有多少时间可利用。但是，我不会再紧张不安，因为我永远记得那个军医告诉我的话：‘一次只流过一粒沙子，一次只做一件工作。’我一再对自己重复地念着这两句话。我的工作比以前更有效率，做起来也不会再有那种在战场上几乎使我崩溃的、迷惑和混乱的感觉。”

我们的医院里大概有一半以上的床位都是留给神经或者精神上有问题的人。他们都是被疲累的昨天和令人担心的明天所加起来的双重重担所压垮的病人，而那些病人中，大多数只要能奉行耶稣的这句话，“不要为明天忧虑”，或者是威廉·奥斯勒爵士的这句话，“生活在一个完全独立的今天里”，他们就都能走在街上，过着快乐而有益的生活了。

你和我，在目前这一刹那，都站在两个永恒交会之点——已经永远消逝的过去，以及延伸到无穷尽的未来——我们都不可能活在这两个永恒之中，甚至连一秒钟也不行。若想那样做的话，我们就会毁了自己的身体和精神。所以，我们就以能活在这一刻而感到满足吧。从现在起一直到我们上床睡觉，“无论担子有多重，每个人都能支持到夜晚的来临。”罗勃·史蒂文生写道，“无论工作有多苦，每个人都能做他那一天的工作，每一个人都能很甜美、很有耐心、很可爱、很纯洁地活到太阳下山，而这就是生命的真谛。”

对于一个聪明人来说，每一天都是一个新的生命。

底特律城已故的爱德华·诺文斯，在学会“活在今天”之前，几乎因为忧虑而自杀。爱德华·诺文斯生长在一个贫苦的家庭，起先靠卖报来赚钱，然后在一家杂货店当店员。后来，家里有 7 口人要靠他吃饭，他就找到一个当助理图书管理员的职位，薪水很少，他却不敢辞职。8 年之后，他才鼓起勇气开始他自己的事业。不久，就用借来的 55 块钱发展成一个大的事业，一年赚 2 万美元。就在这时，厄运降临了：他替一个朋友开出一张面额很大的支票，而那位朋友破产了。在这次灾祸之后又来了另外一次大灾祸，那家存着他全部财产的大银行垮了，他不但损失了所有的钱，还负债 16000 美元。他精神受不住这样的打击，“我吃不下，睡不着，”他说道，“我开始生起奇怪的病来。没有别的原因，只是因为担忧。有一天，我走在路上的时候，昏倒在路边，以后就再不能走路了。他们让我躺在床上，我的全身都烂了，伤口从外往里烂之后，连躺在床上都受不了。我的身体越来越弱，最后医生告诉我，我只有两个礼拜可活了。我大吃一惊，一边写好我的遗嘱，一边躺在床上等死。挣扎或是担忧都没有用了，我放弃了，也放松下来，闭目休息。在此以前，连续好几个礼拜，我几乎没有办法连续睡上两个小时。可是这时候，因为一切困难很快就将结束，我反而睡得像个孩子。那些令人疲倦的忧虑渐渐消失了，我的胃口恢复了，体重也开始增加。

“几个礼拜之后，我就能拄着拐杖走路。6 个礼拜以后，我又能回去工作了。我以前一年曾赚过 2 万块钱，可是现在能找到一个礼拜 30 块钱的工作，就已经很高兴了。我的工作是推销用船运送汽车时放在轮子后面的挡板。这时我已学会不再忧虑——不再为过去发生的事情后悔——也不再担心将来。我把所有的时间、精力和热忱，都放在手头的工作上。”

由于爱德华·诺文斯脚踏实地做好手头的每一件事情，他的进展非常快，不到几年，他已是诺文斯工业公司的董事长。多年来，这个公司的名字一直位居于纽约股票市场交易所的大盘上。如果你乘飞机到格陵兰去，很可能降落在诺文斯机场——这是为了纪念他而命名的飞机场。可是，如果他没有学会“生活在完全独立的今天里”的话，爱德华·诺文斯绝不可能获得这样的成功。

时间并不能像金钱一样让我们随意储存起来，以备不时之需。我们所能使用的只有被给予的那一瞬间，也就是今日和现在。例如，我们不能充分利用今日而让时间白白虚度，那么它将一去不返。所谓“今日”，正是“昨日”计划中的“明日”，而这个宝贵的“今日”，不久将消失在遥远的地方。对于我们每个人来讲，得以生存的只有现在——过去早已消失，而未来尚未来临。昨天是张作废的支票；明天是尚未兑现的期票；只有今天，才是现金，有流通性的价值。

摆脱忧虑的一个重要方法就是学会在现时中生活。请注意，这里使用的不是“现实”而是“现时”一词，它更加强调的是“现在”这一时间概念，“现时”生活是你真正生活的关键所在。细想一下，除了现在，我们永远不能生活在任何其他时刻，你所能把握的只有现在的时光，其实未来也只不过是一种即将到来的现在。有一点可以肯定，在未来到来之前，你是无法生活于未来之中的。然而，我们的文化传统总是降低现时的重要性，我们常听人们如此交谈：

为将来而积蓄；

要考虑后果；

不要过于注重享乐；

想想今后；

为退休做好准备等。

在我们的传统文化中，回避现时几乎成为一种流行性疾病。社会环境总是要求人们为将来牺牲现在。根据逻辑推理，在这种思想的影响下，人们总是在今天为明天或昨天的事情担忧，无法“活在今天”。回避“现时”这种态度意味着不仅要避免目前的享受，而且要永远回避幸福——难道不是吗？将来那一时刻一旦到来，也就成为“现时”，而我们到那时又必须利用那一“现时”为将来做准备。这样，幸福总是明日复明日，永远遥不可及。

回避“现时”往往导致对未来的一种理想化。你可能会想象自己在今后生活中的某一时刻，会发生一个奇迹般的转变，你一下子变得事事如意、幸福无比、财富无限，或者期望自己在完成某一特别业绩——如大学毕业、结婚、有了孩子或职务晋升之后，你将重新获得一种新的生活。然而，当那一刻真正到来时，你却并没获得自己想象中的幸福，甚至还会有些令人失望。未来永远没有你所想象的那么美好、如诗如画，它也只是一种切切实实的“现时”。为什么许多年轻人婚后不久就哀叹生活与婚姻的不幸，其中不乏一个原因——他们曾经将婚姻和未来幻想得过于幸福美满，而当这一切真正到来时，他们却不愿面对现实。

美国著名小说家亨利·詹姆斯在《大使们》一书中如此忠告：

“尽情地生活吧，否则，就是一个错误。你具体做什么都关系不大，关键是你要生活。假如没有生命，你还有什么呢？失去的就永远失去了，这是毫无意义的……所谓适当的时刻就是人们仍然有幸得到的时刻，幸福地生活吧！”

如果你也像托尔斯泰书中的伊凡·伊里奇那样回顾自己的一生，你将发现自己很少会因为做了某事而感到遗憾。

“如果我到目前为止的整个生活都是错误的，那该怎么办？他忽然意识到以前在他看来完全不可能的事也许的确是真的——他也许真的没有按照他本应做的那样去生活。他忽然意识到，自己以前那些难以察觉的念头——尽管出现之后便随即被打消——或许才是真的，而其他一切则是虚假的。他的职业义务、他的生活以及家庭的整个安排，还有他的一切社会利益和表面利益，也许完全都是虚无的。他一直在为所有这一切进行辩解，然而现在，他蓦然感到自己的辩解是苍白无力的。没有什么值得辩解……”

恰恰相反，正是那些你所没做的事情才会使你在心中耿耿于怀。因此，你现在应该去做的事情十分显然——行动起来！珍惜现在的时光，充分利用现在的时光，不要放过一分一秒。否则，如果你以自我挫败的方式度过现在的时光，就无异于永远地失去“现时”。

让我们用铁门把过去隔断——隔断已经死去的那些昨天；按下另一个按钮，用铁门把未来也隔断——隔断那些尚未诞生的明天。然后你就保险了——你有的是今天……切断过去，把已死的过去埋葬掉；切断那些会把傻子引上死亡之路的昨天，人类得到救赎的日子就是现在，精力的浪费、精神的苦闷，都会紧随着一个为未来担忧的人……那么把船后的大隔舱都隔断吧，准备养成一个好习惯。“生活在完全独立的今天里”，幸福快乐就在你生活的每一天。

让我们用一个每天能产生快乐而有建设性思想来计划，为我们的快乐而奋斗吧。

下面这个“只为今天”的计划，我认为对过上一种积极有益的生活非常有效，如果我们能照着做，我们就能大量产生“生活上的快乐”。

1. 只为今天，我要很快乐。假如林肯所说的“大部分人只要下定决心都能很快乐”这句话是对的，那么快乐是来自内心，而不是来自外界。

2. 只为今天，我要让自己适应一切，而不去试着调整一切来适应我的欲望。我要以这种态度接受我的家庭、我的事业和我的运气。

3．只为今天，我要爱护我的身体。我要多运动、善于照顾、善于珍惜，不损伤它、不忽视它，使它能成为我争取成功的好基础。

4．只为今天，我要加强我的思想。我要学一些有用的东西，我不要做一个胡思乱想的人。我要看一些需要思考、更需要集中精神才能看的书。

5．只为今天，我要用三件事来锻炼我的灵魂。我要为别人做一件好事，但不要让人家知道；我还要做两件我并不想做的事，而这就像威廉·詹姆斯所建议的，只是为了锻炼。

6．只为今天，我要做个讨人喜欢的人，外表要尽量修饰，衣着要尽量得体，说话低声，行动优雅，丝毫不在乎别人的看法。对任何事都不挑毛病，也不干涉或教训别人。

7．只为今天，我要试着只考虑怎么度过今天，而不期望我一生的问题一次就解决。因为，我虽能连续 12 个钟头做一件事，但若要我一辈子都这样做下去的话，就会吓坏了我。

8．只为今天，我要订下一个计划。我要写下每个钟头该做些什么事。也许我不会完全照着做，但还是要订下这个计划，这样至少可以免除两种缺点——过分仓促和犹豫不决。

9．只为今天，我要为自己留下安静的半个钟头，轻松一番。在这半个钟头里，我只想神，因为神使我的生命充满希望。

10．只为今天，我要心中毫无惧怕。尤其是，我不要怕快乐，我要去欣赏美的一切，去爱，去相信我爱的那些人会爱我。如果我们想培养平安和快乐的心境，请记住这条规划：

“有了快乐的思想和行为，你就能感到快乐。”

我在自己浴室的镜子上贴了一首诗，以便自己每天早上刮胡子的时候都能看见它。这首诗的作者是一个很有名的印度戏剧家卡里达沙。

**向黎明致敬**

看着这一天！

因为它就是生命，生命中的生命。

在它短短的时间里，

有你存在的所有变化与现实；
生长的福泽，
行动的荣耀，
成就的辉煌。
因为昨天不过是一场梦，
而明天只是一个幻影，
但是活在很好的今天，
却能使每一个昨天都是一个快乐的梦，
每一个明天都是有希望的幻景。
所以，好好地看着这一刻吧，
这就是你对黎明的敬礼。

## 扫除身边的小事

下面是一个也许会让你毕生难忘、很富戏剧性的故事。说这个故事的人叫罗勒·摩尔。

“1945 年的 3 月，我学到了我这一生最重大的一课。”他说，“我是在中南半岛附近 276 英尺[①]深的海底下学到的。当时我和另外 87 个人一起在贝雅 S.S.318 号潜水艇上。我们由雷达发现，一小支日本舰队正朝我们这边开过来。在天快亮的时候，我们开出水面发动攻击。我由潜望镜里发现一艘日本的驱逐护航舰、一艘油轮和一艘布雷舰。我们朝那艘驱逐护航舰发射了三枚鱼雷，但是都没有击中。那艘驱逐舰并不知道它正遭受攻击，还继续向前驶去，我们准备攻击最后的一条船——那艘布雷舰。突然之间，它转过身子，直朝我们开来（一架日本飞机，看见我们在 60 英尺深的水下，把我们的位置用无线电通知了那艘日本的布雷舰）。我们潜到 150 英尺深的地方，以避免被它侦测到，同时准备深水炸弹。我们在所有的舱盖上都多加了几层栓子，同时为了使我们的沉降保持绝对的静默，我们关了所有的电扇、整个冷却系统和所有的发电机器。

① 英尺——英美制长度单位，1 英尺等于 12 英寸，合 0.3048 米。——编者注

“3分钟之后，突然天崩地裂。6枚深水炸弹在我们四周爆炸开来，把我们直压到海底——深达276英尺的地方。我们都吓坏了，在不到1000英尺深的海水里受到攻击是一件很危险的事情——如果不到500英尺的话，将难逃劫难，而我们却在不到500英尺一半深的水里受到了攻击。那艘日本的布雷舰不停地往下丢深水炸弹，攻击了15个小时，要是深水炸弹距离潜水艇不到17英尺的话，爆炸的威力可以在潜艇上炸出一个洞来。有10个深水炸弹就在离我们50英尺左右的地方爆炸，我们奉命‘固守’——就是要静躺在我们的床上，保持镇定。我吓得几乎无法呼吸，心想：‘这下死定了’。电扇和冷却系统都关闭之后，潜水艇的温度几乎有华氏100多度②，可是我怕得全身发抖，虽然穿上了一件毛衣，以及一件带皮领的夹克，可还是冷得发抖。我的牙齿不停地颤抖，全身冒着一阵阵的冷汗。攻击持续了15个小时之久，突然停止了。显然那艘日本的布雷舰把它所有的深水炸弹都用光后，就驶走了。这15个小时的攻击，感觉上就像过了1500万年。过去的生活都一一在我眼前浮现，我记起了以前所做过所有的坏事，所有我曾经担心过的一些很无稽的小事情。在我加入海军之前，我是一个银行的职员，曾经为工作时间太长、薪水太少、没有多少升迁机会而发愁。我曾经忧虑过，因为我没有办法买自己的房子，没有钱买部新车子，没有钱给我太太买好的衣服。我非常讨厌我以前的老板，因为他老是找我的麻烦。我还记得，每晚回到家里的时候，我总是又累又难过，常常跟我的太太为一点芝麻绿豆的小事吵架。我也为我额头上的一个小疤——是一次车祸中留下的伤痕而发愁。

“有一次，我们到芝加哥一个朋友家里吃饭。分菜的时候，他有些事情没有做对。我当时并没有注意到，即使我注意到，我也不会在乎的。可是他太太看见了，马上当着我们的面跳起来指责他。‘约翰，’她大声叫道，‘看看你在搞什么！难道你就永远也学不会怎么样分菜吗？’

“然后她对我们说：‘他老是犯错，简直就不肯用心。’也许他确实没有好好地做，可是我实在佩服他能够跟他太太相处20年之久。坦白地说，我情愿只吃一两个抹上芥末的热狗——只要能吃得很舒服——而不愿一边听她唠叨，一边吃鱼翅。

---

② 华氏度（℉）=摄氏度（℃）×1.8+32，即100℉约等于37.78℃。——编者注

“在碰到那件事情之后不久，我妻子和我请了几位朋友到家里来吃晚饭。就在他们快来的时候，我妻子发现有三条餐巾和桌布的颜色不大相配。

“‘我冲到厨房里，’她后来告诉我说，‘结果发现另外三条餐巾送去洗了。客人已经到了门口，没有时间再换，我急得差点哭了出来。我只想到：为什么会有这么愚蠢的错误来影响我的整个晚上？然后我想到——为什么要让它使我不高兴呢？我走进餐厅去吃晚饭，决心好好地享受一下。我果然做到了。我情愿让朋友们认为我是一个比较懒散的家庭主妇，也不要让他们认为我是一个神经兮兮、脾气不好的女人。而且，据我所知，根本没有一个人注意到那些餐巾的问题。’

“多年前，那些令人发愁的事看起来都是大事，可是在深水炸弹威胁着要把我送上西天的时候，这些事情又是多么荒谬、微小。就在那时候，我答应我自己，如果我还有机会再见到太阳跟星星的话，我永远永远不会再忧虑了。永远不会！永远不会！永远也不会！在潜艇里面那 15 个可怕的小时里，我对于生活所学到的，比我在大学念了 4 年的书所学到的还要多得多。”

有一条大家都知道的法律上的名言：“法律不会去管那些小事情。”一个人也不该为这些小事忧虑，如果他希望求得心理上的平静的话。

大多数时间里，要想克服因为一些小事情所引起的困扰，只要把自己的看法和重心转移一下就可以了——让你有一个新的、能使你开心一点的看法。

狄士雷利说过：“生命太短暂了，不能再只顾小事。”

“这些话，”安德利·摩林在《本周》杂志里说，“曾经帮我挨过很多很痛苦的经历。我们常常让自己因为一些小事情、一些应该不屑一顾和忘了的小事情弄得非常心烦……我们活在这个世上只有短短的几十年，而我们浪费了很多不可能再补回来的时间，去愁一些一年之内就会被所有的人忘了的小事。不要这样，让我们把我们的生活只用在值得做的行动和感觉上，去想伟大的思想，去经历真正的感情，去做必须做的事情。因为生命太短暂了，不该再顾及那些小事。”

我们通常都能很勇敢地面对生活里那些大的危机——可是，却会被一些小事搞得垂头丧气。

这也是帕德上将在又冷又黑的极地之夜所发现的另外一点——他手下的人常常为一些小事情而难过，却不在乎大事。他们能够毫不埋怨地面对危险而艰苦地工作，在零下几十度的寒冷中工作，“可是，”帕德上将说，“我却知道有好几个同房的人彼此间不讲话，因为他们怀疑对方把东西乱放，占了自己的地方。我还知道，队上有一个讲究所谓空腹进食、细嚼健康法的家伙，每口食物一定嚼过 28 次才吞下去，而另外一个人，一定要在大厅里找到一个看不见这家伙的位子坐着，才能吃得下饭。”

“在南极的营地里，”帕德上将说，“像这类的小事情，都可能把最训练有素的人逼疯。”

帕德上将，你还可以加一句话，“小事”如果发生在夫妻间的生活里也会把人逼疯，还会造成“世界上半数的伤心事”。

纽约州的地方检察官弗兰克·霍根也说：“我们处理的刑事案件里，有一半以上都起因于一些很小的事情：在酒吧里逞英雄，为一些小事情争争吵吵，讲话侮辱别人，措辞不当，行为粗鲁——就是这些小事情，结果引起伤害和谋杀。很少有人真正天性凶残，一些犯了大错的人，都因自尊心受到小小的损害或一些小小的屈辱或虚荣心不能满足，结果造成世界上半数的伤心事。”

罗斯福夫人刚结婚的时候，她忧虑了好多天，原因是她的新厨子做饭做得很差。“可如果事情发生在现在，”罗斯福夫人说，“我就会耸耸肩膀把这事给忘了。”好极了，这才是一个成年人的做法。就连凯瑟琳女皇——这个最专制的女皇，在厨子把饭做得不好吃的时候，通常也只是一笑了之。

就像吉布林这样有名的人，有时候也会忘了“生命是这样短暂，不能再顾及小事”。其结果呢？他和他的舅爷在维尔蒙打了一场官司——这场官司打得有声有色，后来还有一本专辑记载着，书的名字叫《吉布林在维尔蒙的领地》。

故事的经过是这样子的：吉布林娶了一个维尔蒙的女孩子叫凯洛琳·巴里斯特，在维尔蒙的布拉陀布罗造了一间很漂亮的房子，在那里定居下来，准备度过他的余生。他的舅爷比提·巴里斯特成了吉布林最好的朋友，他们两个在一起工作，一起游戏。然后，吉布林从巴里斯特手里买了一点地，事先协议好巴里斯特可以每一季在那块地上割草。有一天，巴里斯特发现吉布林在那片草地上开了一个花园，他生起气来，暴跳如雷，吉布林也反唇相讥，弄得维尔蒙绿山上的天都变黑了。

几天之后，吉布林骑着他的脚踏车出去玩儿的时候，他的舅爷突然驾着一辆马车从路的另一边转了过来，吉布林跌下了车子。吉布林——这个曾经写过“众人皆醉，你应独醒”的人——却也昏了，告到官里去，把巴里斯特抓了起来。接下去是一场很热闹的官司，大城市里的记者都挤到这个小镇上来，新闻传遍了全世界。事情没办法解决，这次争吵使得吉布林和他的妻子永远离开了他们在美国的家，而这一切的忧虑和争吵，只不过为了一件很小的小事：一车子干草。

平锐克里斯在2400年前说过：“来吧，各位！我们在小事情上耽搁得太久了。”一点也不错，我们的确是这样子的。

下面是哈瑞·爱默生·傅斯狄克博士所说的故事里最有意思的一个——有关森林里的一个巨人在战争中怎么样得胜、怎么样失败的故事。

“在科罗拉多州长山的山坡上，躺着一棵大树的残躯。自然学家告诉我们，它曾经有400多年的历史。它刚发芽的时候，哥伦布才刚在美洲登陆。第一批移民到美国来的时候，它才长了一半大。在它漫长的生命里，曾经被闪电击中过14次。400年来，无数的狂风暴雨侵袭过它，它都能战胜它们。但是在最后，一小队甲虫攻击了这棵树，那些甲虫从根部往里面咬，渐渐伤了树的元气，就只靠它们很小但持续不断的攻击，使它最终倒下了。这个森林里的巨人，岁月不曾使它枯萎，闪电不曾将它击倒，狂风暴雨没有伤着它，却因一些小得用大拇指跟食指就可以捏死的小甲虫而终于倒了下来。”

我们岂不都像森林中的那棵身经百战的大树吗？我们曾经历过生命中无数狂风暴雨和闪电的打击，但都撑过来了。可是却会让我们的心被忧虑的小甲虫咬噬——那些用大拇指跟食指就可以捏死的小甲虫。

几年以前，我去了怀俄明州的提顿国家公园。和我一起去的是怀俄明州公路局局长查尔斯·西费德，还有一些他的朋友。我们本来要一起去参观洛克菲勒坐落在那公园里的一栋房子的，可是我坐的那部车子转错了一个弯，迷了路。等到达那座房子的时候，已经比其他的车子晚了一个小时。西费德先生没有那扇大门的钥匙，所以他在那个又热又有好多蚊子的森林里等了一个小时，等我们到达。那里的蚊子多得可以让一个圣人都发疯，可是它们没有办法赢过查尔斯·西费德。当我们到达的时候，他是不是正忙着赶蚊子呢？不是的，他正在吹笛子，当作一个纪念品，纪念一个知道如何不理会那些小事的人。

## 生活中充满感恩

我认识哈洛·阿伯特好几年了。他住在密苏里州的韦布城，曾当过我的演讲经纪人。一天，我在堪萨斯城碰见他，他好心带我回密苏里的贝尔顿农场。途中，我问他如何免除忧虑，他便给我讲述了下面这个令人难忘的故事。

“我曾是个多虑的人，”阿伯特说道，“但是，1934 年的春天，我走过韦布城的西多提街道，有个情景扫除了我所有的忧虑。事情的发生只有十几秒钟，但就在那一刹那，我对生命意义的了解比以前 10 年中所学的还多。这两年，我在韦布城开了家杂货店，由于经营不善，不仅花掉了所有的积蓄，还负债累累，估计得花 7 年的时间才能还清。我刚在上星期六停止营业，准备到商矿银行贷款，以便到堪萨斯城找份工作。我像只斗败的鸡，没有了信心和斗志。突然间，有个人从街的另一头过来。那人没有双腿，坐在一块安装着溜冰鞋滑轮的小木板上，两手握着木棍支撑前行。他横过街道，微微提起小木板准备登上路边人行道。就在那几秒钟，我们的视线相遇了，只见他坦然一笑，很有精神地向我招呼，‘早安，先生，今天天气真好啊！’

“我望着他，体会到自己是何等富有。我有双足，可以行走，为什么却如此自怜？这位缺了双腿的人仍能如此快乐自信，我这个四肢健全的人还有什么不能的？我挺了挺胸膛，本来预备只到商矿银行借 100 元，现在却很有信心地宣称：我要到堪萨斯城去找一份工作。结果，我借到了钱，也找到了工作。

“现在，我把下面一段话写在洗手间的镜面上，每天早上刮胡子的时候都念它一遍：

“我闷闷不乐，因为我少了一双鞋，直到我在街上，看到有人缺了两条腿。”

我问过艾迪·瑞肯贝克，他和朋友在太平洋上绝望地漂流了 21 天之后，学到的最重要的东西是什么。他回答道：“我学到了一点——人只要有淡水喝，有东西吃，就没什么好抱怨的了。”

《时代周刊》上登过一篇文章，谈到第二次世界大战时，有个士官在瓜达尔卡纳尔岛战役中被炮弹碎片割伤喉咙，输了 7 筒血。他写了张纸条问医师："我会活下去吗？"医师回答说："会的。"他又问："我可以讲话吗？"他又得到了肯定的答复。于是这个士官在纸上写道："他妈的，那我还有什么好担心的？"

你为什么不也停止忧虑，对自己说："那我还担什么心？"也许你就会发现，事情其实微不足道，不值得操心。

在我们的生活当中，约有 90%的事情是好的，10%的事情是不好的。如果你想过得快乐，就应该把精神放在这 90%的好事上面；如果你想担忧、操劳，或得胃溃疡，就可以把精力放在那 10%的坏事情上面。

《格列佛游记》一书的作者乔纳森·斯威夫特是英国文学史上最颓废的厌世主义者。他每次生日都黑衣素食，以示对自己的出生感到遗憾。虽然如此，他仍然赞美幸福快乐是促进健康的最大力量。他宣称："世上最好的医师是节制医师、安静医师和快乐医师。"我们也许都能受到这位"快乐医师"的免费服务，只要我们注意自己拥有的可贵财富——比故事中阿里巴巴的财富还多。你会为亿万富翁出卖自己的眼睛、手足、听觉、孩子或家人吗？把拥有的资产加起来，你就会发现，纵使洛克菲勒、福特和摩根等人把所有的金银堆聚起来，也买不到你拥有的一切。

但是，我们有没有为这一切而心怀感谢？没有。就像叔本华说的："我们很少想到自己所拥有的，却总是想到自己没有的。"这一点几乎使约翰·派玛"从一个正常人变成一个坏脾气的老家伙"，也差点毁了他的家。我知道这件事，因为他告诉了我。

"从军中退伍之后不久，"派玛先生说，"我就开始做生意。我夜以继日地忙碌着，一切进行得很好。可是问题发生了，我买不到零件和原料。我为可能会被迫放弃我的生意而担心得不得了，我从一个普通人变成一个脾气很坏的家伙。我变得尖酸刻薄——当时我自己并不知道，可是现在我才明白，我失去了我快乐的家。然而有一天，一个在我手下工作的年轻伤兵对我说：'约翰，你实在应该感到惭愧。你这副样子好像世界上只有你一个人有麻烦似的，就算你把店关掉一阵子，又能怎么样呢？等到事情恢复正常之后，你又可以重新开始。

你有很多值得感激的事，可是却老是在抱怨。我的天啊，我真希望我是你。你看看我，我只有一只胳膊，半边脸都伤了，可是我并没有抱怨什么。要是你再继续这样埋怨下去的话，你不仅失去你的生意，也会失去你的健康、你的家庭和你的朋友。'

"这些话使我猛然醒悟过来，让我发现原来我走上了一条逆境。我当场就决定必须要改变，重新成为我自己——而我做到了这一点。"

我的另外一位朋友，露西莉·布莱克，在学会以自己所有的为满足，不以所缺少的而忧虑之前，人们几乎濒临悲剧的边缘。

我在多年以前认识露西莉，当时我们两个都在哥伦比亚大学的新闻学院选修短篇小说写作。9年前，她遭遇生活上的巨变。当时她正住在亚利桑那州的杜森城，下面就是她告诉我的故事。

"我的生活一直非常忙乱，在亚利桑那大学学风琴，在城里开了一间语言学校，还在我所住的沙漠柳牧场上教音乐欣赏的课程。我参加了许多大宴小酌、舞会或在星光下骑马。然而有一天早上我整个垮了，我的心脏病发作。'你得躺在床上完全静养一年。'医生对我说。他居然没有鼓励我，让我相信我还能够健壮起来。

"在床上躺一年，做一个废人，也许还会死掉。我简直吓坏了。为什么我会碰到这样的事情呢？我做错了什么，该受这样的报应呢？我又哭又叫，心里充满了怨恨和反抗。可是我还是遵照医生的话躺在床上。我的邻居鲁道夫先生，是个艺术家。他对我说：'你现在觉得要在床上躺一年是一个大悲剧，可是事实并非如此。你可以有时间思考，能够真正地认识你自己。在以后的几个月里，你在思想上的成长，会比你前半生的速度要快得多。'我平静了下来，开始想充实新的价值思想。我看过很多能启发人思想的书。有一天，我听到一个无线电新闻评论员说：'你只能谈你知道的事情。'这类似的话我以前不知道听过多少次，可到现在才真正深入到我的心里，并且生根。我决心只想那些我希望能赖以生活的思想——快乐而健康的思想。每天早上一起来，我就强迫自己想一些我应该感激的事情：我没有痛苦，有一个很可爱的小女儿，我的眼睛看得见，耳朵听得到收音机里播的优美音乐，有时间看书，吃得很好，有很好的朋友。我非常高兴，来看我的人多到使医生挂上一个牌子说，我的房间里每次只许有一个探病的客人，而且只许在某个时间段里。

“从那时开始到现在已经有 9 年了，我现在过着很丰富又很多彩的生活。我非常感激能在床上度过那一年，那是我在亚利桑那州所度过的最有价值、也是最快乐的一年。我现在还保持当年养成的那种每天早上算算自己有多少得意事的习惯，这是我最珍贵的财产。我觉得很惭愧，因为一直到我担心自己会死去之前，才真正学会怎样生活。”

我亲爱的露西莉·布莱克，你也许并不知道，你所学到的这一课正是撒姆耳·约翰生博士在 200 多年前所学到的。“养成看每一件事理想的一面的习惯，”约翰生博士说，“比每年多赚 1000 英镑更值钱。”

要提醒各位的是：这些话可不是一个天生乐观的人所说的，说这话的人曾历经痛苦，少衣缺食地过了 20 年——最后终于成为那一代最有名的作家，也成为历史上最有名的思想家。

罗根·皮尔萨尔·史密斯用很简单的几句话，说了一番大道理。他说：“生活中应该有两个目标：第一，要得到你所想要得到的；第二，在得到之后要能够享受它。只有最聪明的人才能做到第二步。”

你想不想知道怎样把在厨房水槽里洗碗，也当作一次难得的体验呢？如果你想的话，可以去看一本谈论令人难以置信的勇气并且很富启发性的书。作者是波姬儿·德尔，书名叫作《我希望能看见》。你可以到图书馆去借，或者到当地书店去买，或者向纽约市第 5 街 60 号的麦克米伦出版社直接函购。

这本书的作者是一个几乎瞎了 50 年之久的女人。“我只有一只眼睛，”她写道，“而且眼睛上还满是疤痕，只能透过眼睛左边的一个小洞去看。看书的时候必须把书贴在脸上，而且不得不把我那一只眼睛尽量往左边斜过去。”

可是她拒绝接受别人的怜悯，不愿意让别人认为她“异于常人”。小时候，她想和其他小孩子一起玩儿跳房子，可是她看不见地上所画的线，所以在其他孩子都回家以后，她就趴在地上，把眼睛贴在线上瞄过去。她把伙伴们所玩儿的那块地方的每一点都牢记于心，所以不久就成为玩游戏的高手了。她在家里看书，把书靠近她的脸，近到眼睫毛都碰到书。她得到两个学位：先在明尼苏达州立大学得到学士学位，再在哥伦比亚大学得到硕士学位。

她开始教书的时候，是在明尼苏达州双谷的一个小村子里，然后渐渐升到南达科他州奥格塔那学院的新闻学和文学教授。她在那里教了 13 年，也在很多妇女俱乐部发表演说，还在电台主持节目。“在我的脑海深处，”她写道，“常常怀着一种怕会完全失明的恐惧，为了要克服这种恐惧，我对生活采取了一种很快活而近乎戏谑的态度。”

然后在 1943 年，也就是她 52 岁的时候，一个奇迹发生了。她在著名的梅育诊所接受了一次手术，使她能比以前看清楚 40 倍。

一个全新的、令人兴奋的、可爱的世界展现在她的眼前。她现在发现，即使是在厨房水槽里洗碟子，也能让她觉得非常开心。“我开始玩着洗碗盆里的肥皂泡沫，”她写道，“我把手伸进去，抓起一大把细密的肥皂泡沫，我把它们迎着光举起来。在每一个肥皂泡沫里，我都能看到一道小小的彩虹闪出的明亮色彩。”

你和我应该感到惭愧，我们这么多年来每天生活在一个美丽的童话王国里，可我们却视而不见，没有好好享受。

# 第三章

# 从此刻起停止忧虑

# 让忙碌填满生活

清除忧虑的最好办法，就是要让你自己忙碌着，去做一些有用的事情。

我永远也忘不了几年前的那一夜。我班上的一个学生马利安·道格拉斯告诉我们，他家里遭受到不幸的悲剧，不止一次，而是两次。第一次他失去了他5岁大的女儿，一个他非常喜欢的孩子。他和他的妻子，都以为他们没有办法忍受这个伤痛。可是，正如他说的："10个月之后，上帝又赐给我们另外一个小女儿——而她只活了5天就死了。"

这接二连三的打击，重得使人几乎无法承受。"我承受不了，"这个做父亲的告诉我们说，"我睡不着、吃不下，我也无法休息或是放松。我的精神受到致命的打击，信心尽失。"最后他去看了医生，一个医生建议他吃安眠药，另外一个则建议他去旅行。他两个方法都试过了，可是没有一样能够对他有所帮助。他说："我的身体好像被夹在一把大钳子里，而这把钳子越夹越紧。"那种悲哀给他的压力——如果你曾经因悲哀而感觉麻木的话，你就知道他所说的是什么了。

"不过，感谢上帝，我还有一个孩子——一个4岁的儿子，他教我们一个解决问题的方法。有一天下午，我呆坐在那里难过的时候，他问我：'爸爸，你肯不肯为我造一条船？'我实在没有兴致去造条船。事实上，我根本没有兴致做任何事情。可是我的孩子是个很会缠人的小家伙，我不得不顺从他的意思。

"造那条玩具船大概花了我三个钟头，等到船弄好之后，我发现用来造船的那3个小时，是我这么多个月来第一次有机会放松我的心情的时间。

"这个大发现使我从昏睡中惊醒过来，我想了很多——这是我几个月来的第一次思想。我发现，如果你忙着去做一些需要计划和思考的事情的话，就很难再去忧虑了。对于我来说，造那条船就把我的忧虑整个击垮了，所以我决定让自己忙碌起来。

"第二天晚上，我巡视屋子里的每个房间，把所有该做的事情列成一张单子。我发现有好些小东西需要修理，比方说，书架、楼梯、窗帘、门钮、门锁、漏水的龙头等。让人想不到的是，在两个礼拜以内，我列出了242件需要做的事情。

“在过去的两年里，那些事情大部分都已经完成。此外，我也使我的生活里充满了启发性的活动：每个礼拜，有两天晚上我到纽约市参加成人教育班，并参加了一些小镇上的活动。我现在是校董事会的主席，参加很多的会议，并协助红十字会和其他的机构募捐。我现在简直忙得没有时间去忧虑。”

没有时间去忧虑，这正是丘吉尔在战事紧张到每天要工作 18 个小时的时候所说的。当别人问他是不是为那么重的责任而忧虑时，他说：“我太忙了，我没有时间去忧虑。”

查尔斯·柯特林在发明汽车的自动点火器的时候，也碰到这样的情形。柯特林先生一直是通用公司的副总裁，负责世界知名的通用汽车研究，最近才退休。可是，当年他却穷得要用谷仓里堆稻草的地方做实验室。家里的开销，都得靠他太太教钢琴所赚来的 1500 美元。后来，他又用他的人寿保险作抵押借了 500 美元。我问过他太太，在那段时期她是不是很忧虑。“是的，”她回答说，“我担心得睡不着，可是柯特林先生一点也不担心。他整天埋头在工作里，没有时间去忧虑。”

伟大的科学家巴斯特曾经谈到“在图书馆和实验室所找到的平静”。平静为什么会在那儿找到呢？因为在图书馆和实验室的人，通常都埋头在他们的工作里，不会为他们自己担忧。做研究工作的人很少有精神崩溃的现象，因为他们没有时间来享受这种“奢侈”。

为什么“让自己忙着”这么一件简单的事情，就能够把忧虑赶出去呢？因为有这么一个定理——这是心理学上所发现的最基本的一条定理，这条定理就是——无论这个人多么聪明，人类的思想都不可能在同一时间想一件以上的事情。让我们来做一个实验。假定你现在靠坐在椅子上，闭起双眼，试着在同一个时间去想：自由女神；你明天早上打算做什么事情。

你会发现你只能轮流地想其中的一件事，而不能同时想两件事，对不对？从你的情感上来说，也是这样。我们不可能既激动、热忱地想去做一些很令人兴奋的事情，又同时因为忧虑而拖延下来。在同一时间里，一种感觉会把另一种感觉赶出去，也就是这么简单的发现，使得军方的心理治疗专家们能够在战时创造这一类的奇迹。

詹姆斯·墨塞尔是哥伦比亚师范学院的教育学教授，他在这方面说得很清楚。

忧虑最能伤害到你的时候，不是在你有所行动的时候，而是在你没有什么事可做的时候。那时候，你的想象力会混乱起来，把每一个小错误都加以夸大。在这种时候，你的思想就像两辆没有载货的汽车，乱冲乱撞，撞毁一切，甚至自己也会变成碎片。

不一定非得是一个大学教授才能懂得这个道理，才能付诸实行。战时，我碰到一个住在芝加哥的家庭主妇，她告诉我，她发现“消除忧虑的好办法就是让自己忙着，去做一些有用的事情”。当时我正在从纽约回密苏里农庄的路上，在餐车碰到了这位太太和她的先生。

这对夫妇告诉我，他们的儿子在珍珠港事件的第二天加入了陆军。那个女人当时十分为她的独子担忧，并且使她的健康受损。她总是要为儿子担心：他在什么地方？他是不是很安全？他是不是正在打仗？他会不会受伤或阵亡？

我问她，后来她是怎么克服忧虑的。她回答说：

“我让自己忙着。我把女佣辞退了，希望能靠自己做家事来让自己忙着，可是这没有多少用处。问题是，我做起家事来几乎是机械化的，完全不用思想，所以当我铺床和洗碟子的时候，还是一直担忧着。我发现，我需要一些新的工作才能使我在一天的每一个小时，身心两个方面都能感到忙碌。于是我到一家大百货公司里去当售货员。

“这下成了，我马上发现自己好像掉进了一个行动大旋涡：顾客挤在我的四周，问我关于价钱、尺码、颜色等问题，没有一秒钟能让我想到除了手边工作以外的其他问题。到了晚上，我也只能想，怎样才可以让我那疼痛的双脚休息一下。等我吃完晚饭之后，我倒在床上，马上就睡着了，既没有时间也没有体力再去忧虑。”

要问我们为什么事情担心，让我们记住，我们可以把工作当作很好的古老治疗法。以前在哈佛大学医学院当教授、已故的理查德·凯波特博士，在他那本《人类以此生存》的书里也说过："身为一个医生，我很高兴看到工作可以治愈很多病人。他们所感染的，是由于过分疑惧、迟疑、踌躇和恐惧等所带来的病症。工作所带给我们的勇气，就像爱默生永垂不朽的自信一样。"

当有些人因为在战场上受到打击而退下来的时候，他们都被称为"心理上的精神衰弱症"。军方的医生都以"让他们忙着"为治疗的方法。

除了睡觉的时间之外，每一分钟都让这些在精神上受到打击的人充满了活动，比如，钓鱼、打猎、打球、打高尔夫球、拍照、种花，以及跳舞等，根本不让他们有时间去回想他们那些可怕的经历。

"职业性的治疗"是近代心理医生所用的名词，也就是拿工作当作治病的处方。这并不是新的办法，在耶稣诞生500年前，古希腊的医生就已经使用了。

在富兰克林时代，费城教友会教徒也用这种办法。1774 年有一个人去参观教友会的疗养院，看见那些精神病人正忙着纺纱织布，使他大为震惊。他认为那些可怜而不幸的人们，在被压榨劳力——后来教友会的人向他解释说，他们发现那些病人唯有在工作的时候病情才能真正有所好转，因为工作能安定神经。

无论是哪个心理治疗医生，他都能告诉你：工作——让你忙着——是精神病最好的治疗剂。名诗人亨利·朗费罗在他年轻的妻子去世之后发现了这个道理。有一天，他太太点了一支蜡烛来熔一些信封的火漆，结果衣服烧了起来。朗费罗听见她的叫喊赶过去抢救，可是她还是因烧伤而亡。有一段时间，朗费罗没有办法忘掉这次可怕的经历，几乎发疯。幸好他的 3 个幼小的孩子需要他照料，虽然他很悲伤，但还是要既当爸又当妈照料孩子们。他带他们出去散步，给他们讲故事，和他们一同玩游戏，还把他们父子间的亲情永存在"孩子们的时间"一诗里。他还翻译了但丁的《神曲》。这些工作加在一起，使他忙得完全忘记了自己，也重新得到了思想的平静。就像泰尼森在最好的朋友阿瑟·哈勒姆死时曾经说的那样："我一定要让自己沉浸在工作里，否则我就会在绝望中苦恼。"

奥莎·约翰逊发现了比她早一世纪的泰尼森在诗句里所说的同一个真理："我必须让自己沉浸在工作里，否则我就会挣扎在绝望中。"

海军上将伯德之所以也能发现这一点，是因为他在覆盖着冰雪的南极的小茅屋里单独住了 5 个月——在那冰天雪地里，藏有大自然最古老的秘密——在冰雪覆盖下，是一片无人知道的、比美国和欧洲加起来都大的大陆。伯德上将独自度过的5个月里，方圆100英里内没有任何一种生物存在。天气奇冷，当风从他耳边吹过的时候，他能听见他的呼吸冻住，结得像水晶一般。在他那本名叫《孤寂》的书里，伯德上将叙述了他在一种既难过又可怕的黑暗里所过的5个月的生活，他一定得不停地忙着才不至于发疯。

要是你和我不能一直忙碌着——如果我们闲坐在那里发愁——我们会产生一大堆被达尔文称为"胡思乱想"的东西，而这些"胡思乱想"就像传说中的妖精，会掏空我们的思想，摧毁我们的行动力和意志力。

我认得纽约的一个生意人，他也用忙碌驱赶自己的那些"胡思乱想"，使他没有时间去烦恼和发愁。他的名字叫屈伯尔·朗曼，也是我成人教育班的学生。他征服忧虑的经过非常有意思，也非常特殊，所以下课之后我请他和我一起去吃夜宵。我们在一间餐馆里面一直坐到半夜，谈着他的那些经验。下面就是他告诉我的故事：

"18年前，我因为忧虑过度而得了失眠症。当时我非常紧张，脾气暴躁，而且非常不安。我想我就要精神崩溃了。

"我这样发愁是有原因的。我当时是纽约市西百老汇大街皇冠水果制品公司的财务经理。我们投资了50万美元，把草莓包装在1加仑[③]装的罐子里。20年来，我们一直把这种1加仑装的草莓卖给制造冰激凌的厂商。突然我们的销售量大跌，因为那些大的冰激凌制造厂商，像国家奶品公司等，产量急剧增加，而为了节省开支和时间，他们都买36加仑一桶的桶装草莓。

"我们不仅没办法卖出价值50万美元的草莓，而且根据合约规定，在接下去的一年之内，我们还要再买价值 100 万美元的草莓。我们已经向银行借了35万美元，既还不出钱来，也没有办法再续借这笔借款，难怪我要担忧了。

"我赶到我们位于加州的工厂里，想要让我们的总经理相信情况有所改变，我们可能面临毁灭的命运。他不肯相信，把这些问题的全部责任都归罪在纽约的公司身上——那些可怜的业务人员。

"经过几天的要求之后，我终于说服他不再这样包装草莓，而把新的供应

① 加仑——英美制容量单位，英制1加仑等于4.546升，美制1加仑等于3.785升。——编者注

品放在旧金山的新鲜草莓市场上卖。这样差不多可以解决我们大部分的困难，照理说我应该不再忧虑了，可是我还做不到这一点。忧虑是一种习惯，而我已经染上这种习惯了。

“我回到纽约之后，开始为每一件事情担忧，在意大利买的樱桃，在夏威夷买的凤梨等，我非常紧张不安，睡不着觉，就像我刚刚说过的，简直就快要精神崩溃了。

“在绝望中，我换了一种新的生活方式，结果治好了我的失眠症，也使我不再忧虑。我让自己忙碌着，忙到我必须付出所有的精力和时间，以致没有时间去忧虑。以前我一天工作 7 个小时，现在我开始一天工作 15～16 个小时。我每天早晨 8：00 就到办公室，一直待到半夜。我接下新的工作，负起新的责任，等我半夜回到家的时候，总是筋疲力尽地倒在床上，用不了几秒钟就进入梦乡了。

“这样过了差不多 3 个月，等我改掉忧虑的习惯，再回到每天工作 7～8 个小时的正常情形。这事情发生在 18 年前，从那以后，我就没有再失眠和忧虑过。”

萧伯纳说得很对，他把这些总结起来说：

让人愁苦的秘诀就是，有空闲时间来想想自己到底快不快乐。

所以不必去想它，在手掌心里吐口唾沫，让自己忙起来，你的血液就会开始循环，你的思想就会开始变得敏锐——让自己一直忙着，这是世界上最便宜的一种药，也是最好的一种药。

要改掉你忧虑的习惯，请记住下面的规则：

让自己不停地忙着，忧虑的人一定要让自己沉浸在工作之中，否则只有在绝望中挣扎。

## 与朋友在一起

在现实生活中，总是有这么一类人：把自己关在屋子里，将自己的身体、内心与外界完全隔离开来。他或者沉默寡言，整天不吭一声；或者面对着电视，一眼不错地呆呆地盯着看；或者在面前摆上一本书，眼神呆滞半天也看不上一页。别人很难进入他的内心世界，简直就像一个坚强的堡垒一样打不开。他很少与人交谈来往，他仿佛是自我流放到一个孤岛上，没有人烟，甚至连活物都没有，他没有一丝逃出荒岛之意，可他却明显地发生着变化——孤独、寂寞、烦闷、暴躁、衰老……这种人就是所谓的自我封闭者，医学上称之为自闭症。

其实，每个人一生中都会遇到不幸和挫折。当你面临这种处境，不如面对现实，积极解决，随着时间消逝，你就会走出困境与不幸。何必将自己那颗跳动的心紧闭，让自己的人生陷入痛苦与不安？

几年前，我的一位朋友失去了自己的丈夫，她悲痛欲绝，自那以后，她便和成千上万的人一样，陷入了一种孤独与痛苦之中。“我该做些什么呢？”在她丈夫离开近一个月之后的一天晚上，她跑来向我求助，“我将住到何处？我还有幸福的日子吗？”

我极力向她解释，她的焦虑是因为自己身处不幸的遭遇之中，才 50 多岁便失去了自己生活的伴侣，自然令人悲痛异常。但时间一久，这些伤痛和忧虑便会慢慢减缓消失，她也会开始新的生活——从痛苦的灰烬之中建立起自己新的幸福。

“不!”她绝望地说道，“我不相信自己还会有什么幸福的日子。我已不再年轻，孩子们也都长大成人，成家立业。我还有什么地方可去呢？”可怜的妇人是得了严重的自怜症，而且不知道该如何治疗这种疾病。好几年过去了，我发现朋友的心情一直都没有好转。

有一次，我忍不住对她说：“我想，你并不是要特别引起别人的同情或怜悯。无论如何，你可以重新建立自己的新生活，结交新的朋友，培养新的兴趣，千万不要沉溺在旧的回忆里。”她没有把我的话听进去，因为她还在为自己的命运自哀自叹。后来，她觉得孩子们应该为她的幸福负责，因此便搬去与一个结了婚的女儿同住。

但事情的结果并不如意，她和女儿都是面临一种痛苦的经历，甚至恶化到大家反目成仇的地步。这位妇人后来又搬去与儿子同住，但也好不到哪里去。后来，孩子们共同买了一间公寓让她独住。这更不是真正解决问题的方法。

有一天她对我哭诉道，所有家人都弃她而去，没有人要她这个老妈妈了。这位妇人的确一直都没有再享有快乐的生活，因为她认为全世界都亏欠她。她实在是既可怜又自私，虽然已经 61 岁了，但情绪还是像小孩一样没有成熟。

许多寂寞孤独的人之所以会如此，是因为他们不了解爱和友谊并非从天而降的礼物。一个人要想受到他人的欢迎或被人接纳，一定要付出许多努力和代价。要想让别人喜欢我们，的确需要尽点心力。情爱、友谊或快乐的时光，都不是一纸契约所能规定的。让我们面对现实。无论是丈夫死了，还是太太过世，活着的人都有权利再快乐地活下去。但是他们必须了解，幸福并不是靠别人来施舍，而是要自己去赢取别人对你的需求和喜爱。

让我们再看另一个故事。想象一艘游轮正在地中海蓝色的水面上航行，上面有许多正在度假中的已婚夫妇，也有不少单身的未婚男女穿梭其间，个个兴高采烈，随着乐队的拍子起舞。其中有位明朗、和悦的单身女性，大约60来岁，也随着音乐陶然自乐。这位上了年纪的单身妇人，也和我的那位朋友一样，曾遭丧夫之痛，但她能把自己的哀伤抛开，毅然开始自己的新生活，重新展开生命的第二度春天。这是经过深思之后所做的决定。

她的丈夫曾是她生活的重心，也是她最为关爱的人，但这一切全都过去了。幸好她一直有个嗜好，便是画画。她十分喜欢水彩画，现在更成了她精神的寄托。她忙着作画，哀伤的情绪逐渐平息。而且由于努力作画的结果，她开创了自己的事业，使自己的经济能完全独立。

有一段时间，她很难和人群打成一片，或把自己的想法和感觉说出来。因为长久以来，丈夫一直是她生活的重心，是她的伴侣和力量。她知道自己长得并不出色，又没有万贯家财，因此在那段近乎绝望的日子里，她一再自问：如何才能使别人接纳她、需要她。

她后来找到了自己的答案——她得使自己成为被人接纳的对象。她得把自己奉献给别人，而不是等着别人来给她什么。想清楚这一点，她擦干眼泪，换上笑容，开始忙着作画。她也抽时间拜访亲朋好友，尽量制造欢乐的气氛，却绝不久留。不多久，她开始成为大家欢迎的对象，不但时有朋友邀请她吃晚餐或参加各式各样的聚会，并且她还在社区的会所里举办画展，处处都给人留下美好印象。

后来，她参加了这艘游轮的“地中海之旅”。在整个旅程当中，她一直是大家最喜欢接近的目标。她对每一个人都十分友善，但绝不紧缠着人不放。在旅程结束的前一个晚上，她所在的舱，是全船最热闹的地方。她那自然而不造作的风格，给每个人都留下了深刻印象，大家都愿意与之为友。

从那时起，这位妇人又参加了许多类似这样的旅游。她知道自己必须勇敢地走进生命之流，并把自己贡献给需要她的人。她所到之处都留下友善的气氛，人人都乐意与她接近。

人们的自我封闭多因生活中发生了巨变，突如其来的巨变让人措手不及。常见的像生活环境发生了变化，从农村到城市、从本国到国外，环境的变化尤其是文化的巨大落差造成自闭。事业遭受重创也是产生自闭症的原因。某公司老板投资股市，亏损严重，公司破产。这位老板一下子从昔日的有说有笑、性情活泼开朗变成了破产后的沉默寡言，时常把自己一个人关在办公室里，终于有一天这位老板于他的办公室里割脉自杀。家庭婚变也可让人产生自我封闭。某位中年男人，自从他的妻子跟别人私奔之后，这个男人一下子就像被霜打的茄子一样，头再也抬不起来，从此一声不吭，像个幽灵一样无声无息。另外亲人的去世也会使人把自己封闭起来。某位中年男人一生和妻子恩恩爱爱，即使年龄很大了也经常手牵手成双成对出入，受到邻居们的交口称赞。可妻子有一天突患心肌梗与世长辞，这位男士一夜之间白了头，仿佛老了几十岁。此后他就像傻子一样抱着妻子的相片，不吃不喝，亲戚朋友怎么劝也不行，没过一年，这位整日把自己关在房子里的男子也死了。

面对突如其来的各种变故，你都应该坚强地面对而不是逃避。因为逃避无法最终消除人的痛苦，只有勇敢面对，你才可能走出自闭的误区，重新找到人生的快乐。

把自己置身于群体之中，是避免和纠正自闭症的一个良方。那些喜欢玩球、运动的青少年朋友个个性格开朗、活泼、大方，就是很好的证明。

我们可以尝试下列的方法来克服自我封闭。

1．环境转移法。遭受巨变的成人可以尝试此方法，例如妻子逝世之后，丈夫完全可以换个环境，比如去外地旅游散心，看看秀美山川、风土人情，陶冶在自然的怀抱里。不要整天把自己关在房子里，房子里的一切都会让你睹物思人，痛不欲生，都会破坏、影响你的正常情绪，最终造成自闭。

2．忙忙碌碌法。破产的老板完全可以重找一份工作一心扑在上面，从头再来，争取忙得团团乱转，让你根本没有时间去想先前如何。有的企业主破产之后便在街道拐角处摆一擦皮鞋摊，重新开始。如果你不想工作，那你可以去整修草地、花木，给鱼喂食，去老年协会和一帮老头儿打牌、下棋、钓鱼、散步，你唯一不要做的是把自己关在屋子里“面壁思过”，那没有任何用处。

3．培养兴趣法。自我封闭者通常都是那些无所事事或感到自己无所事事的人。培养自己的某个爱好或兴趣，可以转移注意力。一位离婚的男人，发现自己整天无所事事，下班回家便窝在家里，为离婚而痛苦。偶尔他翻到上高中时的集邮册，他少年时的热情又迸发出来，又开始集起邮票来。由集邮又认识了一大帮集邮迷，整日在邮市里互相交流，这个男人便从自我封闭状态中摆脱出来。

无论你属于哪种自我封闭，这自我封闭都是有百害而无一益的，还是尽快摆脱为好。

## 迎接崭新的每一天

住在密歇根州沙支那城法院街 815 号的杰尔德太太曾感到极度的颓丧，甚至想自杀。她讲述了这一段的生活："1937 年我丈夫死了，我觉得非常颓丧，而且我的生活陷入了经济危机。我写信给我过去的老板里奥罗西先生，他是堪萨斯城罗浮公司的老板，我请求他让我回去做我过去的老工作。我从前是靠向学校推销《世界百科全书》维持生计的。两年前我丈夫生病时，我把汽车卖了。为了重新工作，我勉强凑足钱，以分期付款的方式又买了一部旧车，开始出去卖书。

"我原以为，重新工作或许可以帮助我从颓丧中解脱出来。可是，总是一个人驾车、一个人吃饭的生活几乎使我无法忍受。加上有些地方根本就推销不出去书，所以即使分期付款买车的数目不大，却也使我很难付清。

"1938 年春，我在密苏里州维沙里市推销书，那里的学校很穷，路又很不好走。我一个人又孤独、又沮丧，以至于有一次我甚至想自杀。我感到成功没有什么希望，生活没有什么乐趣。每天早上我都很怕起床去面对生活。我什么都怕：怕付不出分期付款的车钱，怕付不起房租，怕东西不够吃，怕身体搞垮没有钱看病。唯一使我没有自杀的原因是，我担心我的姐姐会因此而悲伤，况且她又没有充裕的钱来付我的丧葬费用。

"后来，我读到一篇文章，它使我从消沉中振作起来，鼓足勇气继续生活。我永远感激文章中的那一句令人振奋的话：'对于一个聪明人来说，每一天都是一个新的生命。'我用打字机把这句话打下来，贴在汽车的挡风玻璃窗上，使我开车的每时每刻都能看见它。我发现每次只活一天并不困难，我学会了忘记过去，不考虑未来。每天清晨我都对自己说：'今天又是一个新的生命。'

"我终于成功地克服了自己对孤寂的恐惧。整个人都非常快乐，事业也还算成功，并对生命充满了热忱和爱。我现在知道，不论在生活中遇上什么问题，我都不会再害怕了；我现在知道，我不必惧怕未来；我现在知道，我每一次只要活一天，而'对于一个聪明人来说，每一天就是一个新的生命'。"

人无远虑，必有近忧。像杰尔德太太这样的经历可以说是非常悲惨，但是，就一句话，"对于一个聪明人来说，每一天都是一个新的生命"改变了她的人生。失去丈夫的痛苦，巨额生活费用及债务压力，毫无前途的明天，就因为这一句话烟消云散。

许多人面临同样的境遇时，都难免会消沉。然而很少有人会认真想一想：逝者已矣，他们会希望自己这么一直痛苦下去吗？未来还长，难道真的就毫无机会了吗？

记得一位哲人说过："只要活着，我就有希望，因为每一天都会给我提供不同的机会。"

眷恋过去，生活在回忆中，或者杞人忧天，生活在不切实际的幻想或忧虑中，都会使我们丧失生活的勇气，伤害我们的人生。我们为什么不去把握现在，利用眼前的每一分、每一秒呢？罗勃特·史蒂文森曾经说过："任何人都有足够的精力去承担一天的压力，无论这一天是多么疲惫、多么忙碌，我们都可以支撑。从日出到日落，这才是真正属于自己的空间，我们可以任意支配它、控制它，使这一天充满朝气和活力，使这一天充实而珍贵。"是的，这就是我们所需要的生活。

亚瑟·苏兹柏格是世界上著名的《纽约时报》的发行人。据苏兹柏格先生讲述，当第二次世界大战的战火蔓延到欧洲时，他感到非常吃惊。对前途的忧虑使他彻夜难眠。他常常半夜从床上爬起来，拿着画布和颜料，照着镜子，想画一张自画像，而他对绘画一无所知，他之所以这样做，一方面想以此驱逐内心的紧张和恐惧，另一方面想为自己留下些什么，以备万一发生意外。幸好他在一次偶然的机会中，看到了一段警世名言，否则他是没有办法摆脱深深的忧虑的。这段伴随着教堂钟声的赞美诗拯救了他，帮助他重新树立起了正确而欢乐的人生观：

仁慈的上帝，我亲爱的父亲，

请你带着我，

我不要求你告诉我遥远的未来，

我只请求你一步一步地带着我。

耶稣在《圣经》中说过一句话："不要为明天忧虑。"每一天都是一个新的生命，每一天都意味着一个新的开始。我们应当把每一天都看成如生命一样珍贵，努力去珍惜每分每秒，这样我们可以享受到至高无上的快乐。

# 借助时间的力量

"忧虑"曾使我丧失了生命中从 18 至 28 岁的 10 年时光，而这 10 年本来应该是年轻人最有收获、最丰富多彩的岁月。

现在我已经明白，我失去这 10 年并不是别人的错；相反地，它是由我自己一手造成的。

我对所有的事情——我的工作、健康、家庭、自卑感，都感到烦恼。为此，我经常不得不躲避我所认识的人。当我在街上碰到某位朋友时，我往往会假装没有看见他，因为我害怕遭到他的嘲笑和奚落。

我非常害怕和陌生人见面——如果有陌生人在的话，我就会感到不自在。因此，我曾在两个星期当中，接连失去了 3 个工作机会，只因为我没有勇气面对老板。

然后，到了 8 年前的某一天下午，我征服了一切烦恼——从那时开始，我就很少有烦恼了。那天下午，我去了某人的办公室。那人似乎没有任何烦恼，而且是我所认识的人当中最快乐的一个。他在 1929 年发了一笔大财，可是后来却赔得分文不剩。1932 年他又东山再起，赚了一大笔钱，可是又赔光了。然后在 1937 年他又大赚一笔，可是又赔光了。他曾多次破产，遭到敌人和债主的各种施压。他所遭遇的烦恼可以使任何人精神崩溃，甚至自杀。

8 年前的那一天，我坐在他的办公室里，内心对他充满了羡慕，希望上帝将我也改造得像他一样。

在我们谈话的时候，他把那天早晨收到的一封信放到我手中，说："你看看这封信。"

那是一封言辞十分愤怒的来信，里面提出了一些令人十分难堪的问题。如果我收到这样的一封信，我可要烦死了。我说："比尔，你打算如何回复这封信？"

"哦，"比尔说，"我告诉你一个小小的秘密。当你下一次真的碰到一些令你烦恼的事时，不妨取出一支铅笔和一张纸，详细地写下你所烦恼的事。然后，将那张纸放在你右手下方的抽屉里。等过一两个礼拜之后，再取出来看看。如果你第二次阅读时，认为那些事情仍让你感到烦恼，那么再将它放回原来的抽屉中，把它再放上一两个礼拜。在那儿它绝对安全，不会有什么变故。但与此同时，你所烦恼的事情可能会发生许多变化。而且我发现，只要我有足够的耐心，烦恼总会自动消失。"

这个建议给了我很大的影响，现在，我一直都在使用比尔的这套方法。结果显示，确实减少了许多忧虑，让我拥有了快乐的心情。

既然过去的天平已经倾斜，就应该鼓足勇气，把激荡在胸中的热血，压上奋斗的砝码，让过去的沉重随时光沉淀。时间是最好的心理医生，在不知不觉中，时间会带走曾经困扰我们的忧愁。

# 第四章

# 如何对待批评

# 理性面对批评

有一次我去访问史密德里 •柏特勒少将——就是绰号叫作"老锥子眼""老地狱恶魔"的柏特勒将军。还记得他吗？他是所有统率过美国海军陆战队的人里最多彩多姿、最会摆派头的将军。

他告诉我，他年轻的时候拼命想成为最受欢迎的人物，想使每一个人都对他有好印象。在那段日子里，一点点的小批评都会让他觉得非常难过。可是他承认，在海军陆战队里的 30 年使他变得坚强多了。"我被人家责骂和羞辱过，"他说，"骂我是黄狗，是毒蛇，是臭鼬。我被那些骂人专家骂过，会不会让我觉得难过呢？哈！我现在要是听到有人在我后面讲什么的话，甚至不会掉转头去看是什么人在说这些话。"

也许是"老锥子眼"柏特勒对批评太不在乎，可是有一件事情是肯定的——我们大多数人对这种不值一提的小事情都看得太过认真。我还记得在很多年以前，有一个从纽约《太阳报》来的记者，参加了我办的成人教育班的示范教学会，在会上攻击我和我的工作。我当时真是气坏了，认为这是他对我个人的一种侮辱。我打电话给《太阳报》执行委员会主席委尔 • 何吉斯，特别要求他刊登一篇文章，说明事实的真相，而不能这样嘲弄我。我当时下定决心要让犯罪的人受到适当的处罚。

现在我却对我当时的作为感到非常惭愧。我现在才了解，买那份报的人大概有一半会看到那篇文章；看到的人里面又有一半会把它只当作一件小事情来看，而真正注意到这篇文章的人里面，又有一半在几个礼拜之后就把这件事整个忘记。

我现在才了解，一般人根本就不会想到你我，或是关心别人批评我们什么话，他们只会想他们自己——在早饭前、早饭后，一直到半夜 12 时 10 分。他们对自己的小问题的关心程度，要比能置你或我于死地的大消息更关心 1000 倍。

即使你和我被人家说了无聊的闲话，被人当作笑柄，被人骗了，被人从后面刺了一刀，或者被某一个我们最亲密的朋友给出卖了——也千万不要纵容自己只知道自怜，应该提醒我们，想想耶稣基督所碰到的那些事情。他 12 个最亲密的友人里，有一个背叛了他，而他所贪图的赏金，如果折合成我们现在的钱来算的话，也不过 19 美元；他最亲密的友人里另外还有一个，在他惹上麻烦的时候公开背弃了他，还 3 次表白他根本不认得耶稣，一面说还一面发誓。出卖他的人占了 1/6，这就是耶稣所碰到的。为什么你跟我希望我们能比他更好呢？

我在很多年前就已经发现，虽然我不能阻止别人对我做任何不公正的批评，我却可以做一件更重要的事：我可以决定是否要让我们自己受到那些不公正批评的干扰。

让我把这一点说得更清楚些，我并不赞成完全不理会所有的批评，正相反，我所说的只是不理会那些不公正的批评。有一次，我问依莲娜·罗斯福，她如何处理那些不公正的批评——老天知道，她所受到的可真不少。她有过热心的朋友和凶猛的敌人，大概比任何一个在白宫住过的女人都要多得多。

她告诉我她小时候非常害羞，很怕别人说她什么。她对批评害怕得不得不去向她的姨妈，也就是老罗斯福的姐姐求助，她说："姨妈，我想做一件这样的事，可是我怕会受到批评。"

老罗斯福的姐姐正视着她说："不要管别人怎么说，只要你自己心里知道你是对的就行。"依莲娜·罗斯福告诉我，当她在多年后住进白宫时，这一个小小的忠告，还一直是她行事的原则。她告诉我，避免所有批评的唯一方法，就是"只要做你心里认为是对的事——因为你反正是会受到批评的。'做也该死，不做也该死。'"这就是她对我的忠告。

逝去的马修当年还在华尔街 40 号美国国际公司任总裁，我问过他是否对别人的批评很敏感。他回答说："是的，我早年对这种事情特别敏感，当时急于要使公司里的每一个人都觉得我特别完美。要是他们不这样想的话，我就会忧虑。只要哪一个人对我有些怨言，我就会想法子去取悦他。可是我所做的讨好他的事情，总会使另外一些人生气。然后等我想要弥补这个人的时候，又会惹恼其他的人。最后我发觉，我越想去讨好别人，以避免别人对我的批评，就越会使我的敌人增加。因此最后我对自己说：'只要你超群出众，你就肯定会受到批评，所以还是趁早适应这种情况的好。'这一点对我帮助很大。从那以后，我就决定只尽我最大能力去做，而把我那把破伞收起来。让批评我的雨水从我身上流下去，而不是滴在我的脖子里。”

狄姆士·泰勒再进一步，他不仅让批评的雨水流下他的脖子，而且对这件事情大笑一番——而且当众这样。有一段时间，他在每个礼拜天下午纽约爱乐交响乐团举行的空中音乐会休息时间，发表音乐方面的评论。有一个女人写信给他，说他是“骗子、叛徒、毒蛇和白痴”。泰勒先生在他那本叫作《人与音乐》的书里说：“我猜她只喜欢听音乐，不喜欢听讲话。”在第二个礼拜的广播节目里，泰勒先生把这封信宣读给好几百万听众听了几天后，他又收到这位太太写来的另外一封信，“表达她一点没有改变她的意见，”泰勒先生说，“她仍然觉得，我是一个骗子、叛徒、毒蛇和白痴。”我们实在不能不佩服用这种态度来接受批评的人，我们佩服他的沉着，他毫不动摇的态度和他的幽默感。

查尔斯·舒维伯对普林斯顿大学学生发表演讲的时候表示，他所学到的最重要的一课，是一个在他钢铁厂里做事的德国老者教给他的。那个德国老者和别的一些人为战事问题发生了争执，被那些人丢到了河里。

“当他走到我的办公室时，”舒维伯先生说，“满身都是泥和水。我问他对那些把他丢进河里的人怎样说？他回答说：‘我只是报之一笑’。”

舒维伯先生说，最后他就把这个德国老者的话当作他的座右铭：“只报之一笑。”当你成为不公正批评的受害者时，这个座右铭特别管用。别人骂你的时候，你可以回骂他，但是对那些报之一笑的人，你能说什么呢？

林肯要不是学会了对那些谴责他的话置之不理，恐怕他早就承受不住内战的压力而崩溃了。他写下的怎样处理别人批评自己的方法，已经成为一篇文学意义上的经典之作。在第二次世界大战期间，麦克阿瑟将军曾经把这些话抄写下来，挂在他总部墙上，而英国首相丘吉尔也把这段话镶起来，挂在他书房的墙上。这段话是这样的：“假如我只是试着要去读——更不用说去回答所有对我的攻击，这店不如关了门，去做别的生意。我尽我所知的最好办法去做，也尽我所能去做，而我计划一直这样把事情做完。如果结果证明我是错的，那样即便花10倍的力来说我是对的，也没有什么用。”

# 承认是自己的错

我住的地方，几乎是在纽约的地理中心点上，但是从我家步行一分钟，就可到达一片森林。春天，黑草莓丛的野花白茫茫一片，松鼠在林间筑巢育子，野草长到高过马头。这块没有被破坏的林地叫作森林公园——它的确是一片森林，也许哥伦布发现美洲那天下午所看到的没有什么不同。我常常带雷斯到公园散步，它是我的小波士顿斗牛犬。它是一只友善而不伤人的小猎狗，因为我们在公园里很少碰到人，我常常不给雷斯系狗链或戴口罩。

有一天，我们在公园遇见一位骑马的警察，他好像迫不及待地要表现出他的权威。

“你为什么让你的狗跑来跑去，却不给它系上链子或戴上口罩？”他申斥我道，“难道你不晓得这是违法的吗？”

“是的，我晓得。”我轻柔地回答，“不过我认为它不至于在这儿咬人。”

“你认为！你认为！法律是不管你怎么认为的。它可能在这里咬死松鼠或咬伤小孩。这次我不追究，但假如下回让我看到这只狗没有系上链子或套上口罩在公园里的话，你就必须去跟法官解释啦。”

我客客气气地答应照办。

我的确照办了，而且是好几回。可是雷斯不喜欢戴口罩，我也不喜欢那样，因此我们决定碰碰运气。事情很顺利，但接着我们撞上了暗礁。一天下午雷斯和我在一座小山坡上赛跑，突然间——很不幸地——我看到那位执法大人，跨在一匹红棕色的马上。雷斯跑在前头，径直向那位警察冲去。

我想我这下栽了。明白这点，我决定不等警察开口就先发制人。我说：“警官先生，这下您逮了我一个正着。我有罪，我无话可说。你上星期警告过我，若是再带小狗出来而不替它戴口罩就要罚我。”

“好说，好说。”警察回答的声调很柔和，“我知道在没有人的时候，谁都忍不住要带这么一条小狗出来溜达。”

“你这样的小狗大概不会咬伤别人吧。”警察反而为我开脱。

“不，它可能会咬死松鼠。”我说。

“哦，你大概把事情看得太严重了。”他告诉我，“我们这样办吧。你只要让它跑过小山，到我看不到的地方，事情就算了。”

那位警察也是一个人，他要的是一种重要人物的感觉。因此当我责怪自己的时候，唯一能增强他自尊心的方法，就是以宽容的态度表现慈悲。

但如果我有意为自己辩护的话，嗯，你是否跟警察争辩过呢？

我没有和他正面交锋，我承认他绝对没错，我绝对错了，我爽快地、坦白地、诚恳地承认这点。因为我站在他那边说话，他反而为我说话，整个事情就在和谐的气氛下结束了。查士德·斐尔爵士也不会比这位骑马的警察更和蔼，仅仅一个星期以前他还打算用法律来威吓我呢。

如果我们知道免不了会遭受责备，何不抢先一步，自己先认错呢？听自己谴责自己不比挨人家的批评好受得多吗？

你要是知道有人想要或准备责备你，就自己先把对方要责备你的话说出来，那他就拿你没有办法了。十之八九他会以宽大、谅解的态度对待你，忽视你的错误，正如那位警察对待我和雷斯那样。

费丁南·华伦是一个卖艺术品的商人，曾使用这个办法，使一位暴躁的顾客化干戈为玉帛。

“精确而严谨的态度，在制作商业广告和出版物中是最重要的。”华伦先生事后说，“一些艺术编辑要求别人立刻实现他们的设想，这样难免会发生一些偏差。我服务的某位艺术编辑就很挑剔，我从他的办公室出来时，心里总是很不舒服，倒不是因为他批评我，而是因为他对待我的方式。最近，我交了一件急件给他，他打电话说要我立刻到他办公室去，稿件有误。我到他办公室后，果然，他很高兴有了挑剔我的机会，而且满怀敌意。正在他滔滔不绝地数落我时，我运用了自我批评的方法。我说：‘某某先生，你说的对，我的错误确实不可原谅，我为你工作了这么多年，还不知道怎么做，我真是不好意思。’

“于是他开始为我说话了：‘你说的对，不过还没有那么严重。只是——我马上插嘴道：‘任何错误，都可能导致严重的后果，我怎么没看到呢？’我决不让他为我开脱。这是我第一次因为批评自己而感到高兴。

“我说：‘我应该更加细心，你给了我这么多的活，我却不能令你满意，我一定要重新做。’于是，他说不用那样麻烦，并夸奖起我的作品来，还说他再改一改就可以了，这点小错也不会让他的公司费几个钱。总之，小事一桩，不值一提。

“我的这种自我批评，不但使他没了脾气，而且他还请我吃了午饭。他又给了我一张支票，让我再干别的活。”

当你坦然面对自己的错误时，会感到某种意义上的满足。因为这消除了自己的罪恶感，也在某种紧张的气氛下保护了自己，更有利于迅速准确地解决错误。

新墨西哥州阿布库克市某公司的一位负责人布鲁士·哈威，有一次批准向一位请病假的员工支付整月的工资。随后，他发现了这个错误，要在这位员工下次的工资中减去多发的金额。那位员工不同意，因为这样会给自己造成严重的财务问题，他请求分期扣回他多领的钱。哈威必须先征求上级的同意才能决定。“如果直接去向老板请求的话，”哈威说，“一定会使他很不高兴。要更好地解决这个问题，应找到合适的方法。我意识到一切混乱都是我造成的，必须在老板面前自我检讨。

“进了他的办公室，我告诉他我办了件错事，然后说了事情经过。他开始发火，先说这应该由人事部门来负责，又大声指责会计部门的疏忽，我一再地坚持这是我的错误，应该由我来负责。可他又开始批评办公室的另外两个同事，我还在解释这是我的错误。终于他看了看我说：‘好吧，是你的错。交给你解决吧。’错误被改过来了，也没有造成其他的麻烦。我觉得很高兴，因为我有勇气不去找借口，妥当地处理了一件棘手的事情。而且，我的老板对我更加器重了。”

即使傻瓜也会为自己的错误辩护，但能承认自己错误的人却会凌驾于其他人之上，有一种高贵怡然的感觉。比方说，历史上对南北战争时的李将军有一笔极美好的记载，就是他把毕克德进攻盖茨堡的失败完全归咎于自己。

毕克德那次的进攻，无疑是西方世界最显赫、最辉煌的一场战斗。毕克德本身就很辉煌，他长发披肩，而且跟拿破仑在意大利战役中一样，他几乎每天都在战场上写情书。在那悲剧性的 7 月的一个午后，当他的军帽斜戴在右耳上方，轻盈地放马冲刺北军时，他那群效忠的部队不禁为他喝起彩来。他们喝彩着，跟随他向前冲刺。队伍密集，军旗翻飞，军刀闪耀，阵容威武、骁勇、壮大，北军也不禁发出啧啧的赞赏。

毕克德的队伍轻松地向前冲锋，穿过果园和玉米田，踏过花草，翻过小山。同时，北军大炮一直没有停止向他们轰击，但他们继续挺进，毫不退缩。

突然，北军步兵从隐伏的基地山脊后面窜出，对着毕克德那毫无防备的军队一阵又一阵地开枪。山间硝烟四起，惨烈有如屠场，亦有如火山爆发。几分钟之内，毕克德所有的旅长，除了一个之外，全部阵亡，5000 士兵折损 4/5。阿米士德统率其余部队拼死冲刺，奔上石墙，把军帽顶在指挥刀上挥动，高喊："弟兄们，宰了他们！"

他们做到了。他们跳过石墙，用枪把、刺刀拼死肉搏，终于把南军军旗竖立在基地山脊的北方阵地上。

军旗只在那儿飘扬了一会儿。虽然那只是短暂的一会儿，但却是南军战功的辉煌纪录。

毕克德的冲刺——勇猛、光荣，然而却是结束的开始。李将军失败了。他没办法突破北方战线，而他也知道这点。

南方的命运决定了。

李将军大感懊丧，震惊不已，他将辞呈呈送南方的戴维斯总统，请求改派"一个更年轻的有为之士"。如果李将军要把毕克德的进攻所造成的惨败归咎于任何人的话，他可以找出数十个借口。有些师长失职啦，骑兵到得太晚不能接应步兵啦。这也不对，那也错了。

但是李将军太高明，不愿意责备别人。当残兵从前线退回南方战线时，李将军亲自出迎，自我谴责起来。"这是我的过失，"他承认说，"我，我一个人，败了这场战斗。"

历史上很少有将军有这种勇气和情操，承认自己独负战争失败的责任。

在中国香港卡耐基课程任教的麦克·庄告诉我们，中国文化所带来的一些特别的问题，以及某些时候应用某一项原则，可能比遵守一项古老的传统更为有益。他班上有一位中年同学，多年来他的儿子都不理他。这位做父亲的以前是个吸食鸦片者，但是现在已经戒除了烟瘾。根据中国传统，年长的人不太能够先承认错误。他认为他们父子要和好，必须由他的儿子采取主动。在这个课程刚开始的时候，他和班上同学谈到他从来没有见过面的孙子孙女，以及他是如何渴望和他的儿子团聚。他的同学都是中国人，了解他的欲望和古老传统之间的冲突。这位父亲觉得年轻人应该尊敬长者，并且认为他不让步是对的，而要等他的儿子来找他。

等到这个课程快结束的时候，这位做父亲的却改变了看法。“我仔细考虑了这个问题。”他说，“戴尔·卡耐基说：‘如果你错了，你就应该马上并且明白地承认你的错误。’我现在要很快地承认错误已经太晚了，但是我还可以明白地承认我的错误。我错怪了我的儿子。他不来看我，以及把我赶出他生活之外，是完全正确的。我去请求年幼的人原谅我，固然使我很没面子，但是犯错误的是我，我有责任承认错误。”全班都为他鼓掌，并且完全支持他。

在下一堂课中，他讲述他怎样到他儿子家里请求得到原谅，并且开始和他的儿子、媳妇，以及终于见到面的孙子孙女建立起新的关系。

艾柏·赫巴是会闹得满城风雨的最具独特风格的作家之一，他那尖酸的笔触经常惹来对手强烈的不满。但是赫巴那少见的为人处世技巧，常常将他的敌人变成朋友。

例如，当一些愤怒的读者写信给他，表示对他的某些文章不以为然，结尾又痛骂他一顿时，赫巴就如此回复：

回想起来，我也不完全同意自己。我昨天所写的东西，今天不见得全部满意。我很高兴知道你对这件事的看法。下回你在附近时，欢迎驾临，我们可以交换意见。遥致诚意。

赫巴谨上

面对一个这样对待你的人，你还能说什么呢？

当我们对的时候，我们就要试着温和地、技巧性地使对方同意我们的看法。当我们错了——若是对自己诚实，这种情形十分普遍——就要迅速而诚恳地承认。这种技巧不但能产生惊人的效果，而且，信不信由你，任何情形下，都要比为自己争辩还有用得多。

别忘了这句古语：“用争斗的方法，你绝不会得到满意的结果。但用让步的方法，收获会比预期的高出许多。”

# 没人会踢死掉的狗

1929年，美国发生了一件震动全国教育界的大事，美国各地的学者都赶到芝加哥去看热闹。在几年之前，有个名叫罗勃·郝金斯的年轻人，半工半读地从耶鲁大学毕业，做过作家、伐木工人、家庭教师和卖成衣的售货员。现在，只经过了8年，他就被任命为美国第四有钱的大学——芝加哥大学的校长。他有多大？30岁！真叫人难以相信。老一辈的教育人士都大摇其头。人们对他的批评就像山崩落石一样一齐打在这位"神童"的头上，说他这样，说他那样——太年轻了，经验不够——说他的教育观念很不成熟，甚至各大报纸也参加了攻击。

在罗勃·郝金斯就任的那一天，有一个朋友对他的父亲说："今天早上我看见报上的社论攻击你的儿子，真把我吓坏了。"

"不错，"郝金斯的父亲回答说，"话说得很凶。可是请记住，从来没有人会踢一只死掉的狗。"

不错，这只狗越重要，踢它的人越能够感到满足。后来成为英王爱德华八世的温莎王子（即温莎公爵），他的屁股也被人狠狠地踢过。当时他在帝文夏的达特莫斯学院读书，这个学校相当于美国安那波里市的海军官校。温莎王子那时候才14岁，有一天，一位海军军官发现他在哭，就问他有什么事情。他起先不肯说，可是终于说了真话：他被官校的学生踢了。指挥官把所有的学生召集起来，向他们解释王子并没有告状，可是他想知道为什么这些人要这样虐待温莎王子。

大家推诿拖延又支吾了半天之后，这些学生终于承认说：等他们自己将来成了皇家海军的指挥官或舰长的时候，他们希望能够告诉人家，他们曾经踢过国王的屁股。

大概很少有人会认为耶鲁大学的校长是一个庸俗的人，可是有一位担任过耶鲁大学校长的摩太·道特，却竟然能够责骂一个竞选了总统的人。"我们就会看见我们的妻子和女儿成为合法卖淫的牺牲者。我们会大受羞辱，受到严重的损害。我们的自尊和德行都会消失殆尽，使人神共愤。"

这听起来很像对希特勒的痛责，是吗？其实不然，这是对托马斯·杰斐逊的公开抨击。也许你会问，是哪一个杰斐逊？难道是那个《独立宣言》的起草者，民主政体的守护圣徒托马斯·杰斐逊？不错，那人攻击的正是这位杰斐逊。

你知道哪一个美国人被骂为“伪善者”“骗子”或“比杀人凶手稍微好一点的人”？有份报纸的漫画描述这个人站在断头台前，台上的大刀正预备砍下他的头。当他被载往行刑的时候，群众对着他叫骂。这个人是谁？是乔治·华盛顿。

但这都是很久以前的事了，也许现在人性已改进不少。让我们看看下面的皮尔里将军的例子。

皮尔里是个探险家，1899 年 4 月 6 日，他用狗拉着雪撬到达北极，举世震惊。几个世纪以来，北极探险一直是各路英雄的目标，却无人写下记录，反而因此受伤、饥饿而丧生的人不少。皮尔里本人也差点死于严寒和断粮，他有 8 个脚趾因冻坏而不得不被锯掉，另有好几次因无法克服气候上的骤变而几乎精神崩溃。由于皮尔里声名大噪，广受群众欢迎，导致在华盛顿的几个海军高级长官对他不满而排挤他。他们指控皮尔里为科学研究募集捐款是“招摇撞骗、一事无成”的勾当。这些人可能相信皮尔里真如他们所指控的，人一旦想相信某事，就很难再让他们不信。他们极力诽谤皮尔里，阻止他的研究工作。最后还是麦肯利总统直接过问，才使皮尔里的工作得以继续下去。

假如皮尔里当时只在华盛顿的海军部办公，他会遭到如此无情的攻击吗？当然不会，因为他的重要性还不足以引起旁人的妒忌。

格兰特将军（后成为美国第 18 任总统）的遭遇更坏。1862 年南北战争时，格兰特的军队在北方赢得第一次大胜利——那一次大胜利使格兰特一夕之间成为全美崇拜的偶像，使远方的欧洲都震惊不已，而且使得缅因州到密西西比河岸边的教堂钟声和庆祝营火不断。可是，6 个星期还不到，这位北方英雄格兰特将军就成了阶下囚，军队也解散了，他只有带着羞辱和绝望悲叹了。

为什么格兰特将军会在胜利的高潮时期被逮捕？大概因为他的胜利引起某些长官的妒忌吧。

因此，当你受到他人充满恶意的批评与攻击时，请记住快乐的第一大原则：不用理它，因为没有人会踢一只死狗。

# 给对方台阶下

西奥多·罗斯福承认说，当他入主白宫时，如果他的决策能有75%的正确率，就达到他预期的最高标准了。像罗斯福这么一位20世纪的杰出人物，最高希望也只有如此。

如果你肯定别人弄错了，而率直地告诉他，你可知结果会如何？

沙斯先生是一位年轻的纽约律师，最近在最高法庭内参加一个重要案子的辩论。案子牵涉了一大笔钱和一项重要的法律问题。在辩论中，一位最高法院的法官对沙斯先生说："海事法追诉期限是6年，对吗？"

"庭内顿时静默下来，"沙斯先生后来在讲述他的经验时说，"似乎气温一下就降到冰点。我是对的。法官是错的。我也据实地告诉了他。但那样就使他变得友善了吗？没有。我仍然相信法律站在我这一边。我也知道我讲得比过去都精彩，但我并没有使用外交辞令。我铸成了大错，当众指出一位声望卓著、学识丰富的人错了。"

没有几个人具有逻辑性的思考。我们多数人都犯有武断、偏见的毛病。我们多数人都具有固执、忌妒、猜忌、恐惧和傲慢的缺点。因此，如果你很想指出别人犯的错误时，请在每天早餐前坐下来读一读下面的这段文字。这是摘自詹姆士·哈维·罗宾森教授那本很有启示性的《下决心的过程》中的一段话：

"我们有时会在毫无抗拒或热情淹没的情形下改变自己的想法，但是如果有人说我们错了，反而会使我们迁怒对方，更固执己见。我们会毫无根据地形成自己的想法，但如果有人不同意我们的想法时，我们反而会全心全意维护自己的想法。显然不是那些想法对我们珍贵，而是我们的自尊心受到了威胁……'我的'这个简单的词，是为人处世的关系中最重要的，妥善运用这两个字才是智慧之源。无论说'我的'晚餐，'我的'狗，'我的'房子，'我的'父亲，'我的'国家或'我的'上帝，都具备相同的力量。我们不但不喜欢说我的表不准，或我的车太破旧，也讨厌别人纠正我们对火车的知识、水杨酸的药效或亚述王沙冈一世生卒年月的错误……我们愿意继续相信以往惯于相信的事，而如果我们所相信的事遭到了怀疑，我们就会找尽借口为自己的信念辩护。结果呢，多数我们所谓的推理，变成找借口来继续相信我们早已相信的事物。”

几年以前，通用电气公司面临一项需要慎重处理的工作：免除查尔斯·史坦因梅兹担任某一部门的主管。史坦因梅兹在电器方面是一等一的天才，但担任计算部门主管却彻底失败。然而公司却不敢冒犯他。公司绝对奈何不了他，而他又十分敏感。于是他们给了他一个新头衔，他们让他担任“通用电气公司顾问工程师”——工作还是和以前一样，只是换了一个新头衔，并让其他人担任部门主管。

史坦因梅兹十分高兴。

通用公司的高级人员也很高兴。他们已温和地调动了这位最暴躁的大牌明星职员，而且他们这样做并没有引起一场大风暴——因为他们让他保住了他的面子。

让他有面子！这是多么重要——多么超级重要呀，而我们却很少有人想到这一点！我们残酷地抹杀了他人的感觉，又自以为是。我们在其他人面前批评一个小孩或员工，找差错，发出威胁，甚至不去考虑是否伤害到别人的自尊。然而，两分钟的思考，一句或两句体谅的话，对他人态度宽大的谅解，都可以减少对别人的伤害。

下一次，我们在辞退一个佣人或员工时，应该记住这一点。

以下，我引用会计师马歇尔·格兰格写给我的一封信的内容：

“开除员工并不是很有趣。被开除更是没趣。我们的工作是有季节性的，因此，在3月份，我们必须让许多人离开。

“没有人乐于动斧头，这已成了我们这一行业的格言。因此，我们演变成一种习俗，尽可能快点把这件事处理掉，通常是依照下列方式进行：‘请坐，史密斯先生，这一季已经过去了，我们似乎再也没有更多的工作交给你处理。当然，毕竟你也明白，你只是受佣在最忙的季节里帮忙而已’等。

“这些话为他们带来失望，以及‘受遗弃’的感觉。他们之中的大多数一生皆从事会计工作，对于这么快就抛弃他们的公司，当然不会怀有特别的爱心。

“我最近决定以稍微圆滑和体谅的方式，来遣散我们公司的多余人员。因此，我在仔细考虑他们每人在冬天里的工作表现之后，一一把他们叫进来，而我就说出下列的话：‘史密斯先生，你的工作表现很好（如果他真是如此）。那次我们派你到纽约华克去，真是一项很艰苦的任务。你遭遇了一些困难，但处理得很妥当，我们希望你知道，公司很以你为荣。你对这一行业懂得很多——无论你到哪里工作，都会有很光明远大的前途。公司对你有信心，支持你，我们希望你不要忘记！’

“结果呢？他们走后，对于自己被解雇的感觉好多了。他们不会觉得‘受遗弃’。他们知道，如果我们有工作给他们的话，我们会把他们留下来。当我们再度需要他们时，他们将带着深厚的私人感情，再来效力于我们。’”

在我们课程内有一个学期，两位学员讨论挑剔错误的负面效果和让人保留面子的正面效果。

宾夕法尼亚州哈里斯堡的弗瑞·克拉克提供了一件发生在他公司里的事：“在我们的一次生产会议中，一位副董事以一个非常尖锐的问题质问一位生产监督，这位监督是管理生产过程的。他的语调充满攻击的味道，而且明显就是要指责那位监督的处置不当。为了不愿在他面前被攻击羞辱，这位监督的回答含混不清。这一来使得副董事发起火来，严斥这位监督，并说他说谎。

“这位监督在这次遭遇之前所有的工作成绩，都毁于这一刻。这位监督，本来是位很好的雇员，从那一刻起，对我们公司来说已经没有用了。几个月后，他离开了我们公司，为另一家竞争对手的公司工作。据我所知，他在那儿还非常称职。”

另一位学员，安娜·马佐尼提供了在她工作上非常相似的一件事，所不同的是处理方式和结果。马佐尼小姐是一位食品包装业的市场行销专家，她的第一份工作是一项新产品的市场测试。她告诉班上人说：“当结果出来时，我可真惨了。我在计划中犯了一个极大的错误，整个测试都必须重来一遍。更糟的是，在下次开会我要提出这次计划的报告之前，我没有时间去跟我的老板讨论。

“轮到我报告时，我真是怕得发抖。我尽了全力不使自己崩溃，因为我知道我决不能哭，而那些人以为女人太情绪化而无法担任行政业务。我的报告很简短，只说是因为发生了一个错误，我在下次会议会重新再研究。我坐下后，心想老板定会批评我一顿。

“但是，他只谢谢我的工作，并强调在一个新计划中犯错并不是稀奇的事。

而且他相信，第二次的普查会更准确，对公司更有意义。

“散会之后，我的思想纷乱，我下定决心，我决不会再让我的老板失望。”

假如我们是对的，别人绝对是错的，我们也会因为指出别人的错误而让他丢脸，毁了他的自尊。传奇性的法国飞行先锋和作家安托安娜·德·圣苏荷依写过：“我没有权利去做或说任何事以贬抑一个人的自尊。重要的并不是我觉得他怎么样，而是他觉得他自己如何，伤害人的自尊是一种罪行。”

已故的德怀特·摩洛，拥有让双方好战分子和解的神奇能力。他怎么办到的呢？他小心翼翼地找出两个方面对的地方——他对这点加以赞扬，加以强调，小心地把它表现出来——不管他做何种处理，他从未指出任何人做错了。

每一个公证人都知道这一点——让人们留住面子。

世界上任何一位真正伟大的人，绝不浪费时间满足于他个人的胜利。我举一个例子来说明。

1922 年，土耳其在经过几世纪的敌对之后，终于决定把希腊人逐出土耳其领土。穆斯塔法·凯墨尔对他的士兵发表了一篇拿破仑式的演说，他说：“你们的目的地是地中海。”于是近代史上最惨烈的一场战争终于展开了。最后土耳其获胜。当希腊两位将领——德黎科皮斯和迪欧尼斯前往凯墨尔总部投降时，土耳其人对他们击败的敌人加以辱骂，但凯墨尔丝毫没有显出胜利的骄傲。

“请坐，两位先生，”他说，握住他们的手，“你们一定走累了。”然后，在讨论了投降的细节之后，他安慰他们失败的痛苦。他以军人对军人的口气说：“战争这种东西，最佳的人有时也会打败仗。”

即使是像罗斯福总统这样伟大的人物也难免会犯错误，所以，对待别人的错误，我们应当怀着一颗宽容平静的心来看待。即使他们错了，也要尊重他们，让他们保住面子。

# 第五章

# 养成乐观的习惯

# 学习制造快乐的能力

快乐是一种能力。快乐和愉悦并不是一回事。一位作家曾经说过："快乐是一种礼物，创造了绝大多数生活。愉悦则来自不计后果的狂欢，让人忘记生活。"

"快乐并不是不快的缺席，"伦肖说，"它是一种善待自己的能力，不管你感觉如何。"但快乐和愉悦可以密切连接在一起。因为人们把注意力集中在痛苦而不是快乐上，所以我们无法得到快乐。

所有有关快乐的研究都表明快乐的人忙碌、有活力、外向。生活在个人郁闷世界里的人会在寻找的过程中逐渐失去本我。孩子们则会全身心地投入游戏中去。当我们忘记自己是谁，把注意力集中在正在完成的事情上时，快乐就会来临。

有人讲述了一个好学的年轻人的故事：这个学生认识了一位受人尊敬的禅宗大师，向他询问永远快乐的秘密。大师笑着拿起粉笔写道："专心。""这就够了吗？"学生问。"专心就已经足够了，"大师说，"如果不专心，快乐就没有栖身之所；有了专心，快乐现在就在。专心是心无旁骛。专心就是一切。"

每个人都有快乐的理由，但我们总认为我们没资格快乐，或者做得还不够，远不到快乐的时候。这种等待心理的表现是：我们常常说，"如果……的话，我一定非常快乐，但是……"事实是我们永远也到不了那个境界。如果快乐要待实现某个目标后才能享受，人就会藏起自己的快乐，一直等到那个时刻。不幸的是，不管这愿望是关于金钱、汽车、工作或者爱人，即使真的实现了，你却会发现自己仍然快乐不起来。你现在所做的一切都为了明天，生活已经失真。

很多人试图通过成功来创造快乐，是因为他们错误理解了这些东西带来快乐的质量和持续时间。新的幸福感很快就会暗淡，快乐开始变得平淡无奇，你只好又开始寻找下一个目标。

然而这并不是说我们不应该制定目标，只是鼓励大家将目标放在现在。问问自己今天可以为明天的最终目标做些什么，不管那目标是健康、工作成功、减肥还是别的什么。我们所能控制，唯一的时刻就是现在。

对于我们的工作和生活而言，快乐是一种能力，是一种尺度。我们用它来丈量生活的品质，丈量我们喜欢生活的程度。

有这么一个故事。那是一家跨国公司策划总监的招聘。层层筛选后，最后只剩下 3 个佼佼者。最后一次考核前，3 个应聘者被分别封闭在一间设有监控的房间内。房间内务和生活用品一应俱全，但没有电话，不能上网。考核方没有告知 3 个人具体要做什么，只是说，让几个人耐心等待考题的送达。

最初的一天，3 个人都在略显兴奋中度过，看看书报，看看电视，听听音乐。

第二天，情况开始出现了不同。因为迟迟等不到考题，有人变得焦躁起来，有人不断地更换着电视频道，把书翻来翻去……只有一个人，还跟随着电视节目里的情节快乐地笑着，津津有味地看书、做饭、吃饭，踏踏实实地睡觉……

5 天后，考核方将 3 个人请出了房间，主考官说出了最终结果：那个能够坚持快乐生活的人被聘用了。主考官解释说："快乐是一种能力，能够在任何环境中保持一颗快乐的心，才会更有把握走近成功。"

实际上，我们能否快乐主要是取决于下面几个方面。

### 1．思维模式

思维模式，即看待生活的方式，也是快乐的核心。在很大程度上人的思维决定感情，所以我可以通过"想"某些事来促进相同结果的发生，即用思想指导行为。

### 2．价值观念

我们的价值观和生活规则同样非常重要。如果成功是你生活的信条，那么取得成功的基础是赚钱。这个价值系统对制造快乐并没有必要。

绝大多数人继承了父母的价值观和其他一些社会行为，我们甚至在不知道它们究竟是在什么的情况下就已经习惯了这些东西。如果生活的目的是为了让别人满意——很多人确实如此——那么我们首先担心自己做得还不够好，而这种想法只能带来不快、气愤、压力和疾病。过于在意外部环境会带来压力感。快乐的人是那些知道自己的目标并明确了解完成目标的方法的人。

3. 角色认知

平衡我们的角色对快乐来说也很重要。我们在生活中扮演着不同角色——工作的、家庭的。人们当然会更重视能得到更多承认的那个角色——不管是工作的还是私人的。但是把自己的快乐建立在别人的脸色上，只能给自己带来不快和压力。

可能你在自认为最重要的角色上表现不错，不过要记住，为此而忽视其他角色是万万不行的。我们将制造快乐的方法称作“更高使命”——生活的全部哲学或者目的。一旦你知道自己想要的，明确自己的人生应该如何度过，为什么要这样度过，你就能制定目标，并采取相应步骤去实现它。

## 运用心理暗示

你我必须面对的最大问题——事实上也是我们需要应付的唯一问题——就是如何选择正确的思想。而且，如果我们能做到这一点，就可以解决所有的问题。

不错，如果我们想的都是快乐的念头，我们就能快乐；如果我们想的都是悲伤的事情，我们就会悲伤；如果我们想到一些可怕的情况，我们就会害怕；如果我们想的是不好的念头，我们恐怕就不会安心了；如果我们想的全是失败，我们就会失败；如果我们沉浸在自怜里，大家都会有意躲开我们。

这是不是暗示对于所有的困难我们都应该用习惯性的乐天态度去对待呢？不是的。生命不会这么单纯，不过大家应选择正面的态度，而不要采取反面的态度。换句话说，我们必须关注我们的问题，但是不能忧虑。关注和忧虑之间的分别是什么呢？关注的意思就是要了解问题在哪里，然后很镇定地采取各种步骤加以解决，而忧虑却是发疯似的在小圈子里打转。

从事成人教育 35 年的经验使我深信思想对于一个人所能产生的巨大影响。一个人只要改变自己的想法，就能改变自己的生活，就能够消除忧虑和恐惧，就能走向成功。我们内心的平静，以及我们由生活所得到的快乐，并不在于我们在哪里，我们有什么，或者我们是什么人，而只是在于我们的心境如何，与外在的条件没有多少关系。

思想的运用和思想的本身，就能把地狱造成天堂，把天堂造成地狱。

当你被各种烦恼困扰着，整个人精神紧张不堪的时候，你可以凭自己的意志力改变你的心境。这可能要花一点力气，可是秘诀却非常简单。

“如果你感到不快乐，那么唯一能找到快乐的方法，就是振奋精神，使行动和言辞好像已经感觉到快乐的样子。”

这种简单的办法是不是有用呢？你不妨自己试一试。让你的脸露出一个很开心的笑容来，挺起胸膛，好好地深吸一大口气，然后唱一小段歌。如果你不能唱，就吹口哨；若是你不会吹口哨，就哼一段歌。你就会发现威廉·詹姆斯所说的是什么意思了。当你的行动能够表现出你快乐的时候，根本就不可能再忧虑和颓丧下去了。

好多年以前，我看过一本书，它对我的生活产生了深远而良好的影响，它的书名叫作《人的思想》，作者是詹姆斯·艾伦。下面是书里的一段：

一个人会发现，当他改变对事物和其他人的看法时，事物和其他人对他来说就会发生改变——要是一个人把他的思想引向光明，他就会很吃惊地发现，他的生活受到很大的影响。人不能吸引他们所要的，却可能吸引他们所有的……能改变气质的神性就存在于我们自己心里，也就是我们自己……一个人所能得到的，正是他们自己思想的直接结果……

自我暗示就是自动暗示，它是人们心理活动中的意识思想的发生部分与潜意识的行动部分之间的沟通媒介。它是一种启示、提醒和指令，它会告诉你注意什么、追求什么、致力于什么和怎样行动，因而它能支配影响你的行为。这是每个人都拥有的一个看不见的法宝。

自有人类以来，不知有多少思想家、传教士和教育者都已经一再强调信心与意志的重要性。但他们都没有明确指出：信心与意志是一种心理状态，是一种可以用自我暗示诱导和修炼出来的积极的心理状态！成功始于觉醒，心态决定命运！

这是现今时代的伟大发现，是成功心理学的卓越贡献。成功心理、积极心态的核心就是自信主动意识，或者称作积极的自我意识，而自信意识的来源和成果就是经常在心理上进行积极的自我暗示。反之也一样，消极心态、自卑意识，就是经常在心理上进行消极的自我暗示。就是说，不同的意识与心态会有不同的心理暗示，而心理暗示的不同也是形成不同的意识与心态的根源。所以说，心态决定命运，正是以心理暗示决定行为这个事实为依据的。

不同的心理暗示，就会给你带来两种不同的情绪和行为。有一天，一位朋友给我讲了一个让我十分感动的故事，它让我深刻地感受到了心理暗示的巨大魔力——它可以挽救一个重伤人的生命。这个故事的主角就是一个名叫快乐的杰克的年轻人。

杰克是饭店经理，他的心情总是很好。当有人问他近况如何时，他回答："我快乐无比。"

如果哪位同事心情不好，他就会告诉对方怎么去看事物好的一面。他说："每天早上，我一醒来就对自己说，杰克，你今天有两种选择，你可以选择心情愉快，也可以选择心情不好，我选择心情愉快。每次有坏事情发生，我可以选择成为一个受害者，也可以选择从中学些东西，我选择后者。人生就是选择，你要学会选择如何去面对各种处境。归根结底，你自己选择如何面对人生。"

有一天，他被 3 个持枪的歹徒拦住了，歹徒朝他开了枪。

幸运的是发现较早，杰克被送进了急诊室。经过 18 个小时的抢救和几个星期的精心治疗，杰克出院了，只是仍有小部分弹片留在他体内。

6 个月后，他的一位朋友见到了他。朋友问他近况如何，他说："我快乐无比。想不想看看我的伤疤？"朋友看了伤疤，然后问当时他想了些什么。杰克答道："当我躺在地上时，我对自己说有两个选择：一是死，一是活。我选择了活。医护人员都很好，他们告诉我，我会好的。但在他们把我推进急诊室后，我从他们的眼神中读到了'他是个死人'。我知道我需要采取一些行动。"

"你采取了什么行动？"朋友问。

杰克说："有个护士大声问我有没有对什么东西过敏。我马上答'有的'。这时，所有的医生、护士都停下来等我说下去。我深深吸了一口气，然后大声吼道：'子弹！'在一片大笑声中，我又说道：'请把我当活人来医，而不是死人。'"

杰克就这样活了下来。

心理上的自我暗示固然是个法宝，但这个法宝的巨大魔力还需要长期运用，形成一种意识后，才会充分地显示出来。具有自信主动意识的人必然会长期进行积极的自我暗示，而具有自卑被动意识的人却总是使用消极的自我暗示。可以说，经常进行积极暗示的人在每一个困难和问题面前看到的都是机会和希望，而经常进行消极暗示的人在每一个希望和机会面前看到的都是问题和困难。很明显，正是这种由成千上万次的心理暗示所形成的意识决定了一个人有无发展，能否成功。

自我意识、自我评价本身确实能左右一个人的发展。一个孩子如果有了不良的自我意识，就会有不良的表现，也就很容易被人们看成是“没出息”“没用”，甚至“有犯罪意图”。一个人的心理暗示经常是怎样，他就会真的变成那样。

人与人之间本来只有很小的差异，但这很小的差异却往往造成了巨大的差异。巨大的差异当然就决定了快乐、烦恼、幸福、不幸甚至是成功、失败。

所以，我们要调整自己的情绪心理，充分利用积极的心理暗示。

# 寻找快乐的源头

近年来心理学界的一件大事，就是关于“快乐”的研究有许多令人兴奋的发现。所有的相关研究都预示着，在不久的将来，人类将揭开大脑的神秘面纱，就如过去我们揭开层层宇宙的面纱一样。每个人都有自己的问题和麻烦，但你是否曾注意到，某些人即使在处理一些伤脑筋的问题时也不像其他人那样整天愁眉苦脸，反而比较乐观？这些快乐的人却不一定个个是幸运儿，相反，大部分人都曾遭受一连串噩运的打击，并且并不富有。失恋的沮丧、失业的苦恼、负债的压力、上司的白眼、辛勤工作却得不到应有的报酬……种种的无奈能将一个人击倒——但他们为何仍是一副乐天派的模样呢？为何仍能苦中作乐呢？他们是如何办到的呢？关键就在于他们掌握了快乐，激励自己做得更好些。因为他们常怀着一颗满足的心，照亮了自己的世界也缓冲了挫折的打击。这些快乐的人拥有充足的快乐理由，使人生总是充满希望。他们能找到快乐的“发源地”。

建造心灵快乐园地的好方法就是找到快乐的发源地，把这些储存快乐的来源加以扩大。你可以借助很多方式来收集储藏这些来源。我们不要将快乐的来源看成一项特别不寻常的事或举动，而将它视为种种“满意的”累积结果。快乐的价值无法用金钱来衡量，它是依据能带给我们多大影响力而定。

刺激与松弛在快乐中扮演着重要的角色。

刺激是快乐最大来源之一，它以许多方式降临到我们身上，从新食品、新认识的人、新观念甚至于从神秘、惊人的冒险的过程中所得到的新奇感受与经验等。

此外，兴奋也是快乐不可或缺的重要来源。

拿动物做实验就可看出“兴奋”是一项强有力、不可抵挡的利器——如果在猩猩脑里接通电流至控制快乐兴奋的中枢，并给予猩猩一个可以连通这电流的按钮，使猩猩可以处于兴奋状态，则猩猩必然会不停地按这个按钮直到自己筋疲力尽后才停止。

兴奋的相反一面——松弛，对一般人而言就没有那么容易做到了。我们发现很难将松弛浇注于生活之中，而完全地放松也成为奢望。不能自我松弛是快乐的一项很大的威胁。如果你希望获得快乐，就必须暂时脱离压力的烦忧，保持一段时间的孤立，走出每日的琐事，使自己完全处于平静与平衡之中。

每个人都应有自己的方式以获得介于兴奋与放松之间的平衡。

一般来说，如果你的满足感增加，你必然会更快乐。假设有一天，你因为凡事都不顺心而使你心烦意乱，觉得很不快乐，建议你不妨与烦心的事来一次竞赛，刻意堆积满意的心情，直到发现满意胜过你原有的不满意。如此一来，你一定就不会觉得那么难过了。

又假设你和一位好友吵架，又因交通阻塞导致在重要的业务会议上迟到。开完会后，公司发布今年不加薪的命令。上班时牙痛不得不请假去看牙医，好不容易回到家又看到邮箱里塞满了账单——这是多么令人不高兴的一天啊！此时最好的方法就是计划一个充满乐趣的傍晚。你可以拨电话和一些知心朋友聊天，打打球，到一间优雅的餐厅好好享受一顿晚餐；吃完饭后再去看场电影，放松放松身心。这样，你白天积压的不满意就会被晚间的满意所取代，会变得快乐一些。

也许有人认为这个方法实在是太简单了，不会有什么效果，不过多次的试验都证明真的管用。尽管它无法解决你所有的问题，但至少可以稳定情绪，使你能心平气和地处理问题。

有的人在不顺心的日子里会去刻意制造快乐的情境，就像上面所提过的方法，但通常他们不会继续思考：“现在该做什么事才能使我最快乐？”我们应该培养制造快乐的良好习惯，使快乐能随时随地自动出现，而不是一味地让自己沉溺于懒惰和被动之中。举个例子来说，当你想自娱一番时，你一定比较容易想到喝些饮料或是打开电视观赏节目，但不会想去骑脚踏车或是上法文课，而往往后者能带给我们更多的乐趣，只是一般人往往都忽略它们罢了。

还有一点也很重要，就是要多方面培养快乐的来源。因为多方面的来源能带来多层面的乐趣，如果你只有少数的快乐来源，它们可能不堪长期重复使用，而对仅有几个来源依赖过深也会造成乏味。如果你只靠某事或某物来追寻快乐，当你失去它时烦恼就会跟着来了。毕竟你在短时间内无法找到可以替代或填补它的东西。就如一个只专注于工作无其他嗜好的人，一旦他遭到解雇的命运或年老必须退休时，他一定会非常不快乐。

这也就是为什么有越多的快乐来源越好，因为种类多，我们就不容易厌倦。假如不幸失去了其中一样，立刻有其他来源可以取代，快乐才能不受影响。

另外，我们使用一项来源时，还必须投入足够的时间使这项来源确实有效，确实能使我们从中获得快乐。我们必须真正“进入”来源中才能领悟其中的乐趣。运动就是这样，门外汉怎么可能体验到运动的乐趣？必须是你对某项运动已有相当熟悉的程度之后，才能从中获得乐趣。又比如工作也是必须在一段时间的接触后，才能令你觉得愉快。有些人虽然拥有许多快乐的来源，但因为不能专心于一件事情，并与这件事情融为一体，所以他们仍然觉得无聊，当然也就变得不快乐。许多人都有过这样的经验：如果我们企图在一天里做很多事，就算是这些事本身都很有趣，但由于分心太多，一天的快乐也降低了不少。

现在你不妨看看自己的快乐来源，并做一个评估，看看你是否太依赖某一项来源。让我们努力去增加来源吧！也许令你快乐的一些事物或活动是挺贵的，但当你仔细检查过之后，你会惊讶地发现，有许多来源是由环境、朋友、增加见闻或是其他与钱无关的来源获得的。如果你有金钱方面的困扰，记住，不管价值多少，目标总是目标，期待还是期待，新奇品仍是新奇品，放松依旧是放松。刻意去制造富裕的环境以获得快乐是没必要的。豪华的度假别墅与公园、城市与森林又有何不同？只要你愿意，到处都有不同的活动供你享受啊！

# 从生活中找寻情趣

一位哲人曾说过，在这个地球上，那叫作“生命”的刺激冒险的机会，是你唯一能去做的。因此何不计划它，尽量设法活得丰富而又快乐？

世上充满了有趣的事情可以去做。在这令人兴奋的世界中，不要过乏味的生活。

生活要过得简单而不乏味，有情趣而不孤独，这需要生活的技巧。

一个有智慧的人，他到了40岁以后，生活就过得非常“简单化”了。所谓“简单化”，并不是说简单地生活，如古代西班牙式的生活，而是说对于一切的时间，能够不随便浪费到无用的地方。

当然，仅仅生活简单化还不够，应该趁着年轻的时候好好地学习一些技艺。一个人到了50岁以后，能力就将逐步衰退。换言之，学习进步的速度，就不得不减慢了。所以，50岁以后的人，想学习什么新的技艺，那是比较困难的。

有一位作家曾说法国人懂得“生活”的“技术”，而不是说他们懂“生活”的“艺术”。

懂得“生活技术”的人，不一定就是懂得“生活艺术”的人。所谓“生活技术”，也就是“职业技术”——你有“谋生”的本能吗？假如你回答说：“有。”那么，你的“谋生本能”便是“生活技术”，因为没有这种“技术”，你便不能“生活”。

简单的生活琐事，可能会给你带来不同的结果，就看你怎样应用技术来处理了。

真正懂得乐观生活的人，是因为他的生活富有情致。

我们也许都这样认为，作家的生活就是“贫困”一词的诠释。我们却不可否认，作家的精神生活是如此富有！

所以，我认为一个人40岁以后的“美满生活”，并不是指“职业”上有何成就，也不是指“谋生技术”上有何进展，而是说每个人努力的结果，心灵上必可得到一种安慰。

但这种“安慰”，不是宗教上的“抽象”，也非哲人的“玄虚”，而是“事实”的证明。

爱迪生的电灯研究成功后，他的名字誉满全球。这样的安慰，是“生活艺术”上的安慰，是心灵上的安慰。一个作家成名之后，所得到的报酬，也和爱迪生相同。

追求个人生活的情绪，不仅可以得到精神上的慰藉，还可以得到情感的升华。

所以，生活从 40 岁开始，我们不应该消极、灰心，而要加倍努力，为自己的心灵营造一方净土——生活情绪是实现这个目的最好的方式。

任何人都想过幸福且充满活力的人生。要实现这个愿望，时时接受新事物的挑战就显得格外重要。

年龄虽大但依然精力充沛的人，多半是不断接受挑战的人。

年纪越大，越感到时光流逝之快。我曾在全美国进行过一项心理实验，也得出与这句话相同的结果。

生活的心境不同，是导致年纪稍大的人觉得时间过得快的主要原因。

因为，他们已很久没有尝试过新的事物或听听新鲜的事了。

所以，40 岁以上的人应努力对很多事物充满兴趣，寻找新的挑战，并且去体验一些新的发现——打破乏味的生活方式。

研究表明，使一个人变得愉快，那么，他的行为也会变得令人欢快；让一个人陷入忧郁的思绪及痛苦的状态中，那么，你就会发现他成了阴郁的、牢骚满腹的、怪僻的及很可能是邪恶的人。因此，我们发现，粗暴和犯罪无一例外地出现在那些从不懂得欢乐的人身上，他们闭锁了心灵，对人与大自然融为一体的空明宁净的愉悦丧失了兴趣，对人与人之间互相启迪的愉快交往也就没了兴趣。

人有一种强烈地渴望轻松与娱悦的天然爱好，像其他天然的爱好一样，这种爱好之所以会植入在人身上，那是有它的特殊目的的。爱好不能被压抑，而会以这种或那种形式发泄出来。任何旨在促进纯洁无邪的娱乐活动的良好努力，其价值同旨在反对邪恶行为的训诫等值。如果我们不为享受健康的快乐提供机会，人们就会找到邪恶的活动来取代它们。西尼·史密斯说得很正确：“为了有效地反对邪恶，我们必须用更好的东西取代它。”

生活的艺术可以用多种方法表现出来，也许它可以用这几个字来概括：物尽其用。

没有任何东西可以不屑一顾，即使是普通得不能再普通的渺小之物都有它发挥作用的地方。它给家里带来生机和雅致，赋予大自然新的魅力。通过它，我们可以享受富人们的公园和森林，好像它们是属于我们自己似的。我们吸入普通的空气，在普照大地的阳光下取暖。我们赞美茵茵的绿草、飘浮的白云和欢笑的鲜花。我们热爱我们共有的大地，聆听来自大自然的声音。它延伸到所有的社交活动中，它产生善良的愿望和仁爱的真诚。在它的帮助下，我们使别人幸福，使自己被赐福。我们改善了我们的生存方式，升华我们的命运。我们高居于大地的爬行动物之上，渴望走向无限的永恒。由此，我们把时间与永恒结合在一起，在永恒之中，真正的生活艺术拥有它最完美的结局。

# 第六章

## 迈向活力的巅峰

# 多保持一小时的清醒

我为什么要写防止疲劳的问题呢？很简单，因为疲劳容易使人产生忧虑，或者至少会使你较容易忧虑。任何一个还在学校里学医的学生都会告诉你，疲劳会减低身体对一般感冒和疾病的抵抗力；任何一位心理治疗家也会告诉你，疲劳同样会减低你对忧虑和恐惧等感觉的抵抗力。所以防止疲劳也就可以防止忧虑。

我是否说“可以防止不快乐”呢？这话说得太温和了些。艾德蒙·雅各布森医生说得更清楚。雅各布森医生是芝加哥大学实验心理学实验室的主任，他写过两本关于如何放松紧张情绪的书——《消除紧张》和《你必须放松紧张情绪》。他花费了好多年的时间，主持研究放松紧张情绪的方法在医药上的用途。他认为任何一种精神和情绪上的紧张状态，“在完全放松之后就不可能存在了”。这也就是说，如果你能放松紧张情绪，就不可能再继续忧虑下去。

所以，要防止疲劳和忧虑，规则第一条就是：经常休息，在你感到疲倦以前就休息。

这一点为什么重要呢？因为疲劳增加的速度快得出奇。美国陆军曾经进行过好几次实验，证明即使是年轻人——经过多年军事训练而很坚强的年轻人——如果不带背包，每小时休息 10 分钟，他们行军的速度就加快，也更持久，所以陆军强迫他们这样做。你的心脏也和美国陆军一样聪明。你的心脏每天压出来流过你全身的血液，足够装满一节火车上装油的车厢。你的心脏能完成这么多令人难以置信的工作量，而且持续 50 年、70 年，甚至可能 90 年之久。你的心脏怎么能够承受得了呢？哈佛医院的沃尔特·加农博士解释说：“绝大多数人都认为，人的心脏整天不停地跳动着。事实上，在每一次收缩之后，它有完全静止的一段时间。当心脏按正常速度每分钟跳动 70 次的时候，一天 24 小时里实际的工作时间只有 9 小时。也就是说，心脏每天休息了整整 15 个小时。”

在第二次世界大战期间，丘吉尔已经 60 多岁了，却能够每天工作 16 个小时，一年又一年不间断地指挥大英帝国作战，这实在是一件很了不起的事情。他的秘诀在哪里？他每天早晨在床上工作到 11:00，看报告、口述命令、打电话，甚至在床上举行很重要的会议。吃过午饭以后，再上床去睡一个小时。到了晚上，在 8：00 吃晚饭以前，他要再上床去睡两个小时。他并不是要消除疲劳，因为他根本不必去消除，他事先就防止了。因为他经常休息，所以可以很有精神地一直工作到半夜之后。

约翰 · 洛克菲勒也创造了两项惊人的纪录：他赚到了当时全世界为数最多的财富，也活到 98 岁。他如何做到这两点呢？最主要的原因当然是他家里的人都很长寿。另外一个原因是，他每天中午在办公室里睡半个小时午觉。他会躺在办公室的大沙发上——而在睡午觉的时候，哪怕是美国总统打来的电话，他都不接。

在那本名叫《为什么要疲倦》的书里，丹尼尔说："休息并不是什么事都不做，休息就是修补。"在短短的休息时间里，就能有很强的修补能力；即使只打 5 分钟的瞌睡，也有助于防止疲劳。棒球名将康尼 · 麦克告诉我，每次出赛之前如果他不睡午觉的话，到第 5 局就会觉得筋疲力尽了。可是如果他睡午觉，哪怕只睡 5 分钟，也能够赛完全场，并且一点也不感到疲劳。

我曾问过埃莉诺 · 罗斯福夫人，她在白宫当第一夫人的 12 年里，如何应付那么紧凑的事项。她对我说，每次接见一大群人或者是要发表一次演说之前，她通常都坐在一张椅子或是沙发上，闭起眼睛休息 20 分钟。

我最近到麦迪逊广场花园去拜访吉恩 · 奥特里，这位参加世界骑术大赛的骑术名将。我注意到他的休息室里放了一张行军床。"每天下午我都要在那里躺一躺，"吉恩 · 奥特里说，"在两场表演之间睡一个小时。当我在好莱坞拍电影的时候，"他继续说道，"我常常靠坐在一张很大的软椅子里，每天睡两次午觉，每次 10 分钟，这样可以使我精力充沛。"

爱迪生认为他无穷的精力和耐力，都源自他随时随地想睡就睡的习惯。

在亨利·福特过80岁大寿之前，我去访问过他。我实在猜不透他为什么看起来那样有精神，那样健康。我问他秘诀是什么。他说："能坐下的时候我绝不站着，能躺下的时候我绝不坐着。"

被称为"现代教育之父"的霍勒斯·曼在他年事稍长之后也是这样。当他担任安提奥克大学校长的时候，常常躺在一张长沙发上和学生谈话。

我曾建议好莱坞的一位电影导演试试这一类的方法，他后来告诉我说，这种办法可以产生奇迹。我说的是杰克·切尔托克，他是好莱坞最有名的大导演之一。几年前他来看我的时候，他是某公司短片部的经理，他说他常常感到劳累和筋疲力尽。他什么办法都试过，喝矿泉水、吃维生素和各种补药，但对他一点帮助也没有。我建议他每天去"度假"。怎么做呢？就是当他在办公室里和下属开会的时候，躺下来放松自己。

两年之后，我再见到他的时候，他说："奇迹出现了，这是我医生说的。以前每次和我下属的人谈短片的时候，我总是坐在椅子里，非常紧张。现在每次开会的时候，我躺在办公室的长沙发上。我现在觉得比我两年好多了，每天能多工作两个小时，同时很少感到疲劳。"

你是如何使用这些方法的呢？如果你是一名打字员，你就不能像爱迪生或是山姆·戈尔德温那样，每天在办公室里睡午觉；如果你是一个会计员，你也不可能躺在长沙发上跟你的老板讨论账目的问题。可是如果你住在一个小城市里，每天中午回去吃中饭的话，饭后你就可以睡10分钟的午觉。这是马歇尔将军常做的事。在第二次世界大战期间，他觉得指挥美军部队非常忙碌，所以中午必须休息。如果你已经过了50岁，而觉得你还忙得连这一点都做不到的话，那么请赶快买份人寿保险吧。最近葬礼的费用涨得相当高——而且这种事都来得非常突然，而那位小女人也许想拿着你的保险金，嫁给一个比你年轻的男人呢！

如果你没有办法在中午时睡个午觉，至少要在吃晚饭之前躺下休息一个小时，这比喝一杯饭前酒要便宜得多了。而且算起总账来，比喝一杯酒还要有效很多倍。如果你能在下午5：00、6：00，或者7：00左右睡一个小时，你就可以在你生活中每天增加一小时的清醒时间。为什么呢？因为晚饭前睡的那一个小时，加上夜里所睡的 6 个小时——一共是 7 个小时——对你的好处比连续睡 8 个小时更多。

从事体力劳动的人，如果休息时间多的话，每天就可以做更多的工作。弗雷德里克·泰勒，在贝德汉钢铁公司担任科学管理工程师的时候，就曾以事实证明了这件事情。他曾观察过：工人们每人每天可以往货车上装大约 12.5 吨的生铁，而通常他们中午时就已经精疲力竭了。他对所有产生疲劳的因素做了一次科学性的研究，认为这些工人不应该每天只装运 12.5 吨的生铁，而应该每天装运 47 吨。照他的计算，他们应该可以做到目前成绩的 4 倍，而且不会疲劳，只是必须要加以证明。

泰勒选了一位施密特先生，让他按照规定的时间来工作。有一个人站在一边拿着一只马表来指挥施密特："现在拿起一块生铁，走……现在坐下来休息……现在走……现在休息。"

结果怎样呢？别的人每天只能装运 12.5 吨的生铁，而施密特每天却能装运 47.5 吨生铁。弗雷德里克·泰勒在贝德汉钢铁公司工作的那 3 年里，施密特的工作能力从来没有降低过，他之所以能够做到，是因为他在疲劳之前就有时间休息：每个小时他大约工作 26 分钟，而休息 34 分钟。他休息的时间要比他工作时间多——可是他的工作成绩却差不多是其他人的 4 倍！

让我再重复一遍：照美国陆军的办法去做——常常休息；照你自己心脏做事的办法去做——在你感到疲劳之前先休息。这样你每天清醒的时间，就可以多增加一小时。

## 远离疲劳的药方

笑口常开，青春常在。经常笑的人，会比心情郁闷、整天绷着脸的人拥有更多青春活力，同时也更健康。

中国著名科普作家高士其曾高度评价笑的作用，他指出："笑，是治病的偏方，是健康的使者。”

传说神医华佗有一天路过一个村庄，看见一对小姐妹眼睛红肿如桃。华佗询问得知姐妹因失去双亲，日思夜哭，眼患重疾。华佗告诉她们：“你们只要每日在足心抓 49 下，过半个月，病就会好的。不过，要当心，抓多了不灵，抓少了不行。”妹妹一有空就抓起来，手指一触足心就发痒，忍不住就笑，果然，不到半个月，眼疾就痊愈了，可谓“笑到病除”。可姐姐不相信，未按华佗医嘱去抓，两眼仍然红肿。

笑能使人精神愉悦，同时还对心脏大有好处；相反地，心情沮丧则不利于身体健康，甚至会增加早死的危险。马里兰大学的迈克尔·米勒博士表示，笑给心血管带来的好处就像锻炼可以给心血管带来的好处一样，因为笑可以促使血液流通。北卡罗莱纳大学的另一项研究则表明，心情沮丧或缺少笑容常常与诸如抽烟、吸毒等不健康的生活习惯联系在一起，同时还能将死亡的危险增加 44%。

在调查过程中，米勒选择了 20 部让人发笑的喜剧片或是会使人紧张不安的悲剧片，并让 20 名平均年龄为 33 岁、不吸烟、身体健康的志愿者观看这些影片。当志愿者观看影片时，研究人员检测他们血管内发生的变化。研究显示，观看悲剧片时，20 名志愿者中有 14 人胳膊上的动脉血流量减少；相反地，在观看喜剧片时，20 人中有 19 人的血流量增加。研究人员得到的结论是，在笑的时候，血流量会平均增加 22%；当人们有了精神压力时，血流量则会减少 35%。

由此，米勒博士得出这样的结论，笑和做有氧运动差不多，但笑可以使我们远离由运动带来的伤痛和肌肉紧张等不良影响。但是，他同时表示，笑也不可能取代体育锻炼，两者应该有规律地同时进行。他说：“我们建议人们一周进行 3 次体育锻炼，每次 30 分钟；另外，每天要笑 15 分钟，这样会对人们保持活力和身体健康有好处。”

现在，世界各国的人们逐步认识到乐观幽默在生活和事业中的重要作用，于是都纷纷做出努力，创造条件让大家生活得快乐些。这些年，几乎在全世界都掀起了一股漫画热。尤其是在日本，漫画达到了风靡的程度，以至形成了一种所谓漫画文化，使漫画成了与空气一样不可缺少的东西。现在日本最畅销的报刊就是漫画报刊。

据统计，漫画杂志一年可销售 16.8 亿册，平均每个日本人一年购买 15 册。人们认为，日本漫画热形成的首要成因是日本社会的高度紧张，人们都很疲劳，为了松弛一下，便纷纷逃到漫画世界里去。现在，日本的一些漫画家甚至把一些难读难解的书籍，如经济、历史等方面的著作也编成漫画。人们在轻松的阅读中领略到笑意，在笑意中理解书的内容，可真是寓教于乐。

我们在前文说过，笑是一种有益的健身锻炼，笑有利于消化、循环和新陈代谢，重要的是笑有助于乐观地对待现实。生活中如果没有了笑声，人就会生病，并使病情日趋严重，而幽默则能激起内分泌系统的积极活动，从而有效地解除病痛。

乐观、愉快、喜悦、幽默和笑，都能使大脑皮层处于中等兴奋状态。这是最佳情绪和最佳心理状态。在这种最佳情绪和最佳心理状态下，大脑皮层对身体内外的刺激都产生最佳反应，并发出最佳指令，从而使身体各部分得到最佳调节，使生命活力和抵抗力得到最佳表现，这种最有利于身心，并能战胜各种疾病的侵袭。同时，它能使人的才能、智力、体力和创造力得到最佳发挥，所以又最有利于获得事业的成功和取得最佳的成就。

由此，我们认为，乐观的情绪是保健和延年益寿的最佳药方，是成就事业的最佳方法。健康地大笑是消除疲劳的最好方法，也是一种很愉快的发泄不良情绪的好方式。看看喜剧或是听听笑话，从而引发内心的喜悦，让你由心底发出笑意也是一个让自己神经松弛的好方法。

生理学家对笑的生理学原理进行了认真的研究，得出的结论是：笑具有很好的医疗效果。其中包括笑对血压的冲击力、对神经内分泌的反应、对呼吸的影响等作用。

莎士比亚曾说过一句话："如果你在一天之中没有笑，那你这一天就算是白活了。"医学证明人在幽默欢乐的过程中，会引起荷尔蒙的改变，与长寿有着积极关系。

现在一些保健专家也建议：医生不要犹豫，为病人开出“笑”的处方，给他们指出笑的频率，教给病人一些发笑方法，这对健康和长寿是有益无害的。

归纳起来，笑有6大好处：

1．增强肺的呼吸功能，清洁呼吸道；

2．抒发健康的情感；

3．消除神经紧张现象，使肌腱放松；

4．散发多余的精力，驱除愁闷；

5．减轻社会束缚感；

6．克服羞怯心理，乐观地面对现实。

我相信，本书的很多读者会像奥尔嘉·加维一样，具有那种意志力和内在力量。她住在爱达荷州，在最悲惨的情况之下，发现自己还能停止忧虑。我非常坚定地相信你和我也都能那样做，只要我们应用这本书里所讨论的一些很古老的道理。下面就是奥尔嘉·加维所写的故事：

“8年半以前，医生宣告我将不久于人世，会很慢、很痛苦地死去。国内最有名的医生——梅奥兄弟也证实了这个诊断。我走投无路，死亡就要扑向我。我还很年轻，我不想死，绝望之余，我打电话找到了我的医生，告诉他我内心的绝望。他有点不耐烦地拦住我说：‘怎么回事，奥尔嘉？难道你一点斗志也没有吗？你要是一直这样哭下去的话，毫无疑问，你一定会死。不错，你碰上了最坏的情况。你要面对现实，不要忧虑，然后想点办法。’就在那一刹那，我发了一个誓，严肃得指甲都深深地掐进肉里，而且背上一阵发冷：‘我不会再忧虑，我不会再哭泣，如果还有什么需要我常常想的，那就是我一定要赢！我一定要继续活下去！’

“在不能用镭照射的情况之下，每天只能用X光照射10分30秒，连续照30天。但他们每天为我照了14分30秒的X光，照了49天。虽然我的骨头在我瘦削的身体里撑出来，像是荒凉山边的岩石；虽然我的两脚重得像铅块，我却不忧虑，也没哭过一次。我面带微笑，不错，我的的确确勉强自己微笑。

“我不会傻到以为只要微笑就能治疗癌症。可是我的确相信，愉快的精神状态有助于抵抗身体的疾病。总之，我经历了一次治愈癌症的奇迹。在过去这些年里，我再也没有像现在这么健康过，这都多亏了这句富有挑战性和战斗性的话：‘面对现实，不要忧虑，然后想点办法。’”

在这一节结束的时候，我要再重复一次亚历克西斯·卡锐尔博士的这句话：“不知道怎样抗拒忧虑的人都会因短命而死。”

# 掌握工作的好习惯

良好的工作习惯可以让一个人保持充沛的精力和持续高效的工作效率。下面我们为你推荐 4 种良好的工作习惯，可以让你高效工作，摆脱疲劳的困境。

**良好的工作习惯之一：清除你桌上所有的纸张，只留下与你正要处理的问题有关的东西。**

芝加哥与西北铁路公司的总裁罗兰德·威廉姆斯说：“一个桌上堆满很多种文件的人，若能把他的桌子清理干净，留下手边待处理的一些，就会发现他的工作更容易，也更实在。我称之为家务料理，这是提高效率的第一步。”

如果你走进位于华盛顿特区的国会图书馆，你就可以看到天花板上悬挂着几个字，这是著名诗人波普曾写过的一句话：

秩序，是天国的第一条法则。

秩序也应该是商界的第一条法则。但是否如此呢？一般生意人的桌上，都堆满了可能几个礼拜都不会看一眼的文件。一家新奥尔良的报纸发行人有一次告诉我，他的秘书帮他清理了一张桌子，结果发现了一部两年来一直找不着的打字机。

光是看见桌上堆满了还没有回的信、报告和备忘录等，就足以让人产生混乱、紧张和忧虑的情绪。更坏的事情是，经常让你想到“有 100 万件事情待做，可自己就是没有时间去做”，这样不但会使你感到紧张和疲倦，也会使你因忧虑得而患高血压、心脏病和胃溃疡。

宾夕法尼亚大学医学院的教授约翰·斯托克博士，曾在美国医药学会全国大会上宣读过一篇论文，论文题目叫作《生理疾病所引起的心理并发症》。在这篇论文里，斯托克博士在一项“病人心理状况研究”的题目下，共列出了11种情况，下面就是其中的第一种：

“总是有一种必须去做或是不得不做的感觉，总是感到有做不完的事情，而且必须去做。”

像清理桌子，做出各种决定等，这些基本的事情怎么能帮你避免那些很重的压力——这种“不得不做”的感觉，以及那种“必须做且永远也做不完”的感觉呢？著名的心理治疗家威廉·萨德勒博士，就让一个病人用这种简单的办法避免了精神崩溃。这个病人是芝加哥一家大公司的高级主管，当他初次到萨德勒博士诊所去的时候，非常紧张不安，而且很忧虑。他知道他可能精神崩溃了，可是他没有办法辞去工作。他需要有人帮助他。

“当这个人正把他的问题告诉我的时候，”萨德勒博士说，“我的电话铃响了起来，是医院打来的电话。我没有过多讨论这些问题，当场就下了决定。我总是尽可能当场解决问题。我刚把电话挂上，铃声又响了。这次又是一件很紧急的事情，我花了一点时间讨论。第三次来打扰的是我的一个同事，他为了一个病得很重的病人来咨询我的意见。当我和他讨论完了以后，我转过身来准备向我的病人道歉，因为我一直让他在旁边等着。可是他脸上的表情却完全不一样了，非常开心。”

“不必道歉了，大夫，”这个人对萨德勒说，“在刚才那10分钟里，我想我已经知道我的问题在哪里了。我现在要动身回到我自己的办公室里，改一改我的工作习惯……可是在我走之前，你能不能让我看看你的书桌呢？”

萨德勒博士打开他书桌的几个抽屉，里面都是空的，一只放了一些文具。“请你告诉我”，那位病人说，“你没有办完的公事都放在哪里？”

“都做完了。”萨德勒说。

“那么你还没有回的信放在哪里呢？”

“都回了。”萨德勒告诉他说，“我的规则是，信不回绝不放下来。我都是马上口述回信，让我的秘书打字。”

6 个礼拜之后，那位高级主管把萨德勒博士请到自己的办公室去。他整个改变了，他的办公桌也不一样了。他打开办公桌的抽屉，抽屉里不再有还没做完的公事。“6 个礼拜以前，”这位高级主管说，“我在两个办公室里有 3 张写字台——我整个人都埋在工作里，事情永远也做不完。当我和你谈过以后，我回到办公室里，清出一大车报表和旧文件。现在我的工作只需要一张写字台，事情一到马上就办完。这样就不再会有堆积如山的公事威胁我，让我紧张和忧虑。可是，最让我想不到的是，我完全恢复了健康，现在一点病也没有了。”

以前担任过美国最高法院大法官的查尔斯·伊文斯·休斯说：“人不会死于工作过度，而会死于浪费和忧虑。”不错，死于浪费精力，而他们之所以忧虑，是因为他们的工作似乎永远做不完。

**良好的工作习惯之二：按照事情的重要程度来做事。**

查尔斯·卢克曼，从一个默默无闻的人，在 12 年之内变成了派索登特公司的董事长，每年有 10 万美元的年薪，另外还能赚 100 万美元——他说这都是归功于他能够根据事情的轻重缓急行事的能力。查尔斯·卢克曼说：“就我记忆所及，我每天早上都在 5：00 起床，因为那时候我的思想要比其他时间更清楚——那时候我可以考虑一天的工作计划。按事情的重要程度来决定做事的先后次序。”

弗兰克·贝特吉是美国最成功的保险推销员之一，他不会等到早上 5：00 才计划他当天的工作，他在头一天晚上就已经计划好了。他替自己订下一个目标，订下一个要卖掉多少保险的目标。要是他没有做到，差额就加到第二天，依此类推。

我由经验知道：一个人不可能总按事情的重要程度来决定做事的先后次序。可是我也知道，按计划做事，绝对要比随兴之所至而去做事好得多。

如果萧伯纳没有坚持该先做的事情就先做的这个原则，他也许就不可能成为一个作家，而一辈子做一个银行出纳员了。他拟订计划，每天一定要写 5 页。这个计划使他每天 5 页，持续写了 9 年。虽然在这 9 年里他一共只得了三十几块美元——大约每天只得到一毛钱。就连漂流在荒岛上的鲁滨逊，也订出每天每一个钟点应该做些什么事的计划。

**良好的工作习惯之三：当你碰到问题时，如果必须做决定，就当场决定，不要迟疑不决。**

我以前的一个学生、已故的 H·P·豪威尔告诉我，当他在美国钢铁公司任董事的时候，开起董事会总要花很长的时间——在会议里讨论很多很多的问题，达成的决议却很少。其结果是，董事会的每一位董事都得带着一大包的报表回家去看。

最后，豪威尔先生说服了董事会，每次开会只讨论一个问题，然后做出结论；不耽搁、不拖延。这样所得到的决议也许需要更多的资料加以研究，也许有所作为，也许没有。可是无论如何，在讨论下一个问题之前，这个问题一定能够达成某种决议。豪威尔先生告诉我，结果非常惊人，也非常有效。所有的陈年旧账都清理了，日历上干干净净的，董事也不必再带着一大堆报表回家了。

这是个很好的办法，不仅适用于美国钢铁公司的董事会，也适用于你和我。

**良好的工作习惯之四：学会如何组织、分层管理和监督。**

很多生意人替自己挖了个坟墓，因为他不懂得怎样把责任分摊给其他人，而坚持事必躬亲。其结果是，很多枝枝节节的小事使他非常混乱。他总觉得很仓促、忧虑、焦急和紧张。

要学会分层负责，是很不容易的。我知道，我以前就觉得这个很难，非常困难。我由经验也知道，如果找来负责的人不对，也会产生很大的灾难。可是分层负责虽然很困难，一个做上级主管的，如果想要避免忧虑、紧张和疲劳，却非要这样做不可。

# 保持生活平衡

安妮花了5年时间思考，今年终于决定改变工作，重新安顿身与心。她领悟到，工作中快不快乐，可能只是51∶49的微差而已。其间有个阶梯，你可能爬到中间拥有恰好的平衡，也可能只走了一阶。即使如此，你也在进步，平衡尺上的浮标又往前游移一格。

安妮有个生命平衡法则，用来制衡工作与生活。她将生命切成健康、时间、自由与快乐4块，视个人状况分配比重以及排序。如果每个元素都不缺，反映到工作中的态度与情绪就比较平和，因而获得适当的平衡。长期处在平衡中，就能积极又正面的思考。

许多专家呼吁，积极思考可以调适工作压力，清除不必要的情绪，上班族多亲近正面思考的人，这样能减少倦怠感。

具体做法是，如果将事情弄得很糟时，只允许情绪低落一下子。很快换个想法，太棒了，我们又学到一招，下次又有机会尝试其他处理方法。我们不会因此认为自己很差劲。

美国石油大王洛克菲勒在平衡工作与生活关系方面可谓是一个专家。谈起工作和生活，他说，这么多年以来，我执行的原则就是好好工作，好好享受，花一点时间来当父亲。但是回头去看，很显然我所选择的平衡对于我家里和办公室的其他人都有不利的影响。例如，我的孩子们主要是由他们的母亲独自带大的。

尽管工作与生活的平衡问题一直是很多中年人所关心的问题，但似乎直到我退休之后，这个问题才真正热门起来。在我过去的工作中，遇到了许多这方面的问题。最常见的是："你怎么会有那么多的时间去打球，还能继续干好总裁的工作？"

在个人应该如何排列生活中各部分的优先次序的问题上，我显然不是专家。何况我一直以为这些选择应取决于个人。但是，作为一名管理者，我处理过数十宗关于工作与生活平衡协调的难题，作为一名领导者则处理过数百宗。

从这些经历里，我找到了一些感觉，关于老板们如何看待工作与生活的平衡，不知道他们是否告诉过你。

洛克菲勒认为要平衡好工作与生活的关系，首先应该处理好管理的优先秩序问题。他是这样说的，我们首先要谈谈所谓的“工作与生活的平衡”究竟指的是什么。它涵盖了我们所有人应该如何管理生活、支配时间的问题——关于优先次序和价值观的问题。基本上，这个平衡是关于“我们应该把多少精力消耗在工作上”的讨论。

工作与生活的平衡是一个交易——你和自己之间就所得和所失进行的交易。平衡意味着选择和取舍，并承担相应的后果。让我们站到你老板的视角上，换个位置对工作与生活的平衡问题做些思考。

1. 你的老板最关心的事情是竞争力。当然他也希望你能快乐，但那只是因为你的快乐能够帮助他的公司盈利。实际上，如果他的工作做得好，他就可以让你的工作变得很有吸引力，使你的个人生活显得不那么拖后腿。

老板给你付工资的原因，是因为他希望你贡献所有的一切，包括你的头脑、体力、活力和献身精神。

2. 绝大多数老板都非常愿意协调员工工作与生活的矛盾，如果你能为他做出出色的业绩。这里的关键词是“如果”。

实际上，我倒愿意通过一个老式的积分系统来处理工作与生活的平衡问题。那些有突出业绩的人可以获得“积分”，用以交换自己工作的弹性。

3. 老板们很清楚，公司手册上面关于工作、生活平衡的政策主要是为了招聘的需要，而真正的平衡是由一对一的谈判决定的，其背景是一个相互支持性的企业文化，而不要总是强调“但是公司说过……”

公司手册是件华丽的宣传品，有醒目的照片、多项终生福利的介绍，也包括倒班或工作弹性等。然而许多聪明人很快就明白，手册上所列举的“工作与生活的平衡规划”主要是面向新人的招聘工具。

真实的平衡安排是在老板与员工之间就具体问题进行单独谈判得到的，使用的方法正好是我们刚介绍过的业绩与弹性交换的制度。

4. 那些公开为工作与生活的矛盾问题而斗争、动辄要求公司提供帮助的人会被当作动摇不定、摆资格、不愿意承担义务或无能的人，或者以上全部。

因此，那些消极抱怨的人最后总免不了被边缘化的命运。

所以，在你第 5 次开口，要求公司减少你的出差，要求在星期四上午请假，或者希望回家去照顾小孩之前，你应该知道自己是在发表一项声明。而且不管你用什么理由，你的请求在别人听来似乎都是“我对这里的工作并不真的感兴趣”。

5. 即使最宽宏大量的老板也会认为，工作和生活的平衡是需要你自己去解决的问题。实际上，绝大多数人也知道，的确有一些策略能帮助你处理好这个问题，他们也希望你会采用。

毫无疑问，谈判、协调这种平衡关系要给经理人的工作再增加一层复杂性。但是你的经理人应该欢迎这种挑战，因为那给他提供了另外一套工具，来激励和挽留优秀的员工。这套新工具与高薪、红利、晋升或其他所有形式的认可一样有效。

不过，在此期间，你也可以并且应该学会帮助自己。有关工作与生活的话题已经讨论了相当长的时间了，也有不少好的经验被总结出来。那些非常老练的老板们都知道这些技巧，很多人自己已经开始采纳，他们也希望你能借鉴。

通过上面的一段话，我们知道是否会平衡工作和生活是一个人取得事业上成功的关键因素，也是很多企业在招聘员工时的重要参照标准。一个能够出色处理工作与生活平衡的人既不会像工作狂那样拼命地忠于工作，不顾生活，也不会像一个碌碌无为、毫无事业心、整天混日子的小职员那样打发时光。他应是一个工作高效、精力充沛、富有生活情趣的人。

# 第七章

# 善待所有挫折

# 看到失败的价值

纵观人类历史上的伟人和杰出人物，他们中的相当一部分人曾经有过艰辛的童年生活，甚至还备受命运的虐待，但强者总是善于找到生命的支点。他们及时调整了自己的心态，坚韧地承受着生活的艰辛，在一贫如洗的岁月里安然走过，并用恒久的努力打破了重重的围困，在脱离了贫穷困苦的同时也脱离了平凡，成就了卓越与伟大。

有的苦难是如此严重，一旦向它屈服，就等于输掉整场球赛。李奇威将军担任指挥官时，发现兵力太弱，而受到敌军的强大攻击。但他坚持守住阵地而使美军免于被逼入海的命运，而且很快地进行反攻。挫折发生时，你也许没有时间来考虑或修正错误以避免更进一步的失误。但千万别裹足不前，此刻最重要的是确定自己的目标，并采取能保存你所有的资源及希望的行动。要是你就此认输，你将失去自信且难以再恢复。所以你必须坚守原则，最后你将知道，你保住了自身所拥有的最重要的东西。

要是你曾仔细地反省自己，并研究那些你所钦慕的成功者的一生，你就会发现所有最好的机会都发生在处于逆境的时候。因为只有在面对失败或有可能失败时，才会想要做根本的改变，从险中求胜。当你经历一些暂时的挫折，你也知道这只是暂时的，你就可以抓住逆境带来的机会。

有一天，两个强盗偶然路过一座吊死犯人的绞架，其中一个便叫起来："如果没有这该死的绞架，我们的职业是多么好呀！"另一个强盗接着说："呸！你这笨蛋，好在有这架子，如果没有的话，人人都要做强盗了，哪轮得到你我？"

其实，世界上的各种职业、技艺与事业，莫不如此，都是因为困难吓退了一些庸碌的竞争者。斯潘琴说："许多人的生命之所以伟大，都来自他们所承受的苦难。"最好的才干往往是从烈火中冶炼的，都是从坚石上磨炼出来的。

世界上有许多人因为没有经历苦难的磨炼，激发不出他们体内潜伏的力量来，因此他们的才能得不到淋漓尽致的发挥。只有努力奋进才能帮助人们达到成功的境地，只有尽力奋斗的人才会获得自己心中期望的东西。

苦难与障碍并不是我们的仇人，而是我们的恩人。因为我们人人都有一种逆反的心理，这种逆反的心理在人体里发展为反对的力量。正是苦难与障碍的出现，使得我们体内克服障碍、抵制苦难的力量得以发展。这就好像森林里的橡树，经过千百次暴风雨的摧残，非但不会折断，反而日见挺拔。正像暴风雨吹打橡树一般，人们所承受的种种痛苦、折磨和悲伤，也在启发人们的才能、锻炼他们。

芝加哥北密歇根大道的一个地区现称为“华丽一英里”。1939 年，那里的办公楼群可说是日暮途穷了，一座座大楼只有空荡荡的地板。一座楼出租了一半就算是幸运的，这正是商业不景气的一年。消极的心态像乌云一般笼罩在芝加哥不动产的上空。那时，你常可以听到这样一些论调：“登广告毫无意义，根本就没有钱”或“我们没有必要工作了”。然而就在这时，一位抱着积极心态的经理进入了这个地区。他有一个想法，于是就立即行动起来了。

这个人受雇于西北互助人寿保险公司，前来管理该公司在北密歇根大道上的一座大楼。公司是以取消抵押品中的赎取权而获得这座大楼的。他开始担任这项工作时，这座大楼只出租了 10%。但不到一年，他就使它全部租出去了，而且还有长长的待租人名单送到他的面前。这其中有什么秘密呢？新经理把无人租用办公室作为一个挑战，而不是作为一个不幸。我们访问他时，他介绍了他所做的事情。

我清楚地知道我要干什么，我要使这些房间 100% 地租出去，在当时的情况下，要做到这一点是很难的。因此我必须把工作做到万无一失，因此必须做到以下 5 点：

1. 要选择称心的房客。

2. 要激发吸引力，给房客提供芝加哥市最漂亮的办公室。

3. 租金却不高于他们现在所付的房租。

4. 如果房客按为期一年的租约付给我们同样的月租，我就对他现在的租约负责。

5. 除此之外，我要免费为房客装饰房间。我要雇用富有创造性的建筑师和内装工，改造我们大楼的办公室，以适合每个新房客的个人爱好。

通过推理，我们可以得到以下结果：

1. 如果一个办公室在以后几年中不能出租，我们就不能从那个办公室得到收入。我们到年底可能得不到任何收益，但这种情况总不会比我们没有采取任何行动时的情况更糟，而我们的境况应该好转，因为我们满足房客的需要，他们在未来的年份中会准时并如数交付房租。

2. 出租办公室仅以一年为基数，这是已经形成的习惯。在大多数情况下，房间仅仅只空几个月就可接纳新的房客。因此，得到租金的希望就不至于落空。

3. 在一所设备良好的大楼里，如果一个房客一定要在他租约满期的那一年的末期退租，也比较易于再租。免费装饰办公室也不会得不偿失，因为这会增加全楼的股票价值，结果极好。每一个新装饰过的办公室似乎都比以前更为富丽堂皇。房客都很热心，许多房客花费了额外的费用。有一个房客在改建工作中就花费了 22 000 美元。

这座大楼开始时只租出 10%，到年底便 100%地租出去了。没有一个房客在他的租约满期后想走。他们很高兴用上了超摩登的新办公室。第一年的租约满期后，我们也没有提高租金。这样，我们就赢得了房客的信任和友情。

现在让我们回顾一下这个故事的始末。有一个人面临着一个严重的问题。他手上有一座巨大的办公大楼，可是这座大楼 9/10 的办公室都是空闲未租的。然而，在一年内这座大楼便 100%地出租了。现在，就在它的左右，仍有几十座大楼是空荡荡的。

这两种情况之间的差别当然就是每座大楼的经理对这个问题所持的不同的态度。一种人说：“我有一个问题，那是很可怕的。”另一种人说：“我有一个问题，那是很好的。”

如果一个人能够抓住他的问题尚未显露出真相的好机会，洞察它并寻求解决办法，那么他就是懂得积极心态之要义的人。如果一个人能形成一种行之有效的想法，并紧接着付诸实施，他就能把失败转变为成功。

简单地说，已经得到第一名的人，不会有比看到第一名更荣耀的事了。对他而言，最多只能继续保持第一名而已，而且平常都有可能会降到第二名或第三名的不幸事件。相反地，得到最后一名的人，对于他来说，最坏的结果也只是最后一名而已，但有进步为倒数第二、第三名的可能。困境对我们来说反而是一种刺激，而且可以激励我们的成长与进步。

在这里，所指的贫穷或富裕，当然不单独指经济上的因素，也可以说是失败和成功、堕落和成长，也就是一般人常说的“顺境与逆境”。日本著名的作家谷口雅春先生，在他的著作《你是无限能力者》一书中曾说过，“坠落才是机会”，其意义也是相同的。这些话，都是我们应该好好体会的。的确，如果一粒麦子不幸落地死亡，怎能再结出许多麦子呢？经历了越剧烈的痛苦，在精神、人格上也会越早成熟和进步。

因此，当我们面临困境时，不要畏惧退缩，心中只要牢牢记住一件事：不要被逆境所吞噬。纵使你面临前所未有的剧烈痛苦，也不要因此而被淹没。要知道如果太过于沉溺于自怜自哀之中，将会因为这一次的坠落而失去一切，永远不得翻身。我们应该庆幸逆境来临，这正是我们考验自己的最佳良机，坚强地渡过危机之后，一条坦荡的康庄大道将展现在你的面前。“能够成功的人，只不过比别人多坚持了 5 分钟。”你我均应牢记这句话。

## 勇敢战胜失败

困难可以将你击垮，也可以使你重新振作。这取决于你如何去看待和处理困难。美国知名作家罗威尔曾说：“人世中不幸的事如同一把刀，它可以为我们所用，也可以把我们割伤。那要看你握住的是刀刃还是刀柄。”

遇到困难时，如果握着“刀刃”，就会割到手；如果握住“刀柄”，就可以用来切东西。要准确握住刀柄可能不容易，但还是可以做得到的，这其中有很多方法和技巧，许多人都曾试过。

在我们讨论处理困难之前，我必须告诉你，人生中能够遇到这些困难，是值得你高兴的事情。若没有了这些，人生就不足以成为人生。虽然困境有其令人难以接受的一面，但它是人生成长及把握方向不可缺少的磨炼。

事实上，难题正是人生的标记之一，难题越多，越能显示它是人生的一部分。

通常，人们被困难击败的主要原因之一就是人们自认为可以被打败，而克服困难一个最大的诀窍，如同我们所说的，也就是要学会相信人们可以击败困难。为了做到这一点，你的心理及精神就要不断地成长。成长是你可以做得到的事。你可以在心灵方面茁壮成长，战胜任何难题。换句话说，你必须比所遇到的困难更高更壮才行。

积极心态伟大的功效之一是，它教导人们停止与自己对抗。事实上，很多人必须练习如何打败自己。因为他们坚信自己无法处理自己的困境，他们已经被自己的心灵击败了。

如果你可以因为成长而克服困难，则困难就是激励你成长的要素。俄罗斯有一句谚语说："铁锤能打破玻璃，更能铸造精钢。"如果你像钢一样，有足够的坚强作为打造的品质，去克服人生中的困难，那么这些困难正好可以磨炼你的意志和力量。

很多杰出的领导人都遵循这条人生哲学，艾森豪威尔总统曾向我讲述他早年把自己的母亲看作是认识的人中最明智的人，她的明智来源于她的宗教信仰。她在家庭里制造出这种神奇的力量，而她就是这种力量的中心。

艾森豪威尔回忆说，有一天一家人晚上玩牌，他埋怨自己手气不好。母亲突然停下，告诉他玩牌的时候要接受自己抓来的牌，并说明生活也是这样，上帝为每个人发牌，而你只能尽自己最大努力玩好自己的牌。

总统说他从来没有忘记过这条教诲，并且一直遵循它。

伟大的心理学家阿德勒究其一生都在研究人类及其潜能，他曾经宣称他发现人类最不可思议的一种特性——"人具有一种反败为胜的力量"。

我下面要讲述的这位女士的经历正好印证了这句话，这位女士是瑟尔玛·汤普森。

"战时，我丈夫驻防加州沙漠的陆军基地。为了能经常与他相聚，我搬到那附近去住。那实在是个可怕的地方，我简直没见过比那更糟糕的地方了。我丈夫出外参加演习时，我就只好一个人待在那间小房子里。那里热得要命——仙人掌树阴下的温度高达华氏 125 度，没有一个可以谈话的人。风沙很大，所有我吃的、呼吸的都充满了沙、沙、沙！

"我觉得自己倒霉到了极点，觉得自己好可怜。于是我写信给我父母，告诉他们我放弃了，准备回家，我一分钟也不能再忍受了，我情愿去坐牢也不想待在这个鬼地方。我父亲的回信只有三行，这三句话常常萦绕在我心中，并改变了我的一生：

有两个人从铁窗朝外望去，

一个人看到的是满地的泥泞，

另一个人却看到满天的繁星。

“我把这几句话反复念了好几遍，我觉得自己很丢脸，便决定找出自己目前处境的有利之处，我要找寻那一片星空。

“我开始与当地居民交朋友，他们的反应令我心动。当我对他们的编织与陶艺表现出很大的兴趣时，他们会把拒绝卖给游客的心爱之物送给我。我研究各式各样的仙人掌及当地植物，我试着多认识土拨鼠，我观看沙漠的黄昏，找寻300万年前的贝壳化石，原来这片沙漠在300万年前曾是海底。

“是什么带来了这些惊人的改变呢？沙漠并没有发生改变，改变的只是我自己。因为我的态度改变了，正是这种改变使我有了一段精彩的人生经历。我所发现的新天地令我觉得既刺激又兴奋。我着手写一本书——一本小说——我逃出了自筑的牢狱，找到了美丽的星辰。”

瑟尔玛·汤普森所发现的正是耶稣诞生前500年希腊人发现的真理：“最美好的事往往也是最困难的。”

我在纽约市教授成人教育课程时，发现很多人都有一个很大的遗憾，是没有机会接受大学教育。他们似乎认为未进大学是一种缺陷，而我认识的许多成功的人士都没上过大学，因此我知道这一点并没有这么重要。我常告诉这些学员一个失学者的故事：

他的童年非常贫困，父亲去世后，靠父亲生前的朋友帮忙，父亲才得以安葬。他的母亲必须在一家制伞工厂一天工作10小时，再带些零工回来做，做到晚上11：00。

他就是在这种环境下长大的，有一次他参加教会的戏剧表演，觉得表演非常有趣，于是就开始训练自己公众演说的能力。后来也因此，他进入了政界。30岁时，他已当选为纽约州议员。不过对接受这样的重大责任，他其实还没有准备妥当。事实上，他亲口告诉我，他还搞不清楚州议员应该做些什么。他开始研读复杂的法案，这些法案对他来说就跟天书一样。他被选为森林委员会的一员，可是因为他从来不了解森林，所以他非常担心。他又被选入银行委员会，可是他连银行账户也没有，因此他十分茫然。他告诉我，如果不是耻于向母亲承认自己的挫折感，他可能早就辞职不干了。绝望中，他决定一天研读 16 小时，把自己无知的酸柠檬做成知识的甜柠檬汁。因为这种努力，他由一位地方政治人物提升为全国性的政治人物。他的表现如此杰出，连《纽约时报》都尊称他是“纽约市最可敬的市民”。

这位传奇人物就是阿尔·史密斯。

在阿尔开始自我教育后的 10 年，他成为纽约州政府的活字典。他曾连任 4 届纽约州长——当时还没有人拥有这样的纪录。1928 年，他当选为民主党总统候选人。包括哥伦比亚大学及哈佛大学在内的 6 所著名大学，都曾颁授荣誉学位给这位年少失学的人。

阿尔亲口告诉我，如果不是他一天勤读 16 小时，把他的缺失弥补过来，他绝对不可能有今天。

## 不要被悲观打倒

要成功并不容易。想要获得成功的人得像风筝一般，与强风对抗，方能升向高峰。基于成功的信念，以便坚定向前，无惧于沿途所遭逢的困难。

确定你的信念能支持你在迈向成功的旅程中忍受一切艰难险阻。当你确知自己在做什么，当你有个明确的目标和实施计划，那么，你或许要与周遭的狂风搏斗，却不至于有被吹垮的顾虑。风势越强，你会飞得越高。

超越自然的奇迹，总是在对厄运的征服中出现的。塞涅卡曾说：“伟人就是像神那样无畏的普通人。”这是一句诗一样美的妙语。古代诗人在他们的神话中曾描写过：当赫克里斯去解救普罗米修斯的时候，他是坐在一个瓦盆里漂洋过海的。这个故事其实正是人生的象征：因为每一个人也正是驾着血肉之躯的轻舟，横渡波涛翻滚的生活之海的。幸运中需要的美德是节制，而厄运中所需要的美德是坚忍，后者比前者更难。《圣经》的《旧约》启示人以幸福，而《新约》则启示人通过苦难去争取幸福。一切幸运都并非没有烦恼，而一切厄运也绝非没有希望。最美刺绣，是以明丽的花朵映衬于暗淡的背景，而绝不是以暗淡的花朵映衬于明丽的背景。从这图像中去获得启示吧！人的美德犹如名贵的香料，在烈火焚烧中散发出最浓郁的芳香。正如恶劣的品质可以在幸运中暴露一样，最美好的品质也正是在厄运中被彰显的。

“你如果是贫穷的，那你一定是幸福的，因为神是属于你们的。”“为自己的错而悲伤的人有福了，因为他们必定会得到安慰。”这是《圣经》里的话。只有贫穷的人，才了解神是照顾他们的。只有曾经悲伤的人，才会成长。

19 世纪，英国诗人奥斯卡·怀路曾在监狱服刑期间写过这样的话：

“有悲伤的地方，才有圣地，相信社会中的每一个人早晚都会了解到这一点！还未了解这一点之前，可以说那是他还不了解人生！”

也就是说，突破眼前的悲伤或痛苦之后，才能到达豁然的境界。

著有《睡着成功》这本书的美国牧师马非先生也曾说过：“一切的灾祸中，一定匿藏着幸运的胚芽。”下面就是他写的一段文字：

“坐在幸福的椅垫上，人会睡着；在被奴役、被鞭打而受苦的时候，人才会得到学习一些事物和道理的机会。”

换句话说，先得到幸福的，后面就紧跟着不幸。伟大的哲学家老子，也曾说过“祸兮，福所倚；福兮，祸所伏”的至理名言。年轻的朋友们，先看一看这个人的经历吧，他一定会给你许多的启发。

1832 年，他失业了。同一年里，他决心要做政治家，当上一名州议员，但不幸的是他的竞选又失败了。

于是，他又自己开办了一家店铺，可上帝总爱和他开玩笑。不到一年，店铺又倒闭了。他不得不在长达 17 年的时间里，为偿还债务而到四处奔波，吃尽苦头。

他又一次决定参加竞选州议员，这一次他成功了。但不幸并没有离他远去，第二年，在离他结婚仅有几个月的时候，他的未婚妻不幸因病去世了，他也悲伤得卧床不起。次年，他患上了神经衰弱症。

两年之后，他又参加州议会的选举，可他又失败了。5 年后，他又参加美国国会议员的选举，仍然是失败。

国会选举的第二年，也就是 1846 年，他最终当上了国会议员，可在争取连任时，他却又一次落选了。

世上的失败事情几乎让他全撞上了：店铺倒闭，未婚妻去世，竞选败北。他会怎么样呢？会不会放弃奋斗呢？

现实中的他却没有服输。1854 年，他竞选参议员，失败；1858 年，再一次竞选参议员，仍然是失败。

他尝试了 11 次，可只成功了两次，但他一直没有放弃自己的追求，一直在做自己生活的主宰。1860 年，他终于获得了成功，当选为美国总统。这个人就是——林肯，美国历史上最伟大的总统之一。

在克里米亚的一次战争中，有一枚炮弹击中一个城堡后，毁灭了一座美丽的花园。可在那个炮弹落下的深穴里，竟不住地流出泉水来，后来这里竟然成了一个永久不息的著名喷泉。同样地，不幸与苦难，也会将我们的心灵炸裂，而在那炸开的缝隙里，也会时刻流出奋斗前进的泉水来。

对于一个人来说，假使你年轻时便知道怎样对付打击，那么以后再碰到打击的时候，便能处置得更为妥当些。

苦难失败往往会激发人的潜力，唤醒沉睡着的雄狮，引人走上成功的道路。有勇气的人，会把逆境变为顺境，如同河蚌能将惹恼它的沙泥化成珍珠一样。

一个真正勇敢的人，越为环境所迫，反而越发奋勇，不战栗、不退缩，昂首挺胸，意志坚定。他敢于对付任何困难，轻视任何厄运，嘲笑任何障碍。因为贫穷困苦不足以伤他分毫，反而增强了他的意志、品格、力量与决心，这使他成为一个卓越的人。对于这样的人，命运绝对无法阻挡他们的前程。

所以，年轻的朋友们，一定要记住奥斯卡给我们留下的诗句："有悲伤的地方，才有圣地。"

## 及时调整精神状态

一个身处逆境却依旧能微笑的人，要比一个陷入困境就立即崩溃的人获益更多。身处逆境而乐观的人，才具有获得成功的潜质，并且要比一般人更强大；有好多人往往一处逆境，便立刻会感到沮丧，因此便达不到他们的目的。

我们生活在一个竞争激烈的世界，人们以成功者及失败者来衡量成就，并且强调每一个胜利都会产生对等的失败。要是一个人赢了，理论上必定有人输了。但事实上，你自己与自己的竞争才是真正重要的。

在通往成功的道路上，能不能经得住失败的考验，决定了能否到达成功的彼岸。有的人因为失败而徘徊不前，悲观失望，他们往往会由于害怕失败而遭受更多的失败，最终落于人后；有的人却是微笑地面对失败，从哪里跌倒再从哪里爬起来，用信心和勇气来战胜失败，他们往往都是踏上了成功巅峰的出类拔萃的人。

在我们的社会上，绝没有闷闷不乐者、忧愁不堪者或陷于绝望者的地位。如果一个人在他人面前总是表现出闷闷不乐，就没有人愿意同他在一起，人们都要避而远之。

人类天生就喜欢与和谐快乐的人相处。一个人不应该做情绪的奴隶，一切行动皆受制于自己的情绪，人应该反过来控制自己情绪。无论你周围的境况怎样不利，你也应当努力去支配你的环境，把自己从黑暗中拯救出来。当一个人有勇气从黑暗中抬起头来，面向光明大道走去后，后面便不会再有阴影。

许多人在疲累或沮丧的时候，或面对自己日常的工作而感到困惑时会想，究竟我做的这一切有什么用处？

在这里，我把自己一生所获得的最切实的感受告诉大家：

“要树立自己的信心，对于每一次的挫折与失败，都要微笑地面对。不要害怕，不要后退，因为毕竟你才是自己的主宰。”

心态会带给你成功。当你在和失败战斗时，就是你最需要积极心态的时候。当你处于逆境时，你必须花数倍的心力去建立和维持自己的积极心态。同时也应动用你对自己的信心以及你的明确目标，将积极心态转化为具体行动。

在经过对无数成功者成功秘诀的深入探讨之后，我们更有理由相信这一点：“成功者之所以成功，正是因为他们不惧怕失败，能在失败之后重新鼓起奋斗的勇气。”

只有在现实生活中拥有百折不挠的勇气的人，才能深刻地领会“失败是成功之母”这句话的真正含义。

1510年，帕里斯出生在法国南部，他一直从事玻璃制造业，直到有一天看到一只精美绝伦的意大利彩陶茶杯。这一次，改变了他一生的命运。

“我也要造出这样美丽的彩陶。”这是他当时唯一的信念。

他建起烤炉，买来陶罐，打成碎片，开始摸索着进行烧制。

几年下来，碎陶片堆得像小山一样，可他心目中的彩陶却仍不见踪影，他甚至无米下锅了。最后只得回去重操旧业，挣钱来生活。

在他赚了一笔钱后，又烧了3年，碎陶片又在砖炉旁堆成了山，可仍然没有结果。

以后连续几年，他挣钱买燃料和其他材料，不断地试验，都没有成功。

长期的失败使人们对他产生了看法，都说他愚蠢，是个大傻瓜，连家里人也开始埋怨他。可他却只是默默地承受。

试验又开始了，他10多天都没有脱衣服，日夜守在炉旁。

燃料不够了，他拆了院子里的木栅栏，怎么也不能让火停下来呀!

又不够了！他搬出了家具，劈开，扔进炉子里。

还是不够，他又开始拆屋子里的地板。噼噼啪啪的爆裂声和妻子儿女们的哭声，让人听了鼻子都是酸酸的。

马上就可以出炉了，多年的心血就要有回报了，可就在这时，只听炉内嘭的一声，不知是什么爆裂了。所有的产品都沾染上了黑点，全成了次品。

眼看到手的成功，又失败了!

帕里斯也感受到了巨大的打击，他独自一人到田野里漫无目的地走着。不知走了多长时间，优美的大自然终于使他恢复了内心的平静，他又开始了下一次试验。

经过16年无数次的艰辛历程，他终于成功了，而这一刻，他心中却是一片平静。

他的作品成了稀世珍宝，价值连城，艺术家们争相收藏。他烧制的彩陶瓦，至今仍在法国的罗浮宫里闪耀着光芒。

帕里斯的成功之路是艰辛而漫长的。他的成功来得何等不易。在一次又一次的失败中一次又一次重新站起，这正是帕里斯成功的所在。

影响人类成功最坏的敌人，便是思想的不健康，便是以沮丧的心情来怀疑自己的生命。其实，一切事情，全靠我们的勇气和我们对自己的信仰，全靠我们对自己有一个乐观的态度。唯有如此，方能成功。然而一般人处于逆境的时候，或是碰到沮丧的事情之时，或是处于充满凶险的境地时，他们往往会让恐惧、怀疑、失望的思想来捣乱，由此便丧失了自己的意志，以致使自己多年以来的计划毁于一旦。有很多人如同从井底向上爬的青蛙，辛辛苦苦向上爬，但一旦失足，就前功尽弃。

突破困境，首先在于要肃清胸中快乐和成功的仇敌；其次在于要集中思想，坚定意志。只有运用正确的思想，并抱着坚定的精神，才能战胜一切逆境。

一个在思想心智上训练有素的人，能够做到在几分钟内从忧愁的思想中解脱出来。但是大多数人却不能排除忧愁去接受快乐，不能消除悲观去接受乐观。他们把心灵的大门紧紧地封闭起来，虽然费尽心力在那里挣扎，却没什么成效。

人在忧郁沮丧的时候，要尽量改变自己的环境。但是，对于使自己痛苦的问题，不要过多去思考，不要让它再占据你的心灵，而要尽力想着最快乐的事情。对待他人，也要表现出最仁慈、最亲热的态度，说出最和善、最快乐的话，要努力以快乐的情绪去感染你周围的人。这样做以后，思想上黑暗的影子必将离你而去，而那快乐的阳光将映照你的一生。

诗人马伦在一篇名为《机会》的诗中写出了积极心态的力量：

我哭不是因为我失去了宝贵的机会；

我流泪不是因为精华岁月已成云烟；

每天晚上我都烧毁当天的记录；

当太阳升起又再度充满了精神。

像个小孩子似的嘲笑已顺利完成的光彩，

对消失的欢乐不闻不问。

我的思考力不再让逝去的岁月重回眼前；

但却尽情迎向未来。

恐惧、自我设限以及接受失败，最后只会像莎士比亚所说的使你“困在沙洲和痛苦之中”，但是你可借着应用信心、积极心态和明确目标来克服这些消极心态。

如果你能在失败之后重新鼓起奋斗的勇气，你就会离成功越来越近，而做到这一点，则取决于你积极的心态。面对失败时，要记住让自己的灵魂“在太阳升起时再度充满精神”。

## 敢于向人生挑战

“人类文明本来就是在各种各样的挑战与应战过程中诞生和发展的。”这是20世纪著名历史学家汤因比在人类文明研究中提出的一个不同寻常的观点。

在谈到古埃及文明时，汤因比这样写道：在文明的黎明时期以前，亚非草原（撒哈拉沙漠和阿拉伯沙漠一带）本来是一片水草丰富的地方。这一片草原在长期不断加剧的干旱过程中，就对那里的居民提出了一种挑战，居住在那里的人们必须对这个挑战采取各种不同的应战办法。

有些人留居在原地，改变了生活方式，这样就出现了游牧的生活方式。另一些人向南方迁移，为了追逐水草迁到了赤道地带去居住，这样就保留了他们原始的生活方式——他们到今天还是这样。还有一些人却走进了尼罗河三角洲的丛林和沼泽地区，面对着挑战，动手建设排水设施，结果他们就创造了辉煌灿烂的古埃及文明。

汤因比认为，玛雅文明的起源，是由于热带森林的挑战；安第斯文明的起源，则是由于荒凉的高原的挑战。为什么中国的古代文明发源于黄河流域而不是长江流域？其原因就在于黄河流域的艰苦环境对于人类的挑战远甚于长江流域。

汤因比认为，人类科学技术的进步和变革也是危机与挑战的结果。煤之所以被开发利用为新的燃料，是因为英伦三岛的木柴供不应求；由于开采煤矿需要抽水，就推动了蒸汽机的发明；为了煤的运输，人们便想到了铺设铁路。由此可见，汤因比的观点不无道理。

整个人类的历史发展如此，那么，杰出成功者的崛起，以及他们所创造的辉煌业绩，又何尝不是如此呢？

美国的钢铁大王卡内基、大发明家爱迪生、出生于意大利农民家庭的时装设计巨匠皮尔·卡丹，还有日本著名企业家本田宗一郎、盛田昭夫、松下幸之助等等，在他们创业时，都受到过贫困或战乱的困扰。正是由于面临生存与发展的危机，面临环境与社会中各种各样的挑战，甚至可以说，正是由于童年时代的不安全感，才促使他们靠自己苦苦的奋斗去获取成功的机会。

因此，成功者都是勇于挑战和敢于面对挑战的人。成功者要向困难的环境挑战，变不利环境为有利环境，甚至努力创造出有利于自己的事业发展的工作环境。

当年爱迪生发明电灯泡时，华尔街的金融机构却拒绝投资，使他的发明无法生产和推广。当时，他立刻萌生了“要么自己建立工厂，要么完蛋”的念头。经过自己的努力，他终于建立了自己的企业，为推广他的发明提供了必需的资金。

成功者要向传统观念挑战，向权威挑战，向所谓的“不可能”挑战。成功者们往往有强烈的创新意识和变革精神。他们总是提出种种不同凡响的新的设想；他们从不墨守成规；他们对新生事物和事物的未来趋势极为敏感；他们不得不在各种各样的挑战和应战中寻求生存和发展的机遇。

成功者还必须常常向自己挑战。因为，成功者的辉煌，不仅在于征服世界，更在于战胜他们自己。在事业刚刚起步时，有时候还要向自己的“无知”挑战。

莱特兄弟是经营自行车商店的，但他们却通过不懈的努力，将人类的第一架飞机送上了蓝天。詹纳只是一个普通的乡村医生，但他却在免疫医学问世100年以前，用他发明的牛痘接种预防天花的方法使至少1亿人免于死亡。

其实，大胆地抓住机遇，不因为知识储备不足而束缚自己创新的勇气，在前进的过程中千方百计去想办法充实自己，这二者并不矛盾，都表现出成功者向自己挑战的勇气。

在已经获得成功时，成功者又要向自满情绪或惰性挑战。发明蒸汽机的瓦特，后来几乎扼杀了默克多的火车发明；发明电灯的爱迪生，阻挠特斯拉的交流电试验时毫不留情；汽车大王亨利·福特早年喜欢拆卸机械，而到了晚年，却对拆坏了机器的孙子大动肝火。

同时，向自己挑战，毕竟是件非常不易的事情。它需要你不断拿出勇气，向自己的无知挑战，向自己的成功挑战，从而走向人生成功的巅峰。

# 第八章

# 用头脑工作

# 明确工作的目标

钢铁大王卡内基提出了这样的忠告："把你所有的蛋放在一个篮子里，然后看住这个篮子，不要让任何一个蛋掉出来。"当然，他这项忠告的意思是说，我们不应该因为从事分外工作而分散了我们的精力。

卡内基是一位很有见地的经济学家，他知道，大多数人如果专注于一项工作，并集中精力于这项工作，他们将能把这项工作做得很好。

在仔细观察过 100 多位在其本行业获得杰出成就的男女人士的商业哲学观点之后，就会发现这个事实：他们每个人都具有明确果断的优点。

做事有"明确的主要目标"的习惯，将会帮助你培养出能够迅速做出决定的习惯，而这种习惯对你所有的工作都有很大帮助。

配合一项明确的主要目标做事的习惯，将帮助你把全部的注意力集中在一项工作上，直到你完成了这项工作为止。

关于目标所蕴藏的巨大能量，没有谁比保尔更清楚了。保尔曾经听过卡耐基的讲座，他决心推销自己的书《自我潜能挖掘》，并以成功推销作为自己的目标。保尔把这个目标写下来贴在他的梦想板上面，并且把目标录在录音带上面。

经过不断地反复，在一个月内，它就登上了畅销书排行榜，成了两家书店的排行榜第一名，以及慧延书店的第六名。

这实在是令他非常惊讶，因为，那时候保尔是一个完全没有知名度的人。

保尔事后激动地说，是卡耐基给了他 3 万倍的力量，竟然可以让他在一个月之内，就把他的书从销售量为零提高到一个月 8000 本，实在是太让人惊讶了。

现在，这本书已经销售了 8 万本以上，并且仍然在畅销中。

所以，不管你要实现什么目标，只要你能照这些方法去实践，它都可以非常戏剧性地改变你的人生。

可是，问题就是这些方法实在是太简单了，一般人都不愿意去尝试，不尝试的话，铁定没有效果。

有非常多的学生用了保尔这样的方法，也许他们还没有达到保尔的目标，可是他们都进步非常快，甚至在非常短的时间内进步了五六成。保尔有一个员工，用了这样的办法，收入从原本是零，第二个月的时候，增加到了 30 万，虽然 30 万对某些人来说不是非常大，但对保尔的这位员工而言，是一个非常巨大的改变。

保尔建议大家不妨用这种方法试试看，相信一定会产生非常惊人的绩效。

我们每个人都希望得到更好的东西——如金钱、名誉、尊重——但是大多数的人都仅把这些希望当作一种愿望而已。如果你知道你希望得到的是什么，如果你对达到自己的目标的坚定性已到了执着的程度，而且能以不断地努力和稳健的计划来支持这份执着的话，那你就已经是在实现你的明确目标。因此，认识愿望和强烈欲望之间的差异是极为重要的。

假设你已经设定了明确目标，接下来你可能会问："在哪里可以得到执行计划所需要的资源？"

使潜意识发挥作用，只是迈向成功的第一步而已。如果你不能说服他人与你合作，而且又无法严格遵守标准的话，一样不会成功的。

当然，从贫穷到富有，第一步是最困难的。关键在于你必须了解所有财富和物质的获得，都必须先建立清晰且明确的目标。当追求的目标变成一种执着时，你就会发现，你所有的行动都会带领你朝着这个目标迈进。

成功关键并不只是"辛勤工作"而已，你可能也发现，有些人和你一样辛勤工作——甚至比你更努力——却没有成功。教育也不是关键性的因素，华尔顿从来没有拿过罗德奖学金，但是他赚的钱比所有念过哈佛大学的人都多。

伟大的成就，是源自对积极心态的了解和运用，无论你做任何事，你的心态都会给你一定的力量并为自己设立明确的目标。

保持积极心态，意味着你的行为和思想有助于目标的实现；保持消极心态，则意味着你的行为和思想不断地抵消你所付出的努力。当你将欲望变成执着时，或者设定明确目标的同时，也应该建立并发挥你的积极心态。

设定明确目标和建立积极心态，并不表示你马上就能得到你所需要的资源，你得到这些资源的速度，须视需要范围的大小，以及控制你的心境使其免于恐惧、怀疑和自我设限。

如果你只需要 1 万美金来实现你的明确目标，可能在很短的时间内就能筹得。但是，如果是 100 万美金，可能就得花较长的时间了。在此过程中的一项重要变数是，你要拿什么来交换这 1 万或 100 万美金。提供相对服务或其他等价物的时间，对取得资源的速度快慢也是相当重要的，你必须清楚地了解在你“取得”之前应“付出”些什么。

## 把工作“简单化”

有些主管整天踱来踱去，骂这骂那。书桌上的公文及资料文件堆积如山，似乎有忙不完的工作，我将他们称为“无事忙”。

若是你有事请教，他会很不耐烦地转头说：“我很忙。”在你问题尚未说出前，就给你来个下马威。的确，他是很忙，但这种忙碌是否具有实质意义呢？相反，有的人对每件事都处理得井然有序，不管公司内外，大大小小的事，他都能迅速并亲自处理，并且让人一目了然，甚至有时还悠闲地表现一些幽默和情趣，这到底是怎么回事呢？我曾对公司内那些“无事忙”的主管做过心理分析，很不幸地，我发现他们忙碌的理由都是可笑的，有的甚至只是为了要将自己的能力表现给他人看，却完完全全与效率和合理脱了节。

在我们做一件工作前，应当考虑如何用最简省的方法去获得最佳的成效，拟订一个周密的计划，再着手去做。若只是因一时的兴起而工作，不但事倍功半，而且也不易成功。如果只是要将自己的忙碌告诉他人，我们可以断定他所忙的都只是一些无聊的事，因为一个工作有计划的人，是不会那么忙碌的。我认识一位公司的高级主管，他总是笑脸迎人，优哉自若，非常有效率。你们一见面，他会直截了当地告诉你：“今天我只有 30 分钟能和你谈。”或是“今天我的时间较充裕，我们可以慢慢谈。”有一次我为了一件重要事情去拜访他，他立刻就将事务科长叫到办公室；第二天，这件事情就解决了。因为他冷静，所以能很快地下决断，成天“无事忙”的人，是绝对没有这种当机立断的能力的。

无论是高层主管还是员工，若能在一天规定的 8 小时工作时间内将预定工作做完，才是一个有效率的人。我常看到有些人，要在下班铃响后，才开始紧张忙碌地工作。如果有这样的员工，必定也有这样的主管，因为他们的无能，双方才能臭味相投。若是一个主管认为员工如此工作是没有效率的，相信员工也不会有如此恶劣的表现。

条理性是我们简化工作的一个重要方法。在许多工作没有计划和条理的商行里，有不少拿着高薪的员工做着极简单的工作，比如拆信、把信札分类、寄发传单等事情。其实，此类工作，即便是待遇微薄的职工也一样能够胜任。像这样一些没有精细规划的商行是永远不会有发展的。

只有很少的商人和店主，对于商行管理过程中时间的节约与职员的能力有着相当大的研究，但大部分商人和店主并不善于指挥，总是不能使工作有条理和系统化，这样就无法增加员工的办事效率。其实，不去注意工作上的条理和效率，是经营上最大的失策。

工作没有次序、缺乏条理的商人，总容易因办事方法的失当而蒙受极大的损失。他们不知怎样去有效地处置业务；对于雇员的工作，他们不知道好好地安排；做起事来，有的地方不及，但有的地方却过火；仓库里有许多过时、不合时宜的存货，也不及时把货物整理一下，结果所有东西都纷乱不堪。这样的商行，必定失败。

一个在商界颇有名气的经纪人把“做事没有条理”列为许多公司失败的一大重要原因。

没有条理、做事没有次序的人，无论做哪一种事业，绝没有功效可言。有条理、有次序的人即使才能平庸，他的事业也往往会有相当大的成就。

工作没有条理，同时又想将商行做成大规模的人，总会感到手下的人手不够。他们认为，只要人雇用得多，事情就可以办好了。其实，他们所缺少的，不是更多的人，而是使工作更有条理、更有效率。由于他们办事不得当、工作没有计划、缺乏条理，因而浪费了大量职员的精力和体力，但还无所成就。

一个性急的人，无论你在什么时候遇见他，他都很匆忙。如果要同他谈话，他只能拿出数秒钟的时间，时间长一点，他便要拿出表来看了再看，暗示着他的时间很紧。他公司的业务做得虽然很大，但是花费更大。究其原因，主要是他在工作上毫无秩序、乱七八糟。他做起事来，也常为杂乱的东西所阻碍。结果，他的工作一团糟，他的办公桌简直就是一个垃圾堆。他经常很忙碌，从来没有时间来整理自己的东西，即便有时间，他也不知道怎样去整理、安放。

这个人自己工作没有条理，更不知如何恰到好处地进行人员管理，他只知一味督促职工。但他只是催促职工做得快些，却谈不上有条理。因此，公司职员们的工作也都混乱不堪、毫无次序。职员们做起事来也很随意，有人在旁催促便好像很认真地做，没有人在旁催促便敷衍了事。

其实，做事有方法、有秩序的人时间也一定很充足，他的事业也必能依照预定的计划去进行。

今日之世界是思想家、策划家的世界。唯有那些办事有次序、有条理的人，才会成功。那种头脑混乱，做事没有次序、没有条理的人，这世上绝没有他成功的机会。

# 把握两个“正确”

创设遍及全美的事务公司的亨瑞·杜哈提说，无论他出多少钱的薪水，都不可能找到一个具有两种能力的人。这两种能力是：第一，能思想；第二，能按事情的重要程度来做事。因此，在工作中，如果我们不能选择正确的事情去做，那么唯一正确的事情就是停止手头上的事情，直到发现正确的事情为止。由此可见，做事的方向性是至关重要的。然而，在现实生活中，无论是企业的商业行为，还是个人的工作方法，人们关注的重点往往都在于前者：效率和正确做事。

实际上，第一重要的却是效能而非效率，是做正确的事而非正确地做事。“正确地做事”强调的是效率，其结果是让我们更快地朝目标迈进；“做正确的事”强调的则是效能，其结果是确保我们的工作是在坚定地朝着自己的目标迈进。换句话说，效率重视的是做一件工作的最好方法，效能则重视时间的最佳利用——这包括做或是不做某一项工作。

“正确地做事”是以“做正确的事”为前提的，如果没有这样的前提，“正确地做事”将变得毫无意义。首先要做正确的事，然后才存在正确地做事。正确地做事，更要做正确的事，这不仅仅是一个重要的工作方法，更是一种很重要的工作理念。任何时候，对于任何人或者组织而言，“做正确的事”都要远比“正确地做事”重要。

正确地做事与做正确的事是两种截然不同的工作方式。正确地做事就是一味地例行公事，而不顾及目标能否实现，是一种被动的、机械的工作方式。工作只对上司负责，对流程负责，领导叫干啥就干啥，一味服从，铁板一块，是制度的奴隶，是一种被动的工作状态。在这种状态下工作的人往往是不思进取，患得患失；不求有功，但求无过；做一天和尚撞一天钟，混日子。

做正确的事不仅注重程序，更注重目标，是一种主动的、能动的工作方式。工作对目标负责，做事有主见，善于创造性地开展工作。这种人积极主动，在工作中能紧紧围绕公司的目标，为实现公司的目标而发挥个人的能动性，在制度允许的范围内进行变通，努力促成目标的实现。

这两种工作方式根本的区别在于：只对过程负责，还是既对过程负责又对结果负责；是等待工作，还是主动工作。同样的时间，这两种不同的工作方式产生的差别是巨大的。

举个工作中的例子，比如说某客户服务人员接到服务单，客户要装一台打印机，但服务单上没有注明是否要配插线，这时，客户服务人员有 3 种做法：

第一种做法：照服务单开派工单。

第二种做法：打电话提醒一下商务秘书，是否要配插线，然后等对方回话。

第三种做法：直接打电话给客户，询问是否要配插线，若需要，就配齐给客户送过去。

第一种做法，可能导致客户的打印机无法使用，引起客户的不满。

第二种做法，可能会延误工作进度，影响服务质量。

第三种做法，既能避免工作失误，又不会影响工作效率。

你觉得哪种做法最好呢？相信大多数人会选择第三种做法。第三种做法就是在做正确的事，第一、第二种做法就是在正确地做事，这二者的差别就在于结果的不同，其原因是没有把公司的目标与自己的工作结合在一起。

若要集中精力于当务之急的事务，就得排除次要事务的牵绊，此时需要有说“不”的勇气。

我的妻子曾被选为社区计划委员会的主席，可是她既放不下许多更重要的事，又不好意思拒绝，只好勉强接受。后来她打电话给一位好友，问她是否愿意在委员会工作，对方却婉拒了，我的妻子大失所望地说：“我那时也能拒绝就好了。”

这不是说社区活动或社会服务不重要，而是人各有志，各有优先要务。必要时，应该不卑不亢地拒绝别人，在急迫与重要之间知道如何取舍。

我在一所规模很大的大学任教时，曾聘用一位极有才华又独立自主的撰稿员。有一天，有件急事想拜托他。

他说："你要我做什么都可以，不过请先了解目前的状况。"

他指着墙壁上的工作计划表，显示超过 20 个计划正在进行，这都是我俩早已谈妥的。

然后他说："这件急事至少要占去几天时间，你希望我放下或取消哪个计划来空出时间？"

他的工作效率一流，这也是为什么一有急事我就会找上他。但我无法要求他放下手边的工作，因为比较起来，正在进行的计划更为重要，我只有另请高明了。

我的训练课程十分强调分辨轻重缓急以及按部就班行事。我常问受训人员：你的缺点在于——

1．无法辨别事情重要与否？

2．无力或不愿有条不紊地开展工作？

3．缺乏坚持以上原则的自制力？

答案多半是缺乏自制力，我却不以为然。我认为，那是"确立目标"的功夫还不到家。而且不能由衷地接受"事有轻重缓急"的观念，自然就容易半途而废。

这种人十分普遍。他们能够掌握重点，也有足够的自制力，却不是以原则为生活重心，又缺乏个人使命宣言。由于欠缺适当的指引，他们不知究竟所为何来。

## 安排科学的工作时间表

在现实生活中，有一个很著名的"80/20 法则"的原理，对于我们的工作和生活有很大的影响，也是大幅度提高工作效率的最好解释。"80/20 法则"对工作的一个重要启示便是：避免将时间花在琐碎的多数问题上，因为就算你花了80%的时间，你也只能取得20%的成效。你应该将时间花在重要的少数问题上，因为解决这些重要的少数问题，你只需花20%的时间，即可取得80%的成效。

在工作和生活中，我们都见过许多这样的人，他们虽然怀有大干一番事业、做出辉煌成绩的想法，可是总不见行动，只是把这些想法挂在嘴边，每天都踏步不前。因此，为了避免成为一名空谈主义者，为了更有效地提高我们的工作效率，我们必须立即行动起来。

我们每个人每天面对的事情，按照轻重缓急的程度，可以分为以下4个层次，即重要且紧迫的事情；重要但不紧迫的事情；紧迫但不重要的事情；不紧迫也不重要的事情。

### 1. 重要且紧迫的事情

这类事情是你最重要的事情，而且是当务之急，有的是实现你事业和目标的关键环节，有的则和你的生活息息相关，它们比其他任何一件事情都值得优先去做。只有它们都得到合理高效地解决，你才有可能顺利地进行别的工作。

### 2. 重要但不紧迫的事情

这种事情要求我们具有更多的主动性、积极性和自觉性。从一个人对这种事情处理得好坏，可以看出这个人对事业目标和进程的判断能力。因为我们生活中大多数真正重要的事情都不一定是紧急的。比如读几本有用的书、休闲娱乐、培养感情、节制饮食、锻炼身体。这些事情重要吗？当然，它们会影响我们的健康、事业还有家庭关系。但是它们急迫吗？不。所以很多时候这些事情我们都可以拖延下去，并且似乎可以一直拖延下去，直到我们后悔当初为什么没有早点来重视并着手解决它们。

### 3. 紧迫但不重要的事情

紧迫但不重要的事情在我们的生活中十分常见。例如，本来你已经洗漱完毕准备休息时，忽然电话响起，你的朋友邀你现在去泡吧聊天。你就是没有足够的勇气回绝他们，你不想让你的朋友们失望。然后，你去了，次日清晨回家后，你昏头涨脑，整整一天都昏昏沉沉的。你被别人的事情牵着走了，而你认为重要的事情却没有做，这或许会造成你很长时间都比较被动。

### 4．不紧迫也不重要的事情

很多这样的事情会在我们的生活中出现，它们或许有一点价值，但如果我们毫无节制地沉溺于此，我们就是在浪费大量宝贵的时间。比如，我们吃完饭就坐下看电视，却常常不知道想看什么和后面要播什么。只是被动地接受电视发出的信息。往往在看完电视后觉得不如去读几本书，甚至不如去骑骑健身车，那么刚才我们所做的就是浪费时间。其实你要注意的话，很多时候我们花在电视上的时间都是被浪费掉的。

我们可以按照上述的分类，将重要且紧迫的事情定为 A 类，将重要但不紧迫的事情定为 B 类，紧迫但不重要的事情定为 C 类，不紧迫也不重要的事情定为 D 类。在实际工作中，我们应该先干重要的事，即 A 类事情，这一类事情做得越多，我们的工作效率就越高。

在工作中，我们需要时刻提醒自己："此刻，什么是我利用时间的最佳方式？"在每月事先安排的工作计划中，应使自己除了能为"重点"的项目留出额外的时间外，还能使工作有所变化并保持平衡。

另外，计划赶不上变化，如果目标不随着工作进程而及时修改的话，很容易成为工作效率提高的障碍。因此，我们应该坚持每月修订一次自己的人生目标。每天重温自己制订的目标，并用每天的行动去接近这个目标。你可以在办公室里放上自己人生目标的陈述，借此提醒自己。即使是在干一件最小的事，心中也不忘那个长期的目标。在每天早晨就进行计划，安排好一天工作的轻重缓急。每天都有一张当天要做哪些事的清单，并将它们按重要程度排列，然后尽可能一有时间就去干最重要的工作。为自己、也为别人都定下工作的最后期限。养成好习惯，按照"任务清单"的顺序干，绝不跳过困难的工作。永远放弃"等候时间"。如果不得不等什么，就把它当作时间的礼物，用它来休憩，或去做一些本来不会去做的事情。检查自己的旧习惯，看看是否有需要杜绝或加以改进的地方。

法国哲学家布莱斯·巴斯卡说："把什么放在第一位，是人们最难懂得的。"

一个人在工作中常常难以避免被各种琐事、杂事所纠缠。有不少人由于没有掌握高效能的工作方法，而被这些事弄得筋疲力尽、心烦意乱，总是不能静下心来去做最该做的事，或者是被那些看似急迫的事所蒙蔽，根本就不知道哪些是最应该做的事，结果白白浪费了大好时光，导致工作效率不高，效能不显著。为此，每个人都应该有一个自己处理事情的优先表，列出自己一周之内急需解决的一些问题，并且根据优先表排出相应的工作进程，使自己的工作能够稳步高效地进行。

# 第九章

# 与人交往的七项要领

# 掌握交谈话题

打动人心的最佳方式是，跟他谈论他最珍视的事物。当你这么做时，不但受到欢迎，也会使生命获得扩展。

只要是曾经拜访过罗斯福的人，都会惊讶于他的博学。不论你是个小牛仔、政治家或外交官，他都能针对你的特长而谈。其实这个道理很简单，当罗斯福知道访客的特殊兴趣后，他会预先研读这方面的资料以作为聊天的话题。

因为罗斯福知道，要捉住人心的最佳方法，就是谈论对方所感兴趣的事情。

纽约银行业巨子杜威诺先生说过："我仔细研究过有关人际关系的丛书后发现，必须改变策略，我决定去找出这个人的兴趣，想办法激起他的热诚。"

所以，如果你希望别人喜欢你，要了解对方的兴趣，针对他所喜好的话题与他聊天。

在耶鲁大学任教的威廉·费尔浦斯教授，是个有名的散文家。他在散文集《人类的天性》中写道：

"在我 8 岁的时候，有次到莉比姑妈家度周末。傍晚时分，有个中年人来访。他跟姑妈热情地寒暄过一阵之后，便把注意力转向我。那时，我正对船只很感兴趣，这位访客便滔滔不绝讲了许多有关船只的事，而且讲得十分生动有趣。等他离开之后，我仍意犹未尽，一直向姑妈提起他。姑妈告诉我，他在纽约当律师，根本不可能对船只感兴趣。'但是，他为什么一直跟我谈船只的事呢？'我问道。

"姑妈告诉我，因为他是个有风度的绅士。他看你对船只感兴趣，为了让你高兴并赢取你的好感，他当然要这么说了。"

威廉·费尔浦斯最后说道："我永远也不会忘记姑妈所说的话。"

以下还有另一个例子。

爱德华·夏立甫先生在童子军活动中十分活跃。他写了一封信给我，其中提到一段有趣的经历：

"有个盛大的童子军大会在欧洲举行，我很希望美国的一些大公司能赞助我们的男孩前往参加。

“很幸运，就在打算去拜访这位公司负责人之前，我听说这位先生曾开过一张 100 万元的支票。后来这张支票被注销，这位先生便把支票用镜框框起来。

“所以我见到这位先生之后，首先要求是否能看看那张支票——100 万元的支票。我说我从没想过有人会开出 100 万元的支票，等我见过之后，一定要告诉孩子们我真的见过这样的一张支票。他很高兴地带我去看，我一面啧啧称赏，一面要求他把所有经过告诉我。”

注意到了吗？夏立甫先生一直没有谈到童子军或童子军大会的事。他只谈对方感兴趣的话题，结果怎么样呢？

“没多久，这位先生突然问我：‘咦，你今天来见我的目的是什么？’我便把来意说清楚。

“让我惊奇的是，这位先生不仅很爽快地答应了，还支付比我预期更多的钱。我本想只要求赞助一名男孩到欧洲去，他却答应赞助 5 个男孩和我一同去参加童子军大会。他给了我可以领取 1000 美元信用金的信件，要我们在欧洲停留 7 个星期。他还写信给欧洲分公司的经理，要他们好好招待我们，并且最后答应要在巴黎与我们会合，带我们遍游那个美丽的城市。

“自此以后，他还提供了好几个工作机会给童子军的父母亲，并且一直热心参与童子军活动。

“所以我知道，要不是我发现了他的兴趣所在，抓住他的心，便不会那么简单就达到目的啊！”

这个方法是不是也适用于商场上呢？让我们看看纽约一家西点批发商的例子：

杜佛诺先生想将面包卖给纽约某旅馆。4 年来，每个星期他都去拜访经理，他甚至还在这家旅馆开了房住在那里，以得到生意，但他失败了。

“后来，”杜佛诺先生说，“在研究人际关系之后，我决定改变策略。我决定找出这个人感兴趣的是什么，什么会引起他的热心。

“我发觉他是美国旅馆服务员协会的会员。他不但是会员，由于他的热心，他现在是该会的会长和国际服务员协会的会长。不论在什么地方举行大会，他都会飞过崇山峻岭，越过沙漠、大海去参加大会。

“所以第二天见到他的时候，我首先开始谈论关于服务员协会的事。我得到多么好的反应——他对我讲了半小时关于服务员协会的事，他的声音有力、高亢，我可以清楚地看出这确实是他的业余嗜好，是他生活中的热情所在。在我离开他的办公室以前，他劝我加入该协会。

“这个时候，我仍然没有提任何关于面包的事。但几天后，他旅馆的主管打电话找我带着货样和价目单去。

“‘我不知道你对那位老先生做了些什么，’主管对我说，‘但他真的被你搔到痒处了。’

“试想一下，我对这人紧追了 4 年——费力得到他的生意，如果我没有最后费劲儿去找出他感兴趣的、他喜欢谈的，我还要死追，不知道追多少年才能成功。”

## 仪表是你的门面

我们的身体是最重要的自我表现方式。身体的外表被认为是内在的反映。如果一个人的外表丑陋、可憎，我们完全有理由认为他的思想也是这样的。通常，这种结论也是成立的。高尚的理想、活泼健康的生活和工作本身与个人卫生的不整洁都是势不两立的。一个忽视洗澡的年轻人也会忽视他的心灵，他会很快全面堕落。一个不注意仪表的年轻女人很快就无法取悦于人，她会一步步堕落成一个不思上进的邋遢女人。

难怪《塔木德经》把清洁置于仅次于神性的位置上，而我会把清洁的位置摆放得更高些，因为我相信绝对的清洁就是神性。灵与肉的清洁或纯洁能把人升华到最高境界。一个不洁净的人只是头野兽而已。

要保持良好的仪表，最重要的一点就是要经常洗澡。每天洗一个澡能保证皮肤的清洁与健康，否则身体是不可能健康的。对头发、手和牙齿的护理也相当重要，一定要细致周到，不能马虎草率。修剪指甲的用具很便宜，人人都买得到，如果你买不起一整套用具，你可以只买一把指甲刀，把指甲修剪得光滑干净。

护理牙齿是件简单的事，然而，人们在牙齿卫生上犯的错误可能要比在其他方面犯的错误更多。我认识一些年轻人，他们衣着考究，对自己的仪表非常得意，但他们却忽视了自己的牙齿。他们没有意识到，人的仪表中没有比脏牙、蛀牙，或是缺了一两颗门牙更糟糕的缺陷了。呼吸当中的恶臭更令人无法忍受，如果知道有这种后果，就没有人会忽视他的牙齿了。没有哪个老板会要一个缺了一两颗门牙的职员或速记员。许多应聘者就因为牙齿不好而被拒绝。

对于那些在社会上谋生的人来说，关于衣着的最佳建议可以概括为一句话："让你的衣着得体，但不需要昂贵。"衣着朴素具有最大的魅力，现在市面上有大量物美价廉的衣物可供选择，大部分人能买到好衣服穿。但是如果条件所限，不能买到更好的衣物，也不必为一套寒酸的衣服害羞。穿一件花钱买的旧外套比穿一件不花钱的新外套更能赢得别人的尊敬。

不可避免的寒酸不会让人产生反感，但是邋遢却使人一见之下就顿生厌恶。只要你量入为出为打扮自己，无论多穷，你都可以穿得很得体。应该有意识并尽量拿出最好的仪表，注意干净整洁，竭力保持自尊和真诚，这样才能帮助你渡过重重难关，带给你尊严、力量和魅力，使你赢得别人的尊敬和钦佩。

赫伯特•乌里兰很快就从长岛铁路一个普通路段工人提升为纽约市铁路局的董事。在一次关于如何获取成功的演说中，他说："衣服不能造就一个人，但好衣服能使人找到一份好工作。如果你有 25 美元，又需要一份工作的话，最好花 20 元买一套衣服，花 4 元买双鞋，剩下的钱买一个刮胡刀、一个发剪、一个干净的领圈，然后去找工作。千万不要带着钱，穿着一身破旧西装去应聘。"

多数大公司都规定不雇用衣衫褴褛、邋里邋遢，或是应聘时衣冠不整的人。芝加哥最大一家零售商店的招聘主管说："招聘的原则必须严格遵守，对于一个应聘者来说，经受住考验的最重要条件就是他的仪表。"

一个应聘者具备多少优点和能力没有关系，但他必须重视自己的仪表。璞玉浑金的价值不知要比抛光的玻璃高出多少倍，但是有时候就是明珠暗投。有些应聘者凭借良好的仪表获得了一份工作，虽然很多被拒之门外的人远比他们优秀得多。他们的能力可能还不及那些被拒之门外的人的一半，但是既然有了工作，他们就会设法保住这个饭碗。

这条通行全美的招聘原则在英国同样适用，《伦敦布商》杂志就可以做证，它这样说道："越是注意个人清洁卫生和衣着整洁的人，就越能仔细地完成工作。个人生活邋遢的工人工作也会马马虎虎，而关注仪表的人也同样在意工作的效果。

柜台后面是什么样，车间里很可能也就是什么样。时髦的女售货员一定很讲究穿着，她会厌恶肮脏的衣领、磨破的袖口和皱巴巴的领带，难道不是这样吗？事实上，关注个人习惯和整体仪表，就会对邋遢散漫的习惯产生警觉。

1．三点一线：一个衣冠楚楚的男人，他的衬衫领口、皮带扣和裤子前开口外侧应该在一条线上。

2．说到皮带扣，如果你系领带的话，领带尖可千万不要触到皮带扣哟！

3．除非你是在解领带，否则无论何时何地松开领带结都是很不礼貌的。

4．一身漂亮的西服和领带会使一个男人看上去非常时髦，而穿一套好西装却不系领带，会使他看着更时髦。

5．如果你穿西装，但不系领带，就可以穿那种便鞋。如果你系了领带，就绝对不可以了。

6．新买的衬衫，如果你能在脖子和领子之间插进两个手指，就说明这件衬衫洗过之后仍然会很合适。

7．透过男人的衬衫能隐隐约约看到穿在里面的 T 恤，就有如女人穿着能透出里面内裤的裤子一样尴尬。

8．如果不是专业手洗，一件 300 多元的衬衫很快就会只值 25 元。

9．精神的发型、一双好鞋，胜过一套昂贵的西装。

10．一双 90 元的鞋的寿命应该是 180 元一双的鞋的一半，而 1000 元一双的鞋将伴你一生。

11．如果你穿的是三粒扣西装，可以只系第一颗纽扣，也可以系上面两颗纽扣，就是不能只系最下面一颗，而将上面两颗扣子敞开着。

12．穿双排扣西装，所有的扣子一个也不能不扣，特别是领口的扣子。

13．如果你去某个场合拿不准穿什么服装，那么隆重点远比随便点强得多，人们会认为你随后还要去一个更重要的场合呢！

14．一件便宜的羊绒衫实际上远远没有一件好一点的羊毛衫更柔软、舒服。

15．除非你是橄榄球运动员，否则就不要把任何与名字有关的字母或号码穿在身上。

16．45 岁以下的你请不要过早地叼上烟斗，也不要戴那种浅圆的小帽。

17．比穿没盖过踝骨的袜子更糟糕的是穿没盖过踝骨的格子袜子。

18．配正装一定不要穿白色的袜子。

19．无论如何，你不必有太多卡其布休闲装、白色的纯棉 T 恤或厚棉布网球鞋，毕竟一周只有一个星期六。

20．穿衣服的第一常规就是打破一切常规——包括我们上面所说的一切。

我强调衣着的重要性，但并不是要你像英国花花公子博・布鲁梅尔那样，一年仅做衣服就要花 4000 美元，扎一个领结也要花上几个小时。过分注重穿着甚至比完全忽视还要糟糕。像博・布鲁梅尔那样的人太讲究穿着了，他们一门心思地扑在对衣着的研究上，而忽略了内心修养和神圣的责任。在我看来，穿衣应该量入为出，与身份相称，这既是一种责任，也是最实际的节俭。

许多年轻人误以为“穿着得体”就一定是指要穿贵重的衣服。这种观点与完全忽视穿着同样是错误的。他们把本该花在头脑和心灵修养上的时间用在了梳妆打扮上。他们老是在盘算该怎样用微薄的收入来买昂贵的帽子、领带或是大衣。如果他们买不起渴望得到的东西，就会买便宜的赝品来代替，结果他们的穿着会显得很可笑。这类年轻人戴廉价戒指、打猩红色领带、穿大格纹衣服。他们肯定是职位低下者。卡莱尔这样形容这类花花公子——“一个花里胡哨的人——他的职业和生活就是穿衣——他的精神、灵魂和钱包都无畏地献给了这一目的。”他们就为了穿衣而活，他们没有时间学习文化，没有时间努力工作。

莎士比亚说：“衣装是人的门面。”这一说法得到了全世界的认同。许多人经常因为他们不得体的穿着而备受指责。初看起来，仅凭衣着去判断一个人似乎肤浅轻率了些，但经验一再证明，衣着的确是衡量穿衣人的品位和自尊感的一个标准。渴望成功的有志者应该像选择伴侣一样谨慎地选择衣装。古谚云：“我根据你的伴侣就能判断你是什么样的人。”某个哲学家也说过一句精妙的话：“让我看看一个妇女一生所穿的所有衣服，我就能写出一部关于她的传记。”

西德尼・史密斯说：“教育一个女孩说漂亮无关紧要，衣装一无是处，这真是荒谬透顶！漂亮非常重要。她一生中所有的希望和幸福或许就依赖于一件新裙子或是一顶合适的女帽。如果她稍有点常识，她就会明白这点。应该教她知道衣装的价值所在。”人的确不是由衣装造就的，但衣装给我们的生活带来的影响远远出乎我们的意料。普林提斯・穆尔福德说，衣装能影响人类的精神面貌。这并非言过其实，只要想想衣装对你自己的影响程度有多大就够了。

假设让一个女人穿着一件破旧肮脏的晨衣，那么它就会影响到她，使她对自己的头发是肮脏还是扭结都漠不关心。她的脸和手干净与否，穿的鞋子多么破烂，都无关紧要，因为在她看来，“穿着这件旧晨衣没有什么不好”。她的步态、风度、情感倾向，都将潜移默化地受到这件旧晨衣的影响。如果她能改变一下——换上一件漂亮的棉裙，那么她的模样和举止将会多么的不同啊！她的头发一定会梳理得宜，会与她的穿着相得益彰。她的脸庞、手和指甲一定会干干净净。破旧肮脏的鞋也会换成了合脚的便鞋。她的思想也会焕然一新。她会更加尊敬衣冠整洁的人士，会远离穿着邋遢的人。

你想改变你的意识吗？那么就改变你的穿着吧，你马上就会感觉到效果。

## 把握开玩笑的分寸

在人际交往中，开个得体的玩笑，可以松弛神经，活跃气氛，创造出一个适于交际的轻松愉快的氛围。因而诙谐幽默的人常能受到人们的欢迎与喜爱。但是，开玩笑开得不好，则适得其反，伤害感情。因此开玩笑要掌握好分寸。

1. 对象要区别。同样一个玩笑，能对甲开，不一定能对乙开。每个人的身份、性格、心情不同，对玩笑的承受能力也不同。

一般来说，后辈不宜同前辈开玩笑，下级不宜同上级开玩笑，男性不宜同女性开玩笑。在同辈人之间开玩笑，则要掌握对方的性格特点与情绪。

对方性格外向，能宽容忍耐，玩笑稍微过火也能得到谅解。对方性格内向，喜欢琢磨言外之意，开玩笑就应慎重。对方尽管平时性格开朗，但如恰好碰上不愉快或伤心事，就不能随便与之开玩笑。相反地，对方性格内向，但正好喜事临门，此时与他开个玩笑，效果会出乎意料的好。

2. 内容要高雅。笑料的内容取决于开玩笑者的思想情趣与文化修养。内容健康、格调高雅的笑料，不仅给对方启迪和精神的享受，也是对自己美好形象的有力塑造。

钢琴家波奇在一次演奏时，发现全场有一半座位空着，他对听众说："朋友们，我发现这个城市的人们都很有钱，我看到你们每个人都买了两三个座位的票。"听众们放声大笑。波奇无伤大雅的玩笑话使他反败为胜。

3. 态度要友善。与人为善，是开玩笑的一个原则。开玩笑的过程，是感情互相交流传递的过程。如果借着开玩笑对别人冷嘲热讽，发泄内心厌恶、不满的情绪，也许有些人不如你口齿伶俐，表面上你占到上风，但别人会认为你不能尊重他人，从而不愿与你交往。

4．场合要分清。美国总统里根一次在国会开会前，为了试试麦克风是否好使，张口便说："先生们请注意，5 分钟之后，我对苏联进行轰炸。"一语既出，众人哗然。里根在错误的场合、时间里，开了一个极为荒唐的玩笑。为此，苏联政府提出了强烈抗议。总体来说，在庄重严肃的场合不宜开玩笑。

## 展现语言个性

和初次见面的人说话，刚开始大家都介意面子，所以表现得很恭敬。等逐渐轻松下来，则不仅是姿态，连说话也会很随便，甚至人的本性都不自觉地流露出来。

成长的环境不同，每个人说话的习惯也不同。只要听一个人说话，即可大致推测出其身份，这一点在任何时代都是不可改变也是不可忽视的。除了社会性、阶层性或地理性的语言差距外，还有因个人水平、气质不同而形成的不同心理性用语。所以，语言本身就有表现自我的属性，当然也会在不知不觉中反映出各种曲折的深层心理。换句话说，不论你想把自己装扮成什么样子，固有的语言往往难与这种外在的表现配合，经常会意外地从你的语言中显露出你的本质。因此，一个人无意识中表现出来的语言特征，往往能比他说话的内容更能表现其人。

比较容易显示其人的言辞，主要有以下 5 种：有意识地表现其人所用的第一人称用语；假托他人的语言来表达自己的心理的借用语；可以表现人际关系的敬语；表现人思考动态的思考语；表示对对方谈话反应的附会语。

第一人称用语。这一语言可以反映人的自我意识，以提供各种深层心理的信息。比如，有的人在讲话时，老是重复："我个人认为……我呢？我呀……我想这样做……我的意思是……"通常，只有年轻人会以狂傲的语气用"我"来称呼自己，年纪较长的人在公开场合就很少用这种称呼。根据美国心理学家的研究，霸道型的老板或领导人为专制型的团体成员，都很容易说"我"；而领导人为平均主义者的团体成员，则比较喜欢说"我们"。经常用单数第一人称的人，独立性及主体意识都比较强；一向使用复数人称的人，则比较没有个性，其中以团体埋没或附庸型的人居多。被批判后一旦离开了团体就什么事都做不了的某些现代年轻人，经常在说话时将"我"隐入"我们"之中，大概就属于上述后一种性格的人。

借用语。人们经常用自己的语言来说话，但在无意识中，很多人喜欢借用别人所说的话来表达自己的意见，这是一种自我扩大欲在起作用，表示还有更多的人和自己意见一致。特别表现在借用名人的名言、格言方面，就更提高了自己说话的权威性。有时，只要是名人、权威人士说的话，即使是很普通的一句话，也会显得意义重大，别具光彩。这种借名人的光来提高个人说话权威性作用的表现，谓之“背光效果”。

除了名人、外国人外，人们从小都将父母视为权威。所以，常见的引用语，是借助父母所说的话来表达自己的意愿。某女性说:“家母说你是个很好的人。”这就是借母亲的话来表达对对方的爱情，并提高了对方的信心。不过，如果过于频繁借用母亲的话，则是有严重的“人云亦云”的稚气，可认为她精神上尚未断奶，依赖心很强。同样，过多地搬用名人警语，也表现自己缺乏独立见解。

此外，还有些人喜欢在说话的时候搬用生僻词汇，令听者感到困惑。这自然谈不上什么“背光效果”，但其中有些人也是借此表现自己有学识；有些人则刚好相反，是以这些人们难听懂的词语，作为保护自己心理弱点的挡箭牌。正如在演讲的时候，如果你讲得简单明了，听众往往会通过自己的思考提出一些问题，要你当场解答；如果你讲的内容并不复杂，却故意堆砌很多深奥的语词，让听众听得莫名其妙，这就等于给听众设置了提问的障碍，达到掩饰自己回避提问的目的。其实，这刚好暴露了自己的弱点，深感自己的能力未能达到信手拈来、运用自如的境地。

## 提升自我的魅力

众所周知，一个人在商务交往的活动中，他的魅商高低，将直接影响他的商务活动。

换言之，一个人的魅商高低将与他的财商成正比。因此，当代财商的一个重要理念就是在商务活动中一定要提高自己的魅商，从而通过自己的魁商来提升自己的财商。

什么是魅商？让我们先从魅力谈起。

“魅力”是从日语中直译过来的。日语中的“魅力”意为“夺人魂魄，使人心旷神怡”。“魅力”在英文中的相应词是 attraction，意为“吸引、诱惑”。

“魅力”一词配以不同的限制词，用于不同的场合，就形成不同的含义。“艺术魅力”，指艺术的不可言喻的感染力和吸引力；“性格魅力”指个人的气质、相貌、才学、举止、体力和阅历等诸多因素综合体现的人格的感召力和凝聚力；“男性魅力”或“女性魅力”则表现男人或女人对异性特殊的吸附性影响力。

总之，“魅力”一词概括起来主要有以下三点：第一，指人与人关系中的磁性心理表现；第二，指令人喜爱的愉悦性意义；第三，指带有多种因素综合的模糊表现，为一定程度的难以言喻的神秘性。

魅力并不是一项单纯的性格或特质，而是多方面能力的综合呈现。当我们在剖析魅力人物为何能有此影响力时发现，他们的魅力是由丰富多样的社交技巧所构成的。有魅力的人，懂得运用这些社交技巧去吸引和影响他人，甚至得到众人的喜爱和敬重。他们无论是在生活上、工作上或是婚姻上，都能称心如意，非常成功。

魅商即指魅力商数，是指自我期许、自我要求、自我行动、自我改善中，智慧、情感、技巧、能力的积累与呈现。魅商不属于阶级地位、职业身份，人人都有魅商。

魅力商数可以分为内在要求和外在要求。内在要求包括智慧、气质、气度、意志和修养等方面。外在要求包括个人的容貌、笑容、语言、体态、服饰等个人形象方面的内容。

正是这种难以言表的魅力，使人们有了千差万别。也正是魅力，使得人们每次在提及布莱恩式的人物，提到林肯式的人物，或是罗斯福式的人物时，由衷地爆发出无比热烈的掌声。正是这种个人魅力让克雷成为选民们的偶像。尽管我们承认，卡尔洪也许比他更伟大，然而他却永远无法像前者如同火一般地点燃人们的热情。韦伯斯特和塞缪尔也都是伟人，然而他们却不能像布莱恩或克雷那样激发起人们自发的热忱。

一位历史学家在评价克雷对公众的影响时曾说过：“我们得先考虑到演说家的气质，然后再用这一准绳去衡量他的个人魅力。”如果我们的目光足够敏锐、观察足够细致的话，我们不仅能够估量出一个人的个人魅力如何，还能更加准确地预言，我们周围的同学、我们那些年轻的朋友当中，哪一位会在将来具备这种感染别人的能力。我们在预言一个人将来可能发展到什么程度，会升到什么样的位置时，往往只考虑到他的实际能力如何，却很少将个人魅力看作他未来成功资本的一部分。事实上，这种个人魅力同一个人的智力、所受的教育一样，与这个人的前途息息相关。现实生活中，我们经常可以见到这样一种人，他们虽能力平平，却相貌堂堂、举止优雅、魅力非凡。相对于那些比他们更聪明、更博学的人，他们往往能更快速地得到提升，把那些有着智慧头脑的人远远抛在后面。

从演说家的身上，我们可以看到这种个人魅力的影响是何等的巨大。如果有人去读印在纸上那些冷冰冰的文字，里面不掺杂任何演说家个人的因素，那么可能没有哪一个读者会感受到其中的任何激情，脑海中也不会留下任何印象。然而，当演说家拿着这些文字来演说时，他那口若悬河、激情万丈、排山倒海的气势让观众为之倾倒和叹服。这种影响力完全是演说家创造的——那种感染力从他们身上自然而然地散发出来。

个人魅力是一种神奇的天赋，连最冷酷无情的人都能受其感染。有时它甚至会左右一个国家、一个民族的前途和命运。

有一天，有位老妇人来到我的办公室，送出她的名片，并且传话，她一定要见到我本人。我的几位秘书虽然多方试探，却无法问出她这次访问的目的及性质。因此，我肯定地认为，她是一位可怜的老妇人，想要推销一本书。同时，我想到自己的母亲也是女人，于是决定到接待室去，买下她所推销的书，不管是什么书，都决定买下来。

请用心关注这件事的每一细节，因为，你也可能从这件事中学到杰出的推销技巧。

我曾经见过许多人微笑，但以前从未见过有人笑得像这位老人一般甜蜜。这是一种具有强烈感染性的微笑。

当我来到门口时，这位老妇人伸出手来和我握手。一般来说，对于初次到办公室访问的人，我一向不会对他太过友善。因为如果向对方表现得太友善了，当对方要求我从事所不愿意做的事情时，将很难拒绝。

这位亲切的老妇人看起来如此甜蜜，纯真而无害，因此，我也伸出手去。这时候，我方才发现，她不仅有迷人的笑容，而且，还有一种神奇的握手方式。

她很用力地握住我的手，但握得并不太紧。她的这种握手方式传达了这项信息：她能和我握手，令她觉得十分荣幸。她令我感到，她的握手是出自她的内心。老妇人那深入人心的微笑，以及那温暖的握手，已让我卸下装备，使我成为一个“心甘情愿的受害者”。这位老妇人只不过握一握手，就把我用来躲避推销员的那个虚伪外壳脱下了。换句话说，这位温和的访客已经“征服”了我，使我愿意去聆听她所说的一切。

这位访客以智慧、迷人的谈话，使我迷惑了45分钟。

不，你猜错了。在谈话过程中，她一次也没有用过第一人称的代名词“我”。不过，她不仅是推销自己，实际上还使我买下了她所推销的某件东西，这件东西就是我自己。

在椅子上坐定之后，她立刻打开了她所携带的一个包裹，我当初以为是她准备推销的一本书。当然了，包裹里面确实是书——事实上，是几本书，因为她所带来的是我当时主编的一份杂志。她翻阅着这些杂志，把她在书上做了记号的部分都一一念出来。同时，她又向我保证说，她一直相信，她所念的部分都以成功哲学作为基础。

接下去，在我进入能够彻底接受别人意见的状态之后，这位来访者很巧妙地把谈话内容转向一个主题。看来，她来到办公室之前，就早已决定了要讨论这个主题。但是——这又是大多数推销人员最常犯的一个错误——如果她把她的谈话顺序颠倒过来，那么，她可能永远没有机会坐上那张舒适的大椅子了。

仅仅是在最后3分钟内，她向我说明她所推销的某些保险的优点。她并没有要求购买，但是，她向我诉说这些保险优点的方式在我的心理上造成了一种影响，驱使我自动想要去购买。虽然我并未向她购买这些保险，但她仍然卖出一部分保险。因为我拿起电话，把她介绍给另一个人。结果她后来卖给这个人的保险金额，是她最初打算卖给我的保险金额的5倍。

一个成功的商人，在商务活动中表现出来的魅力商数将在很大程度上决定其商务进展的快慢与成败。因此，一个人要想在商务活动中取得成功，就必须大力提高自己的魅力商数。这也是当代财商理念中的应有之义。

那么如何提高自己的魅力商数呢？可从以下几个方面着手：一要不断地加强学习，提高自己的学识水平；二要不断地完善自己的品性；三要塑造自己完善的性格，以此来提升自己内在的魅力商数。

尽 善 尽 美 弗 求 弗 迪

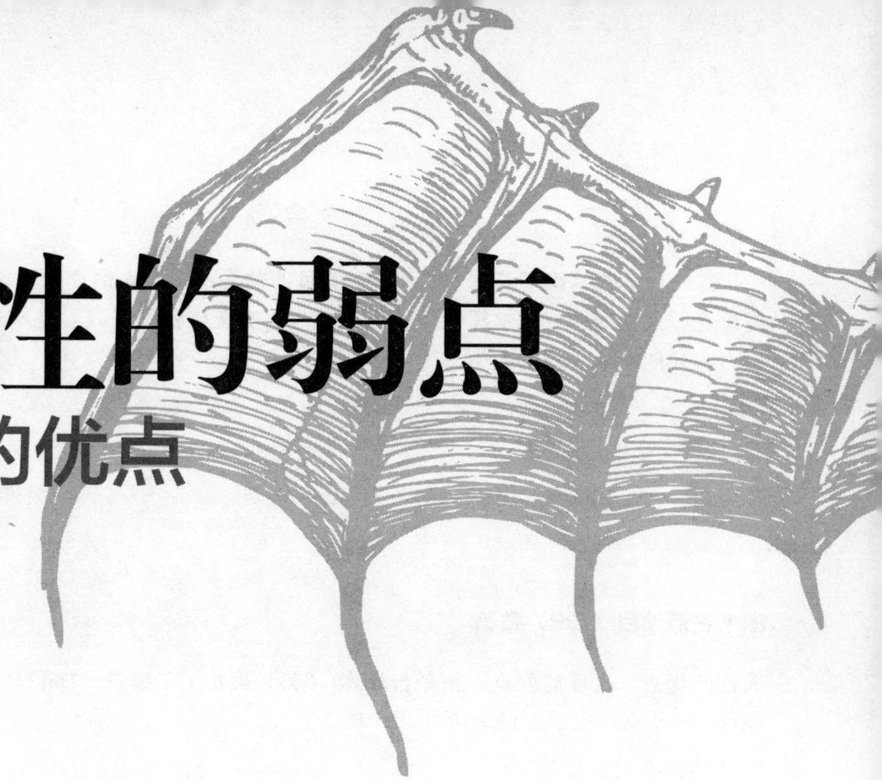

# 人性的弱点

## 人性的优点

精华合订本

[美] 戴尔·卡耐基 ◎ 著
(Dale Carnegie)
宿春君 ◎ 编译

電子工業出版社
Publishing House of Electronics Industry
北京·BEIJING

## 内 容 简 介

这是一本充满幽默与智慧的书，它的目的是为了帮助人们克服忧虑，积极地对待生活。通过克服人性的弱点、发挥人性的优点，从而实现自我的突破，提升人际交往能力和沟通能力，开创幸福成功的人生。

**图书在版编目（CIP）数据**

人性的优点·人性的弱点：精华合订本/（美）戴尔·卡耐基（Dale Carnegie）著；宿春君编译. —北京：电子工业出版社，2018.3

ISBN 978-7-121-32723-0

Ⅰ. ①人… Ⅱ. ①戴… ②宿… Ⅲ. ①成功心理－通俗读物Ⅳ. ①B848.4-49

中国版本图书馆 CIP 数据核字（2017）第 228903 号

责任编辑：杨雯　　文字编辑：娄晶晶
印　　刷：三河市鑫金马印装有限公司
装　　订：三河市鑫金马印装有限公司
出版发行：电子工业出版社
　　　　　北京市海淀区万寿路 173 信箱　邮编：100036
开　　本：720×1000　1/16　印张：18　字数：303 千字
版　　次：2018 年 3 月第 1 版
印　　次：2019 年 3 月第 7 次印刷
定　　价：39.80 元

# 前　言

“或许除了自由女神，卡耐基就是美国的象征。”美国《时代周刊》曾这样评价卡耐基。

戴尔·卡耐基是美国著名的“成人教育之父”，被誉为20世纪最伟大的成功学大师。20世纪的美国处于战争和贫困的交织中，看不到希望的人们精神萎靡，很多人陷入精神疲软的状态。卡耐基这位精神大师用他独特的方式唤醒人们心底对生活最真挚的渴望。他讲述的是许多普通人通过奋斗获得成功的真实故事，激励了无数陷入迷茫和困境的人，帮助他们重新找到了自己的人生。

卡耐基在美国的各大报纸和杂志上发表了很多文章，他还开播了自己的无线电台节目。在节目中，卡耐基运用心理学的知识对人性进行了探讨。更为重要的是，卡耐基写下了《人性的弱点》《人性的优点》等书，这些著作是卡耐基成人教育的实践结晶，也是卡耐基哲学思想的一种体现。

《人性的弱点》是卡耐基最成功的励志经典著作之一，这本著作一经出版就受到了读者的欢迎，成为东西方世界最持久的人文畅销书。《人性的弱点》在世界各地已至少被译成58种文字，全球总销售量已达9000多万册，拥有4亿读者。除《圣经》及《论语》外，无出其右者。

这本书的畅销与它产生的效果是分不开的，很多读者通过阅读这本书及书中介绍的各种战胜困难的方法，缓解了精神压力，走出了生活困境。

卡耐基首先从人性本身具有的最基本的弱点入手，详细地介绍了与人交往的基本技巧。比如，如何做一个受欢迎的人，如何看待金钱、工作及如何告别不良心理等。卡耐基还介绍了快乐的秘诀、有效说话的速成技巧等。这本书的内容涉及人际交往、心理调整、处理家庭问题、金钱观念、精神状态等诸多方面，详细地介绍了人们该怎么克服“人性的弱点”。

卡耐基说过：“一个人的成功只有15%归结于他的专业知识，另外85%归结于他思想表达、领导他人及唤起他人热情的能力。”了解“人性的弱点”，就有可能获得成功所必备的另外85%的能力；而克服自身的弱点越多，拥有的优点也就越多。卡耐基对人类共同的心理特点进行了细致的探索和分析，并且通过大量的实验和调查开创出一套独特的理论体系，帮助人们学习如何克服人性的弱点、发挥人性的优点，从而实现自我突破，提升人际交往能力和沟通能力，开创幸福成功的人生。

“读一本好书，就是与一个伟大的心灵对话。”《人性的弱点》就是这样一本书。阅读这本书，人们将更愿意接受积极的生活态度，更善于将人性的弱点转化成自己的优点。

美国著名励志专家罗伯特·舒勒曾经评论道：“卡耐基先生从20世纪便开始了他的成人教育课程。他的成功哲学与处世技巧对当今年轻人而言，仍然是一个永恒的主题。”

无论你是学生、职员，还是已经拥有稳定事业的管理者、企业家或者商人——总而言之，无论你的职业是什么、年龄大小，这都是一本让你惊喜、使你思想更成熟、生活更有成就的好书。

相信每一位读者朋友通过阅读这本书，都能够摆脱人性弱点的困扰，更自信地去开拓属于自己的辉煌人生。

# 卡耐基自序

在过去的35年中，美国出版家曾出版过20多万种书籍，大多数是极枯燥、无味和沉闷的，许多还是亏了本的。我不是说“许多”吗？一位世界上二流出版公司的经理最近对我承认，他的公司已有75年的出版经验了，但还是每出版8种书就有7种书是亏本的。

那么为什么我还要冒险写作此书呢？在我写好之后，你为什么还要花时间去读呢？这些问题等你读完下文便一目了然了。

从1912年起，我在纽约为职业成人讲授教育课程。最初，我只开设了演讲术课程——用实际的经验训练成人在商业洽谈及企业团体中能够更加清楚、有效、镇定地表达自己的思想。

经过几个季度的培训，我渐渐觉得，这些成人固然急需说话的训练，但他们更迫切地需要在日常事务及人际交往方面得到更好的训练。应付人恐怕是你遇见的最大问题了，如果你是一位商人，更是如此；即使你只是一位会计师、家庭主妇、建筑师或工程师，也是如此。数年前卡耐基基金会资助的一项调查研究表明——这一结果后来又被卡耐基技术研究院另外的一项研究所证实——在技术方面的工作中，一个人事业的成功约有85%来自他的人格及其领导他人的能力。

数年前，我每个季度都会在费城工程师协会开设课程，同时也会在美国电机工程协会分会开班。有1500位以上的工程师去过我开办的培训班。通过多年的观察和经验，我发觉那些在工程项目里获得最高酬劳的人，往往不是那些最精通工程知识的人。

我们可以付出每周25美元到50美元的代价，雇用工程、会计、建筑或其他专业的技术人才——市场上永远不缺少此类人。但是除了技术、知识，如果他们再有能发表自我见解的能力、担任领袖的能力、激发他人的能力，那么他们的收入就自然很高了。

约翰·洛克菲勒在他事业鼎盛时，曾经向白罗雪这样说过：“应付人的能力，也是一种可以购买的商品，就像糖和咖啡一样。”他又这样说：“我愿意对那种能力付出酬劳，它的价值要比世界上任何东西都高。”

芝加哥大学和青年会联合学校曾做过一次调查，确定成人在教育中的需求有哪些。

那一次调查的费用是2.5万美元，整整耗费两年时间，调查的最后部分是在梅立顿康耐铁克进行的。那地方被人认为是典型的美国城镇，梅立顿镇上的每一个成年人都被作为访问的对象，在受访时请他们回答 156 个问题。比如："你的职业或专业是什么？""你的教育程度如何？""你的志愿是什么？""你需要解决的问题有哪些？""你如何利用空闲的时间？""你的收入是多少？""你的嗜好是什么？""你最喜欢的学科是什么？"等等。

调查后的结果显示，一般人最关注的是"健康"，其次就是如何了解别人，如何与人相处，如何让人喜欢自己，如何使他人同意自己的观点等。

于是，进行这次调查的机构决定为这个镇上的成人开设一个这样的课程。虽然主办者努力寻求有关这个主题的实用书籍，但始终无法找到。最后，他们去见一位世界著名的权威成人教育家，问他是否有满足这些成年人需要的书。那位教育家回答："我虽然知道那些成人需要些什么，但他们所需要的这类书，却从未有人写过。"

根据我的经验，我知道他的话是对的，我自己也花费了很多年的时间来寻求一本实用有效的、关于人与人之间交往的书籍。

由于很多人希望有一本这样的书，我才尝试着写了一本，那是为我的培训班所写的，希望你也会喜欢它。

当然，我们这里所定的规则不只是一种理论或推测，它们颇有奇效，听起来似乎让人难以相信，但确实改善了许多人的事业与生活。

◆ 一位手下有 340 个雇员的老板参加了这一训练课程。多年来，他随意地指使、批评或指责雇员，从不鼓励与称赞他人。在研究过本书的原则之后，这位老板完全改变了他的人生观。他的公司里也充满了一种从未有过的忠诚、热忱与合作精神，340 个仇敌变成了 340 个朋友。

◆ 无数推销员因为运用了这些原则，他们的销售业绩直线上升。许多人已经开了新户头——他们以前无法奢求的户头。高级职员得到了更大的职权，更多的薪水。一位高级职员每年薪水增加 5000 美元，因为他遵循了这些原则。

◆ 参加课程培训的妻子们说，自从她们的丈夫接受培训后，自己的家庭生活比以前更加快乐了。

◆ 男人们常对他们所得的结果感到惊异。有时候，他们会迫不及待地打电话到我家中来，因为他们不能等待 48 小时之后，在正常上课的时间报告他们的成就。

因此，我也希望本书能够帮助你发现、发展和利用自己的那些潜伏未用的资产，开创幸福快乐的人生。

# 目 录

## 第七章　掌控自我情绪



## 第八章　告别不良心理



## 第九章　获得快乐的方法



## 第十章　演讲与口才的艺术



## 第十一章　认识自我与潜能

# 第一章

# 与他人交往的基本技巧

# 了解他人的需求

每年夏天，我都会去梅恩钓鱼。我以为鱼儿喜欢吃杨梅和奶油，然而基于某些特殊原因，我发现水里的鱼爱吃水虫。所以在钓鱼的时候，我便毫无其他想法，而专心致志地想着鱼儿们所需要的。

我也可以用杨梅或奶油做钓饵，把一条小虫或一只蚱蜢同时放入水里，然后征询鱼儿的意见——“嘿，你要吃哪一种呢？”

为什么我们不用同样的方法来“钓”一个人呢？

有人问到路易特·乔琪，为何那些战时的领袖们退休后都不问政事，唯独他还身居要职呢？

他告诉人们：“如果说我手掌大权有要诀的话，那得归功于我的内心明白，当我钓鱼的时候，必须放对鱼饵。”

我们怎么会扯到这上面来，那是无知的，不近情理的吗？世上唯一能够影响别人的方法，就是谈论他人所需要的，同时告诉他，该如何才能获得。

明天你希望别人为你做些什么，你就得把这件事记住。我们可以这样比喻：如果你不想让你的孩子吸烟，无须训斥他，你只要告诉孩子，吸烟不能参加棒球队，或者不能在百码竞赛中夺标。不管你要应付小孩，或是一头小牛、一只猿猴，这都是值得你注意的一件事。

有一次，爱默生和他儿子想让一头小牛进入牛棚，他们就犯了一般人常犯的错误，只想到自己所需要的，却没有顾虑到那头小牛的立场……爱默生推，他儿子拉，而那头小牛也跟他们一样，只坚持自己的想法，于是就挺直它的腿，拒绝离开那块草地。

这时，旁边的爱尔兰女佣看到了这种情形，她虽然不会写文章，可是对于这些，她颇知道牛马牲畜的感受和习性，她马上想到这头小牛所要的是什么。

女佣把她的拇指放进小牛的嘴里，让小牛吸吮着她的拇指，然后再温和地引它进入牛棚。

从我们来到这个世界上的第一天开始，我们的每一个举动，每一个出发点，都是为了自己的需要而做。

哈雷·欧佛斯托教授，在他的一部颇具影响力的书中谈道："行动是由人类的基本欲望中产生的……对于想要说服别人的人，最好的建议是，无论在商业上、家庭里、学校中、政治上，还是在别人的信念中，激起某种迫切的需要，如果能把这点做成功，那么整个世界都属于他的，再也不会碰钉子、走上穷途末路了。"

明天当你要向某人劝说，让他去做某件事时，未开口前你不妨先自问："我要怎样使他做这件事？"

这样可以阻止我们，不要在匆忙之时去面对别人，最后导致多说无益，徒劳而无功。

在纽约银行工作的芭芭拉·安德森，为了儿子身体的缘故，想要迁居到亚利桑那州的凤凰城去。于是，她写信给凤凰城的12家银行。她的信是这么写的——

敬启者：

我在银行界的10多年经验，也许会使你们快速增长中的银行对我感兴趣。

本人曾在纽约的"金融业者信托公司"担任过许多不同的业务处理工作，现在则是一家分行的经理。我对许多银行工作，如与存款客户的关系、借贷问题或行政管理等，皆能愉快胜任。

今年5月，我将迁居至凤凰城，故极愿意能为你们的银行贡献一技之长。我将在4月3日的那个礼拜到凤凰城去，如能有机会做进一步深谈，看能否对你们银行的目标有所助益，则不胜感谢。

芭芭拉·安德森谨上

你认为安德森太太会得到回音吗？11家银行表示愿意面谈。所以，她还可以从中选择待遇较好的一家呢。为什么会这样呢？安德森太太并没有陈述自己需要什么，只是说明她可以对银行有什么帮助。她把焦点集中在银行的需要，而非自己。

但是仍然有许多销售人员，终其一生却始终不知从顾客的角度去看事情。曾有过这样一个故事：几年前，我住在纽约一处名叫“森林山庄”的小社区内。一天，我匆匆忙忙跑到车站，碰巧遇见一位房地产经纪人。他经营附近一带的房地产生意已有多年，对“森林山庄”也很熟悉。我问他知不知道我那栋灰泥墙的房子是钢筋还是空心砖，他答说不知道，然后给了张名片要我打电话给他。第二天，我接到这位房地产经纪人的来信。他在信中回答我的问题了吗？这问题只要一分钟便可以在电话里解决，可是他却没有。他仍然在信中要我打电话给他，并且说明他愿意帮我处理房屋保险事项。

他并不想帮我的忙，他心里想的是帮他自己的忙。

阿拉巴马州伯明翰市的霍华德·卢卡斯告诉我，有两位同在一家公司工作的推销员是如何处理同样一件事务的：

“好几年前，我和几个朋友共同经营了一家小公司。就在我们公司附近，一家大保险公司的服务处。这家保险公司的经纪人都分配好辖区，负责我们这一区的有两个人，姑且称他们卡尔和约翰吧。

“有天早上，卡尔路经我的公司，提到他们的一项专为公司主管人员新设立的人寿保险。他想我或许会感兴趣，所以先告诉我一声，等他收集更多资料后再过来详细说明。

“同一天，在休息时间用完咖啡后，约翰看见我们走在人行道上，便叫道：‘嗨，卢卡斯，有个大消息要告诉你们。’他跑过来，很兴奋地谈到公司新创了一项专为主管人员设立的人寿保险（正是卡尔提到的那种），他给了一些重要资料，并且说：‘这项保险是最新的，我要请总公司明天派人来详细说明。请你们先在申请单上签名，然后我送上去，这样好让他们赶紧办理。’他的热心引起我们的兴趣，虽然都对这个新保险的详细条款还不甚明了，我们却都不知不觉上了钩，而且因为木已成舟，我们也更相信约翰必定对这项保险最了解。约翰不仅把保险卖给我们，项目还多了两倍。这生意本是卡尔的，但他表现得还不足以引起我们的关注，导致被约翰捷足先登了。”

这是个充满掠夺、自私自利的世界，所以，少数表现得不自私、愿意帮助别人的人，便能得到极大益处，因为很少有人会在这方面跟他竞争。欧文·杨是个著名律师，也是美国有名的商业领袖。他说过："能设身处地为他人着想，了解别人心里想些什么的人，永远不用担心未来。"许多推销人员，每天踏破铁鞋，疲累沮丧，所获却并不多。为什么呢？因为他们心里想的都是自己的需要。他们不知道你我并不想买什么东西，如果想的话，也一定会自己出门。顾客总喜欢主动采买——而非被动购买。

"注意别人的观点，引起别人的渴望"，这并不能解释为"操纵别人，使他去做对你有益而对他却有害"的事，而应该是说"双方都能因为此事而获利"。在安德森太太发给凤凰城 12 家银行的信里，在约翰向卢卡斯推销人寿保险的交易行为中，双方都因处理事务的方式得当而彼此获利。

我曾为一些大学毕业生开讲《有效谈话》的课程。这些毕业生刚进入"开利公司"工作，其中一名学生想利用休息时间打打篮球，于是他便这样去说服其他人："我要你们出来打篮球。我喜欢打篮球。但是，前几回我到体育馆的时候，人数总是不够。我们当中的两三人，一直把球胡乱地传来传去——我还被球打得鼻青脸肿。希望你们明天晚上都过来打，我喜欢打篮球。"

这名学生谈到别人的需要吗？我想，假如别人都不愿去体育馆的话，你也一定不会去的。你不会在意那名学生想要什么，你也不想被打得鼻青脸肿。

这名学生有没有办法让你们觉得，假如你们到体育馆去，可以得到许多东西？像更有活力、运动后更有胃口、脑筋更清醒、得到许多乐趣等等。我们再重复一遍欧佛斯托教授充满智慧的忠言："要首先引起别人的渴望，凡能这么做的人，世人必与他在一起。这种人永不寂寞。"

训练班有名学员，一直为自己的小儿子操心不已。他的小儿子体重过轻，而且不肯好好吃东西。这对父母用的是大家最常用的方法——责备和唠叨。"妈妈要你吃这个和那个""爸爸要你以后长得高大强壮"，这个小男孩听得进多少这类的要求？这就好像把一撮沙子丢到海滨沙地一样无用。

只要你对动物还有一点认识，你就不会要求一名 3 岁小孩对他 30 多岁父亲的看法会有什么反应，更不要说完全依照父亲所期待的去做，那是荒谬无理的。这名学员后来也发现错误，便告诉自己："我的儿子想要什么？我如何能把自己的需要和他的需要联系起来？"只要这位父亲一开始这样想了，问题就变得容易多了。小男孩有一部三轮车，他最喜欢在自家门口附近骑着车到处跑。但是街的另一头住了一个喜欢欺负弱小的大男孩，常常把小男孩从车上拉下来，然后把车子骑走。自然，小男孩会哭叫着跑回家去，然后妈妈便会跑出来，先把大男孩从三轮车上赶开，再让小男孩骑着车子回家。这事几乎每天发生。所以小男孩想要什么，这并不需要侦探福尔摩斯来回答吧。小男孩的自尊、愤怒和渴望具有重要性——所有他性格中最强烈的情绪——都促使他要采取报复行动，最好能一拳把那个大男孩的鼻子打扁。这时，这位父亲就趁机向小男孩解释，假如他能把妈妈所给的食物全都吃下去，终有一天能足够强壮得把大男孩痛揍一顿。此法果然奏效，小男孩从此不再有饮食方面的问题。他肯吃菠菜、泡菜、腌鲭鱼——凡是可以让他快快长大的食物他都吃。因为他实在太渴望早日把那个大男孩狠揍一顿，好一解长久以来所受的怨气。

解决了这个问题之后，这对父母又得处理另一个问题：原来小男孩一直有尿床的坏习惯。小男孩与祖母同睡，每天早上，祖母醒过来发现被单是湿的，便会说："强尼，看，你昨晚又尿床了！"小男孩就会回答："不是我，是你自己尿床。"责备、处罚、取笑或一再警告，所有能用的方法都用遍了，就是无法让他改掉这个坏习惯。那么，如何才能让孩子不尿床？

小男孩调皮地回答，他想要一套像爸爸一样的睡衣，而不是现在所穿的睡袍，那看起来像祖母穿的。老祖母早已受够他尿床的坏习惯，所以很乐意买一套那样的睡衣送给他。小男孩还想要一张自己的床，祖母也不反对。

小男孩的母亲也带他到家具店去。她先对店里的女店员眨眼示意，然后说道："这位小男士想要买些东西。"

"年轻人，我可以帮什么忙吗？你想要什么东西？"

这话使小男孩深觉自己的重要。他尽量站得使自己看起来高些，然后回答："我要给自己买张床。"

女店员便带小男孩看了好几张床。等男孩的母亲示意哪一张床比较合适，女店员便说服小男孩把它买下来。

第二天，床送来了。当天晚上，父亲回家的时候，小男孩就赶紧拉着爸爸到楼上看他的新床。

父亲看了那张新床，然后真诚而慷慨地发出赞美之言："你不会把这张床尿湿吧？"

“哦，不会的，不会的，我不会再把床尿湿了。”小男孩果然遵守诺言，因为这里面有他的尊严，而且，这是他自己买的床。他现在穿着和父亲一样的睡衣，完全像个小大人儿了，所以他的举止行为也要像个大人一样。

另一个是电话工程师，但他无法叫3岁的女儿吃早餐，无论怎么责备、哄骗或要求，都无济于事。这个小女孩喜欢模仿母亲，喜欢觉得自己已长大成人。所以，有天早上，这对父母就把小女孩放在椅子上，让她自己准备早餐。果然小女孩弄得十分起劲儿，一看见父亲走进厨房便叫道：“爸爸，看，今天早上我自己调麦片！”她主动吃了两份麦片，因为这不但使她兴趣盎然，更使她觉得“深具重要性”。她完全在调制麦片的过程当中，找到了自我实现的途径。

自我实现是人类天性中最主要的需求。我们也可以把这项心理需求运用在商业交易上。当我们想出一个好主意的时候，别让其他人以为那是我们的专利。不妨让他们自己去调制那些观念，他们会认为那是自己的主意，也会因特别喜爱而更多地摄取。

我们应记住：要首先引起别人的渴望。凡能这么做的人，世人必与他在一起。这种人永不寂寞。

## 让对方感受到自己的重要性

现实生活中有些人之所以会出现交际障碍，因为他们不懂得或者忘记了一个重要原则——让他人感到自己的重要。他们喜欢自我表现，夸大吹嘘自己。一旦事情成功，他们首先表现出的就是自己有多大的功劳，做出了多大贡献。这样其实就相当于向他人表明：你们确实不太重要。无形之中，他们伤害了别人。

有一天，我在纽约第32街和第8道交口处的邮局里排队等候寄一封挂号信。那位柜台后面的营业员显然对工作感到不耐烦——称重、拿邮票、找零钱、写收据，年复一年都是同样单调的工作。所以我对自己说："我要让那位办事员喜欢我，而要让他喜欢，我显然必须说些好话——不是关于我自己，而是有关他的。"我又自问："他又有什么值得让我称赞一番的呢？"这实在是个难题，尤其当对方是一个陌生人时。但是，称赞眼前的这位职员似乎并不让我感到困难，我马上找出可以称赞的地方了。

当他为我的信件称重时，我热切地对他说："我真希望能有你这样的头发。"

他抬起头，半惊讶地看着我，脸上泛出微笑："啊，它已经不像以前那么好啦！"他谦虚地应答。我告诉他，虽然它可能已没有原来的美观，但仍然状况极佳。他十分高兴，和我谈了一会儿，最后说道："许多人都称赞我的头发。"

我敢打赌这位先生出去吃午饭的时候，一定步履生风。晚上回家的时候，一定会将此事告诉太太，也一定会照着镜子对自己说："这头发是多么漂亮！"

有次我演讲的时候提起这件事，事后有人问我："你想从那人身上得到什么？"

我想从那人身上得到什么？我想从那人身上得到什么！

如果我们真是这么自私，一旦没有从他人身上得到好处，就不对他人表示一点赞赏或表达一点真诚的感谢——如果我们的灵魂比野生的酸苹果大不了多少，那我们的心灵将变得多么贫乏。

不错，我是希望从那位先生身上得到一点东西。但那东西是无价的，而且我已经得到了。我得到了助人的快乐，这种感觉会在时过境迁之后，永存在我的记忆里。

人类行为有个极重要的法则，如果我们遵从这个法则，大概不会惹来什么麻烦；事实上，如果我们遵守这个法则，便可以得到许多友谊和永恒的快乐。但是，如果我们破坏了这个法则，这样会变得后患无穷。这个法则就是：时时让别人感到重要。正如约翰·杜威所说的："人类本质里最深远的驱策力就是：希望具有重要性。"还有威廉·詹姆士说的："人类本质中最殷切的需求是：渴望被肯定。"我也曾指出，就是这种需求，使人类有别于其他动物；也就是这种需求，使人类产生了文化。

几千年来，许多哲学家都曾就这个问题深刻思量过，而他们产生的结论只有一个，这法则并不新颖，可以说和历史一样陈旧了。2500 年前，索罗亚斯德在波斯用这个法则教导门徒；2400 年前，中国的孔子也这么谆谆劝导过；2500 年前，道教的始祖老子，在函谷关也这么说过；基督降生的前 500 年，佛陀已在神圣的恒河边教诲众生；甚至印度教的经典也这么记载着；1900 多年前，耶稣基督在犹太山上，以此训诲门徒，并且用一句话做总结——这大概是世上最重要的法则：“你要别人怎么待你，就得先怎么待别人。”

你需要朋友的认同，需要别人知道你的价值；你希望在自己的小世界里，有种深具重要性的感觉。你不喜欢廉价、言不由衷的恭维，而渴望出自真诚的赞美。你喜欢友人正像查理·夏布所说的：“真诚、慷慨地赞美。”我们都喜欢那样。

所以，让我们衷心铭记这永恒的金律：我们希望别人怎么待我们，我们就怎么待别人。

怎么做？什么时候？什么地方？答案是：随时，随地。

住在威斯康星州的大卫·史密斯，也告诉我们他如何处理一个尴尬场面。故事发生在一个慈善音乐会的点心摊上。

“音乐会那天晚上，我到达公园的时候，发现有两名上了年纪的女士站在点心摊旁边，都显得不怎么高兴的样了。很显然，她们两人都认为自己才是那个点心摊的负责人。我站在那里，正思索着该如何是好，有名赞助委员会的成员走过来，交给我一个募款箱，并感谢我的帮忙。她也介绍那两位上了年纪的女士——萝丝和珍——与我认识，然后便匆匆离开了。

“紧接而来的，是段令人尴尬的静默。我知道那个募款箱可算是一种‘权威的标记’，便把它交给萝丝，向她说明自己恐怕不能管理好，希望她能帮忙照看。我又建议珍负责照顾另两名少年助手，并教他们如何操作汽水贩卖机。

“于是，整个晚上，萝丝都很高兴地清点募款，珍也很尽责地照顾两名助手。我则很轻松地坐在椅子上，欣赏整个音乐会。”

你不用等到当上了驻法大使，或是宿舍里的“聚餐委员会”主席以后，才来运用这个法则，你几乎每天都可以使用这奇妙无比的魔力。

举例来说，如果你在餐馆里点了一份炸薯条，而女侍者却端给你马铃薯的时候，让我们说：“对不起，麻烦你了，但我比较喜欢炸薯条。”女侍者可能会这么回答："不，一点也不麻烦。"而且她还会高高兴兴地把马铃薯换走。因为我们已经对她示以敬意。

另外，我们还可以使用许多日常用语来解除每天生活的单调与忙碌，如"对不起、麻烦你……""可否请你……""请问你愿不愿意……""你介不介意……""谢谢"等。

下面让我们再看一个例子。

罗纳尔德·罗兰是我们在加州开课时的讲师，也教美工课。他曾提起初级手工艺班里的学生克里斯的故事。

"克里斯是个安静、害羞、缺乏自信心的男孩，平常在课堂上很少引人注意。一天，我见他正在伏案用功，便走过去与他搭话。他的内心深处似乎有一股见不到的火焰，当我问他喜不喜欢所上的课时，这个年仅14岁的男孩，脸上的表情起了极大变化。我可以看出他的情绪波动很大，想极力忍住泪水。

"'你是说，我表现得不够好吗，罗兰先生？'

"'啊，不！克里斯，你表现得很好。'

"那天，上完课走出教室的时候，克里斯用那对明亮的蓝眼睛看着我，并且肯定、有力地说：'谢谢你，罗兰先生！'

"克里斯给我上了难忘的一课——我们内心深处的自尊。为了使自己不致忘记，我在教室前方挂了一个标语：'你是重要的'。这样不但每个学生可以看到，也随时提醒我：每一个我所面对的学生，都同等重要。"

这是一个未加任何渲染的事实：差不多你所遇见的每一个人都自以为在某些地方比你优秀。所以，要打动他们内心的最好方法，就是巧妙地表现出你衷心地认为他们很重要。

唐纳德·麦克马亨是纽约一家园艺设计与保养公司的管理人。他向我讲述了这样一件事情：

"有一次，我替一位著名的鉴赏家做园林设计，这位屋主走出来做了一些交代，告诉我他想在哪里种一片石南和杜鹃花。

"我说道：'先生，我知道你有个癖好，就是养了许多漂亮的名犬。听说每年在麦迪逊广场花园的展览里，你都能拿到好几个蓝带奖。'

“这个小小的称赞所引起的效果却不小。

“鉴赏家回答我：‘是的，我从养狗中得到了很多乐趣。你想不想看看它们？’

“他花了差不多一个钟头的时间，带我参观各类的狗和所得的奖品，甚至向我说明血统如何影响狗的外貌和智慧。

“后来，他转身问我：‘你有没有小孩？’

“‘有的。’我回答，‘我有个儿子。’

“‘啊，他想不想要只小狗呢？’他问道。

“‘当然了，他一定会很高兴的。’

“‘那么，我要送一只给他。’鉴赏家说道。

“他告诉我怎么养小狗，讲了一半却又停下来。‘你大概不容易记下来，我写一份说明给你。’于是他走进屋里，打了一份血统谱系和饲养说明给我。他不但送我一只小狗，还在百忙中拨给我 1 小时 15 分钟的时间。这完全是因为我衷心赞美他的嗜好和成就的缘故。”

柯达公司的乔治·伊斯曼，因发明了透明胶片而大发其财，成为举世闻名的富豪。像他这么有成就的人，渴望被肯定的心理却是和你我没分别。

事情是这样的：伊斯曼在兴建“伊斯曼音乐学校”和“基尔木厅”的时候，纽约一家专做椅子的公司经理詹姆斯·亚当森，很想包下剧院座椅的生意，便打电话给建筑设计师，希望能通过他安排时间，到罗契斯特去会见伊斯曼先生。

到了见面那天，建筑设计师对亚当森说道：“我知道你很想做成这笔生意。但我先告诉你，伊斯曼是个纪律严格的人，十分忙碌，所以你最好长话短说，把来意在 5 分钟内解说完毕。”

亚当森也正准备那么做。进了办公室，亚当森见到伊斯曼先生正埋头在一堆文件之中。伊斯曼先生抬起头，取下眼镜，然后走过来向亚当森和建筑设计师招呼道：“早安，两位先生，请问有何指教？”

建筑设计师为两人介绍过后，亚当森便说道：“这是间很好的办公室。虽然我是从事室内木工艺品的生意，却从没见过这么漂亮的办公室。”

乔治·伊斯曼回答道：“你使我回想起某些往事。是的，这是间很漂亮的办公室。刚建好的时候，我真喜欢极了。可是后来事情一忙，也就不再有那份感觉，有时甚至好几个星期也不曾来一趟。”

亚当森移动脚步，用手指抚过窗格的镶板。“这是英国橡木，是吗？这跟意大利橡木稍有不同。”

“不错，”伊斯曼答道，“这是从英国进口的橡木，是我一位木料专家的朋友特别为我选来的。”

伊斯曼便逐一介绍室内的一些建材，不时对结构的比例、材料的色泽和制作的手工等提出批评，并说明当初他如何参与计划和施行。

后来他们停在一扇窗户前面，伊斯曼以他特有的缓和声调指出他未来的好几项计划：罗契斯特大学、综合医院、友谊之家、儿童医院等。亚当森对他的人道精神又大大赞赏一番。接着，伊斯曼打开一个玻璃箱，取出一个照相机来——那是他的第一部照相机，由一个英国人手中买来的。

亚当森又询问他做生意以来的种种奋斗经历。伊斯曼提到自己童年的贫困和寡母的辛劳，由于对贫穷的恐惧，因此他特别努力工作。亚当森凝神细听，并不时提出一些问题，如光盘的实验等，伊斯曼也都很详细地回答。

亚当森被引进办公室的时候，是 10 时 15 分。建筑设计师曾警告他，面谈最好不超过 5 分钟。但现在一个小时过去了。接下来的两个小时，他们还是谈个不停。

最后，伊斯曼对亚当森说道：“上次我在日本买回几把椅子，放在阳台上，结果油漆都被阳光晒剥落了。前几天，我到市区买来一些颜料，自己动手油漆了一遍。你想过来看我的椅子吗？要不你等一下可以到我家来用点午餐，我可以让你看看那些椅子。”用完午餐之后，伊斯曼带亚当森去看那些椅子。那不过是普通的日本座椅，只因经由大富豪亲手油漆过，便备受珍惜。

剧院座椅的订单高达 9 万美元，你猜谁会做成这笔生意呢？

## 积极参加社交活动

关于个人交际，我想说的是：“不要以为漫无目的地出外寻找，就可以找到对自己有益的朋友。交际通常是发生在存有某种目的的时候。当你向自己的目标前进时，所走的路与旁人的交错，才会产生交际，也才会交到有实际助益的朋友，这样成功的机会才会显现。”

你需时时鞭策自己，设法找机会展现自己的能力，多让人了解自己，进而建立互相尊敬、信赖的关系。这是交朋友的理想步骤。

交际对于任何人来说都一样重要。伊丽莎白十分了解这个道理。她是德拉威州唯一的女性眼科医生，在该州是相当有名望的人物。

这位女医生是如何建立自己的声望的呢？一名知识上班族若想建立声望，除了积极参与社会活动外，别无他法。伊丽莎白就是如此获得既有活力又有爱心的评价的，而这种评价使她成为极受信赖的眼科医生。她知道由于工作之故，无法借报纸、广播做自我推销，于是，她便选择了为公众服务的方式来提高自己的声望。果然，这种方法使她深得人心，也将她的事业推向成功。

伊丽莎白 23 岁时在德拉威州的乔治城开业。开业后，她的第一件工作就是整理出所有曾经交往过的朋友名单，同时参加该城的妇女团体。不久，她便当上妇女会会长，并且连任两届。之后，她又当上职业妇女组织州联合会会长。

她曾一度在主妇学校及业余剧团中十分活跃。她还经常参加宗教、妇女及其他各类聚会。她抽空把到国外旅游时的所见所闻制作成幻灯片展示给大家看，这个举动拉近了心与心的距离。

她的社会生活多彩而忙碌，但她仍然能抽出时间扩大自己的交际范围。她曾出任视力鉴定协会会长，另外，她还被州长两次任命为德拉威州的视力鉴定考试委员。目前，她是德拉威州残疾人协会干事，并且也是州长直属高速公路委员会中的三名女性之一。

那么，她对于参与社交活动的看法又如何呢？她说："能多参与社会性的工作，被人们信赖的机会就较高，随时有可能把自己推销出去。"

就是这样，伊丽莎白在极短的时间内得到了大众的尊敬与信赖，不但生活更为丰富，也为工作带来了便利。可以说她的声望就是不断扩大交际范围的成果。

另外，在企业界，越成功的人越受重视。人们想加入"成功者俱乐部"很难，但一旦加入，以后便是康庄大道。因为若活跃于其间，能轻易获得同类的成功意识，同时，对方的知识与经验，都能使你的脚步更稳健、更扎实。

这里，我建议所有有雄心、有抱负的年轻人，多与前辈、有成就者接触，这是非常重要的。他们丰富的生活经验是年轻人创业的最好范本。对于他们来说，看到对未来充满雄心、憧憬的年轻人就好像看到当年的自己，他们通常会特别有好感。所以，相信他们很乐意为年轻人提供自己的见解与经验。

# 学会与他人告别

以前曾参加我课程训练班的学员詹姆斯感到自己学到的东西还不够用，就又一次进了我的课程训练班，要求再进行学习。我对他表示欢迎之后，问他：“你认为自己目前最大的问题是什么？”

詹姆斯老老实实地回答：“说实在的，我自己也不知道。从你那儿我确实学会了热忱、自信、勇气以及如何赞扬别人……这一切都使我受益匪浅。”

我也奇怪了，就继续问他：“你一定赢得了许多朋友吧？”

“是的，确实如此，但朋友们往往不欢迎我第二次上他们家做客。”

“这是为什么呢？”

“我不知道。”詹姆斯接着往下说，没想到他从朋友的性格一直说到阿拉斯加的天气、风土人情……口若悬河地讲了近 3 个小时。

我早已满脸倦意，不过这下我可知道詹姆斯的朋友不欢迎他的原因了。詹姆斯太健谈了，毫无休止，根本不懂告别的艺术，于是我打断詹姆斯的话说：“詹姆斯先生，我已经明白你的朋友不欢迎你的原因了。”“噢，那太好了，你赶快教教我吧。”詹姆斯兴奋地叫道。

我不忍当场说出他的缺点，使他没面子，就婉转地说：“明天你来上培训课吧，看看其他学员怎么做，你就会明白的。”

詹姆斯急切地问道：“你能今天就告诉我吗？我实在是太想知道了。”我微笑着劝道：“不要着急，明天知道对你有好处，反正也不在乎这半天了。”

詹姆斯见我把话说到这个份儿上，只好恋恋不舍地戴好帽子，遗憾地说：“唉，要等到明天才能知道。”

第二天，詹姆斯来到班上。我给学员们布置任务，让他们训练说话的艺术，互相赞美对方。詹姆斯见我一直没有说他的事，就有点坐不住了，但我微笑着示意他不要动。他只好耐着性子在那儿看其他学员们练习。

下课的时间到了，有些学员站起来向我告别，有些学员仍留在教室里，其中有一位女学员走过来问一个问题。

我仔细地倾听着，一边给那位学员做解释，我已经把她当成屋子里最重要的人了。

女学员离去后，又有几位学员过来把我围住向我请教问题。我一一作了简明扼要的回答，给他们留下很深的印象。

詹姆斯实在熬不住了，就走过来对我说："您可以告诉我了吧？"

我说："你的谈话很有魅力，充满了艺术性，是个很容易赢得他人喜欢的人。"

詹姆斯听了这话，非常高兴。

我继续赞扬说："你充分运用了热忱和勇气的原理，并且极其富有绅士风度，令所有人都对你着迷。"

詹姆斯被我说糊涂了，忙不迭地问道："那我的问题究竟出在哪儿？"我慢悠悠地说："难道你刚才没有注意到那些学员是如何向我告别的吗？"

"没有。"

"这正是你的缺点所在，你从不观察别人是如何告别，你不懂告别的艺术。"

"难道问题在这里？"詹姆斯若有所思地说。

我这才向他谈到，聪明的人晓得如何用时机提出告别，他们的告别往往会给对方留下深刻的印象，同时又达到交际的目的。我对他详详细细地讲述了告别的艺术。詹姆斯虚心地听着，心里越来越认识到自己的问题所在。

后来詹姆斯成为一名受人欢迎的社交家。

由此可见，掌握告别的技巧在你的交际中意义重大。

和友人谈话，首先要注意把握时间。拜访一般朋友，时间不宜超过半个小时，如果有重要的事，那就应该约个时间做一次长谈。拜访老相识，如果对方有空，不妨多坐会儿，但也要切记不能把一件事反反复复地说，那样会让人觉得讨厌。

即使是关系较好的朋友，也要控制好交谈的时间。要为对方考虑，掌握好告别的时间，以免影响他人的生活或工作。

另外，可以在谈兴正浓的时候告别，这会令对方留下深刻的印象，这无疑是一种明智的交际手段。

# 第二章

# 做最受欢迎的人

# 露出迷人的微笑

微笑作为一种表情，它不仅是形象的外在表现，也往往反映着人的内在精神状态。一个奋发进取、乐观向上的人，一个对本职工作充满热情的人，总是会微笑着走向生活、走向社会的。

在交际中，微笑的魅力是无穷的。它就像巨大的磁铁吸片一样，吸引着你周围的人。

关于微笑艺术，我们应该了解的是：

首先，应具备正确的心态，要对这个世界和世人关切。要想取得巨大的成功，就必须如此。即使是例行公事般的微笑仍是有益的，因为那会让别人心中产生快乐，并且会等价地回报于你。在别人心中创造快乐的感觉，会使你自己心中也感到快乐。久而久之，你就会真心地微笑了。

其次，在微笑时，任何不愉快或不自然的感觉都在你心中趋向静止和平衡。向别人微笑时，你是在以一种巧妙而高尚的方式向别人袒露你喜欢他的心迹，他会理解你的意思而去加倍喜欢你。微笑的习惯，带给你的是完美的个人形象和愉快的生活环境。

最近我在纽约参加了一个宴会，其中一位宾客是一个刚获得遗产的妇女。她急于给每一个人留下良好的印象，于是在黑貂皮大衣、钻石和珍珠上面浪费了好多金钱。但是她对自己的表情却没下什么功夫，表情冷漠尖酸、自私。她没有发现，事实上每一个男子会更注意一个女子面部的表情，而不是她身上所穿戴的衣饰。

你喜欢接触性情乖戾、忧郁、不快乐的人，还是喜欢接触快乐而热力四射的人？这些神情和态度在人群中是有感染性的。因此，你应该用灿烂的笑容来影响你周围的人。

微笑的力量是巨大的，孩子们天真的微笑使我们想起了天使；父母的微笑让我们感到温情；祖父、祖母的微笑让我们感到慈爱。拿最常见的事情来说，小狗见到主人时，那副欣喜若狂的样子就已经让人觉得小狗是最忠实的伙伴了。

加利福尼亚大学心理学教授詹姆斯·麦克尔教授表达了他对微笑的看法：微笑永远有魅力。当你在微笑时，你的精神状态最为轻松，全身的肌肉处于松弛状态，而且，你的心理状态也就相对稳定。当你那充满笑意的眼光与别人的目光相遇时，你的笑意会通过这道“无形的眼桥”传递给他，他会被你的快乐情绪所感染。自然而然地，你们之间的气氛会变得和谐。你们相处得融洽，交流起来也就更容易了。反过来，如果你老是皱着眉头，挂着一副苦瓜脸，那没有人会欢迎你的。所以想获得交往的乐趣，首先就必须使对方和自己快乐才行。

我曾提议许多实业家每天展现他们的笑脸，这样持续一个礼拜，再把结果拿到训练班上发表。有一个学员是纽约股票场外经纪人瓦利安·史达哈德，他说：

“我结婚已 18 年，以前在家中从没有对妻子展露过笑容，可说是世上最难伺候的丈夫了。为了完成关于笑的试验，我就试着笑一个礼拜看看。就在隔天的早上，我边整理头发，边对镜中板着脸孔的自己说：‘今天收起这种不愉快的表情吧，让我看看笑容，赶快去笑吧！’早餐的时候，我就一面对太太说早安，一面对她微微一笑。

“我太太非常吃惊。事实上，不只吃惊，她简直是震撼。自此我每天都这样做，到目前为止，已经持续了两个月。

“态度改变以来的这两个月，那种前所未有的幸福感，使我们的家庭生活十分愉快。

“现在，每天走入电梯我会对服务生微笑道早安，对守卫先生也以微笑招呼，在地铁窗口找零钱也是这么做的。即使在交易所，对那些没看过我笑脸的人，也都报以微笑。

“不久我发现，大家也都还我一笑，而对于那些有所不满、烦忧的人，我也以愉快的态度与其相处。在带着微笑倾听他们的牢骚后，问题的解决也变得容易多了。而且笑容也能使人增加很多财富。

“我也不再责备人，相反，慢慢懂得去褒扬别人；绝口不提自己所要的，而时时站在别人的立场体谅人。正因为如此，我的生活上也发生了翻天覆地的变化。现在的我和以前的我相比完全不同，是一个收入增加、交友顺利的人了。

我想，作为一个人，没有比这更幸福的了。”

爱伦巴特·哈巴德的话同样能给人以启发：

“出门时抬头挺胸，然后做个深呼吸，呼吸一下新鲜空气。笑脸迎人，诚心和人握手，即使被误会也别担心，且不要浪费时间去设想你的敌人，认真决定想做的事情，然后向目标勇往直前，把心放在那些伟大光明的工作上。心理活动是微妙的，而正确的精神状态就是经常保持勇气、率直和明朗。正确的精神状态也具有优越的创造力。一切的事物都是由愿望所产生，而祈求者的愿望会得到回应。正确的思想就是创造，所有事情都来自欲望。昂起你的头，露出你的笑容吧！”

查尔斯·哈里布曾说过，他的微笑可以值100万美元。一点微笑怎么会有这么高的价值呢？因为他掌握了微笑的秘诀，把它恰当地运用于商场交际中，就凭这一点，他使他的公司周旋于一些实力很强的大公司之间，赚取了大量的钱，还获得了好名声。

如果你不善于微笑，那么请强迫自己露出微笑。如果你是一个人，请强迫自己吹口哨，或哼一支小曲，表现出你似乎很愉快，这就容易让你愉快。按照已故的哈佛大学威廉·詹姆斯教授的说法——

“行动似乎是跟随在感觉后面，但实际上行动和感觉几乎是平行的，而控制行动就能控制感觉。

“因此，当我们不愉快时，要使自己愉快起来的方式是：积极且愉快地行动起来。”

全美最成功的保险推销人士之一的富兰克林·贝特格说，他好多年前就发觉，一个面带微笑的人将永远受欢迎。因此，在进入别人的办公室之前，他总会先停留片刻，将这个人想象成自己非常感激的人，然后带着一个真诚的微笑走进去。

他相信，这种简单的微笑技巧与推销保险的巨大成功之间有很大关系。

说到微笑在商业中的价值，弗莱奇在他的奥本海默和卡林公司的一则圣诞节广告中，为我们提供了一点实用的哲学。

下面是这则广告的全文：

微笑在圣诞节的价值

它不花什么，但创造了很多成果。

它使接受它的人满足，而又不会使给予它的人贫乏。

它在一刹那间发生，却会给人永远的记忆。

没有人富得不需要它，也没有人穷得不拥有它。

它为家庭创造了快乐，在商业界建立了好感，并使朋友间感到了亲切问候。

它使疲劳者得到休息，使沮丧者看到光明，给悲伤的人带来希望。

但它却无处可买，无处可求，无处可偷，因为在你给予别人之前，它没有实用价值。

假如在圣诞节最后一分钟的匆忙购物中，我们的店员累得无法给予你一个微笑时，我们能请你留下一个微笑吗？

因为，不能给予别人微笑的人，最需要别人的微笑了。

## 牢记他人的姓名

人们对自己的名字如此重视，不惜以任何代价使自己的名字永垂不朽。盛气凌人脾气暴躁的美国马戏团创始人 P·T·巴南，因为自己的儿子没有继承巴南这个姓氏而感到失望。他承诺，如果他的孙子愿意继承“巴南”姓氏的话，他将赠给孙子 25 000 美金。几个世纪以来，贵族和企业家都资助着艺术家、音乐家和作家，以求他们的作品能够献给自己。图书馆和博物馆最有价值的收藏品，都来自于那些一心一意担心他们的名字会从历史上消失的人。纽约公共图书馆拥有亚斯都氏和李诺克斯氏的藏书。大都会博物馆保存了班杰明·亚特曼·J·P·莫鲁根的名字。几乎每一座教堂都装上了彩色玻璃窗，以纪念捐赠者的名字。

在现实生活中多数人不记得别人的名字，而真正的原因是，他们为自己制造借口：太忙了。

他们不可能比富兰克林·罗斯福更忙，罗斯福为了记住一个只见过一面的机械工的名字而不惜花费时间。克莱斯勒汽车公司为罗斯福总统定制了一辆特别的汽车，由张伯伦和一个机械工把这辆车送到总统官邸。张伯伦对当时的情况做了如下叙述：

“当我拜访官邸时，总统的心情非常好。他直接唤我的名字，而且跟我聊天，所以我的心情也变得相当愉快。许多人都来围观这辆新车。大总统在这些围观者面前对我说：‘张伯伦先生，制造这辆珍贵的车时，每天一定是很辛苦的，实在令人敬佩!’然后他对散热器、后视镜、车内装潢、驾驶座位以及行李箱中附有标记的手提箱等等，一一检视过后，频频表示敬佩。当驾驶练习完毕之后，总统就对我说：‘张伯伦先生，我已经让联邦储备银行的人等待 30 多分钟，我想该去办公了。’

“那时候我带着一名机械工一块儿去。到达官邸时我就把他介绍给总统。总统只听过一次他的名字，但是当我们辞行的时候，总统寻找到这名机械工，亲切地呼唤他的名字，并握手表示谢意。

“几天后回到纽约，我收到总统亲笔签名的照片和感谢函。到底总统是如何挤出这些时间干这些事的，我实在不知道。”

确实，有的人名字是相当难记的，发音难的尤其如此。对于这些难记的名字大部分人很快就忘了，于是就以绰号来弥补。大部分的人称尼克德姆斯·巴巴托洛斯为“尼克”，而尼克本人却喜欢别人以正式的名字称他。席德·雷温记住了尼克那复杂的名字。雷温说：

“见面那天，我于出门前反复练习这个名字：‘午安，尼克德姆斯·巴巴托洛斯先生!’当我用全名跟他打招呼时，他一时愣住了，半晌才泪流满面地说：‘雷温先生，我到这个国家已有 15 年了，在这之前，还没有一个人能用这样的名字称呼我。”

让人喜欢的最简单、最容易理解的方法，就是记住对方的名字，让对方有种被重视的感觉。

在著名推销员吉姆为一家石膏公司做推销员四处游说的好些年中，吉姆能记住 5 万人的名字，他发明了一种记忆姓名的方法。

最初，方法极为简单。无论什么时候遇见一个陌生人，他就要问清那人的姓名、家中人口、职业特征。当他下次再遇见那人时，尽管那是在一年以后，他也能拍拍他的肩膀，问候他的妻子儿女，问候他后院的花草。难怪他得到了众人的追随。

他一天写数百封信，发给西部及西北部各州的人。然后他跳上火车，在19天中，用轻便马车、火车、汽车、快艇游经20个州，行程12000里。每进入一个城镇，就同人们倾心交谈，然后再驶往下段旅程。

回到东部以后，他立刻给他所拜访过的城镇中的某个人写信，请他们将他所谈过话的客人名单寄给他。到了最后，那些名单上的名字多得数不清，但名单中每个人都得到吉姆一封私函。这些信都用“亲爱的比尔”或“亲爱的杰”开头，而它们总是签着“吉姆”的大名。

吉姆发觉，普通人对自己的名字最感兴趣。记住他人的姓名并能十分容易地呼出，便是对他人的一种巧妙而很有效的恭维。但如果忘了或记错了他人的姓名，你就会置你自己于极为不利的位置。

记住别人的名字，在政治上一样重要。

拿破仑三世不论政务多么繁忙，总要记住所有遇见过的人的名字。他所用的方法非常简单。当他没有听清楚对方的名字时，他就说：“对不起，请再说一次。”要是听到奇怪的名字，他就请对方写下来。和对方谈话的时候，他会一再重复对方的名字，然后努力地把对方的容貌、表情、姿态等一起记忆。

要是对方是位重要的人物，他会更加用心。回去后，他就马上写下对方的名字，然后集中精神凝视着这纸条，待完全记牢后再把这便条撕碎丢掉，可谓眼耳并用。

这是相当费时的方法，但借用爱默生的话：“习惯若不是最好的仆人，便是最差的主人。”

我们可以看到名字所能包含的奇迹，名字能使人出众，它能使人在许多人中显得独立。我们的要求和我们要传递的信息，只要由名字这里着手，就会显得特别的重要。无论是女侍或是总经理，在我们与别人交往时，名字都会突显它神奇的作用。

# 真诚地赞美对方

人们更喜欢被取悦，而不是被激怒；喜欢听到褒奖，而不是被对方恶言相向；更乐意被喜爱，而不是被憎恨。因此，仔细地加以观察，就能投其所好、避其所恶。

举个浅显的例子来说，告诉对方你特意为他准备了他喜爱的酒，或者是说，知道你不喜欢那个人，所以今天没叫他来。如此若无其事的呵护，必能打动对方的心，他一定为你能注意其生活细节而感激不尽。反之，若明知是让对方讨厌的事物，却又在不经意间触犯了禁忌，结果，对方必然会认为你当他是傻瓜，故意藐视他，以至于永远耿耿于怀。尽管是件小事，但却有可能从此中断你与他的关系。

在你的记忆中是否有过因他人对你细致的照料而欣喜异常的体验？要记住，这种行为能使人类特有的虚荣心获得相当程度的满足感。由于有人如此取悦于你，从此你有可能会倒向此人，无论此人对自己做了些什么，都认为对方乃是出于好意。人类便是如此。

为此，我给你以下几点提示。

### 1. 称赞对方希望被称赞的事物

如果特别喜欢某人，或者特别想成为某人的知交，可以探查此人的优缺点，称赞此人希望被称赞的地方。人类都有真正优秀的部分，以及希望被他人肯定为优秀部分。一个人优秀的部分被赞赏，确实能让人高兴，但是，若称赞他希望被称赞的部分，更能令他高兴，这才是真正搔到痒处。

任何人都有渴望他人褒奖的欲望。要想发现此部分，观察乃是最好的方法。仔细注意，观察此人喜爱的话题。通常，自己想要被称赞，希望被认定为优秀的部分往往会出现在最常见的话题里。这里便是要害。只要突破其防线，就能一举制胜。

### 2. 偶尔佯装，实属必要

请别误会，我并非教你使用卑鄙谄媚的手段来操纵他人。你当然不必连人们的缺点、坏事都加以称赞，而且也不应该称赞。我认为，这些是我们应该憎厌的。不过，请想想，如果我们不能对人类的缺点及肤浅幼稚的虚荣心佯装不知的话，又如何能在这个世界上立足呢？

谁都希望别人认为自己比实际更聪明更美丽，这种想法并不会伤害任何人。如果你告诉这些人这种想法太幼稚、太肤浅，对方必然会与你疏离，视你为仇敌。若是我，宁愿采取取悦对方的手段，尽量恭维对方，使其成为朋友。若是对方有优点，你就该迅速地赠予赞词。然而，有时也不得不面对自己并不十分赞同，但却为社会所认同的事，此时只好睁一眼、闭一眼了。

如果你还不太善于赞扬别人，这是因为你还不甚了解人们是多么希望自己的想法及喜好能获得更多的支持，特别是期望明明是错误的想法及自己的小缺点也能得到他人的谅解与认同。我们如果只考虑自己的想法，而对他人的习惯及服装等无视之，这也是失人心的做法。

### 3. 背地里称赞，最令人高兴

为了使对方高兴，你可以在褒奖办法上略施技巧，那就是在背地里夸赞对方。当然，若你只是在暗地里称赞对方而他却一无所知，那就一点意义也没有了，你要想办法将你的夸赞通过巧妙的方式确实地传达到对方的耳中。这里，慎选传达信息的人选最重要。你所挑选的人最好是因为通过传递此信息也能获益的人。如果你选有此企图的人做信使，他不仅会确实地传达你的信息，还有可能添油加醋，相对其他方法这个更有效果。对他人的称赞，以此种方法最具功效。

## 成为善于倾听的人

有一次，我在一个朋友的桥牌晚会上与一位女士聊起天来。这位女士知道我刚从欧洲回来，于是就对我说：“卡耐基先生，你去欧洲演讲，一定到过许多有趣的地方。欧洲有很多风景优美的地方，你讲给我听听好吗？要知道，我小时候就一直梦想着欧洲旅行，可是到现在我都不能如愿。”

我一听这位女士的开场白，就知道她是一位健谈的人。我知道，让一位健谈的人长久地听别人的长篇大论，她心中一定憋着一口气，而且很快就会对你的讲话失去兴趣。刚进晚会时我就听朋友介绍过她，知道她刚从南美的阿根廷回来。阿根廷的大草原景色秀丽，到那个国家去旅游的人都要去看看的，她肯定会有自己的一番感受。

于是我对那位女士说：“是的，欧洲有趣的地方可多了，风景优美的地方更不用说了。但是我很喜欢打猎，欧洲打猎的地方就只有一些山，很危险的。就是没有大草原，要是能在大草原上边骑马打猎，边欣赏秀丽的景色，那多惬意呀……”

“大草原，”那位女士马上打断我的话，兴奋地叫道，“我刚从南美阿根廷的大草原旅游回来，那真是一个有趣的地方，太好玩了！”

“真的吗？你一定过得很愉快吧。能不能给我讲一讲大草原上的风景和动物呢？我一直梦想到大草原去的。”

“当然可以，阿根廷的大草原可……”那位女士看到有了这么好的一个倾听者，当然不会放过这个机会，滔滔不绝地讲起了她在大草原的旅行经历。然后在我的引导下，她又讲了布宜诺斯艾利斯的风光和她沿途旅行的国家的风光，甚至到了最后，变成了她对自己这一生去过的美好地方的追忆。

我在一旁一直耐心地听着，不时微笑着点点头鼓励她继续讲下去。那位女士一直讲了足足有一个多小时，直到晚会结束，她才余兴未了地对我说：“卡耐基先生，下次见面我继续给你讲，还有很多很多呢！谢谢你让我度过了这样一个美好的夜晚。”

我在这一个小时中只说了几句话，然而，那位女士却向晚会的主人说：“卡耐基真会讲话，他是一个很有意思的人，我非常愿意和他在一起。”我知道，其实像她这样的人，并不想从别人口中知道什么，她所需要的仅仅是一双认真聆听的耳朵。她想做的事只有一样：倾诉。她心里特别想将自己所知道的一切全都讲出来，如果别人愿意听的话。

一次成功的商业会谈的秘诀是什么？注重实际的学者以利亚说：“关于成功的商业交往，没有什么神秘——把注意力集中到讲话的人身上。没有别的东西会如此使人开心。”其中的道理很明显，是不是？你无须在哈佛读上 4 年书才发觉这一点。但你我也知道，有的商人租用豪华的店面，陈设动人橱窗，为广告花费千百元钱，然后却雇用一些不会静听他人讲话的店员，中止顾客谈话、反驳他们、激怒他们，甚至几乎要将客人驱出店门。

乌顿的经验可谓是极好的一例。他在我班上讲述过这样一个故事：

在近海的新泽西，他在一家百货商店买了一套衣服。这套衣服令人失望——上衣褪色，把他的衬衫领子都弄黑了。

后来，他将这套衣服带回该店，找到卖给他衣服的店员。他本想诉说此事的经过，但被店员打断了。“我们已经卖出了数千套这种衣服，”这位售货员反驳说，“你还是第一个来挑剔的人。”

正在激烈辩论的时候，另外一个售货员加入了。“所有黑色衣服起初都褪一点颜色，”他说，“那是没有办法的，这种价钱的衣服就是如此，那是颜料的关系。”

“这时我简直气得火冒三丈，”乌顿先生讲述他的经历，“第一个售货员怀疑我的诚实，第二个暗示我买了一件便宜货。我恼怒起来，正要骂他们，突然间经理踱了过来，他懂得他的职责。正是他使我的态度完全改变了。他将一个恼怒的人变成了一位满意的顾客。他是如何做的？他采取了以下 3 个步骤：

“第一，他从头至尾静听我的陈述，不说一个字。

“第二，当我说完的时候，售货员们又开始要插话发表他们的意见，他站在我的观点与他们辩论。他不但指出我的领子是明显地被衣服所污染，并且坚持说，不能使人满意的东西就不应在店里出售。

“第三，他承认他不知道毛病的原因，并率直地对我说：‘你要我如何处理这套衣服呢？你说什么，我都可以照办。’

“就在几分钟以前，我还预备要告诉他们退掉那套可恶的衣服。但我现在回答说：‘我只要你的建议，我要知道这种情形是暂时的，是否有什么办法解决。’

“他建议我这套衣服再试一个星期。‘如果到时仍不满意，’他应许说，‘请您拿来换一套满意的。使你这样不方便，我们非常抱歉。’

“我满意地走出了这家商店。一星期后这衣服没有毛病。我对于那家商店的信任也就完全恢复了。”

始终挑剔的人，甚至最激烈的批评者，常会在一个忍耐、同情的静听者面前软化，被降服。这位静听者即使在气愤的寻衅者像一条大毒蛇张开嘴巴吐出毒舌一样的时候也要静听。

纽约电话公司数年前应付过一个曾咒骂接线生的顾客。他咒骂，他发狂，他恐吓要拆毁电话，他拒绝支付他认为不合理的费用，他写信给报社，还向公众服务委员会屡屡提出申诉，并对电话公司提起数起诉讼。

最后，公司一位最有技巧的“调解员”被派去拜访这位暴戾的顾客。这位“调解员”耐心倾听，使这位好争论的老先生发泄他的大篇牢骚，他表示十分同情他的“遭遇”。

“他继续狂吠，我倾听了差不多 3 个小时。”这位“调解员”在我的班里叙述他的经验时说，“以后我再到他那里，再听他发牢骚。我拜访过他 4 次，在第四次拜访结束前，我成为他正在创办的一个组织的会员，他称之为‘电话用户权益保障委员会’。我现在仍是这一组织的会员，但据我所知，除了该先生以外，我是唯一的会员了。

“在这几次拜访中，我倾听，并且同情他列举的任何一点。他从未与电话公司的人做过那样的谈话，他开始变的友善了。我要见他的意图，第一次访问时，没有提到，第二、第三次也没有提到，但在第四次，我结束了这个案件！他付清了所有欠账，在他与电话公司交涉的过程中，他第一次撤销了他对公众服务委员会的投诉。”

无疑，此先生自认为公理而战，保护公众的权利，使他们不受电话公司的无情剥削，但实际上他要的是自重感。他挑剔、抱怨，以得到这种自重感，但当他从公司代表身上得到自重感时，他不切实际的怒气立即消失了。

多年前的一个早晨，一位愤怒的顾客闯入德弟茂毛呢公司创办人德弟茂的办公室，这家公司后来成为世界最大的毛呢公司。

“这个人欠我们 15 元钱。”德弟茂先生对我解释说。

“这位顾客不承认，但我们知道是他错了，所以我们公司信用部坚持要他付账。在接到我们信用部职员的几封信以后，他衣冠楚楚地来到芝加哥，匆匆忙忙地奔进我的办公室，告诉我说，他不但拒绝支付那笔欠账，并且永远不再购买贵公司 1 分钱的货物。

"我耐心地倾听他的话。有几次我忍不住要打断他，但我知道那不是上策，所以我让他尽情发泄。最后当他沉住气的时候，我平静地说：'我要谢谢你到芝加哥来告诉我这件事。你帮了我一个大忙，因为如果我们信用部得罪了你，他们也可能因为同样的问题惹怒其他顾客，那就更糟了。你可以相信我，我要听到这些比你要告诉我这些还来得急切。'

"他怎么也没有想到我会说这种话。我想他肯定有一点失望，因为他到芝加哥的目的是为了和我吵架。但我却在这里感谢他，不与他争论。我明确地告诉他，我们要在欠账中取消那笔 15 元钱的账款并把这件事忘掉。因为他是一个很细心的人，只需打理一份账目，而我们的业务员却要管理几千份，所以他比我们不容易弄错。

我告诉他我十分了解他的感觉，如果我处在他的境地，无疑，我也同他的感觉完全一样。因为他不想再买我们的货物了，所以我推荐了几家别的毛呢公司。

再后来，每当他来芝加哥时，我们常常共进午餐。交谈结束后我请他吃午餐，他勉强同意了，但当我们回到办公室的时候，他订了比过去都要多的货物。他以平和的态度回去了，为了回报我们对他的好，他检查了他的账单，找出一张他以前放错了地方的账单。于是，他寄给我们一张 15 元的支票和他的道歉信。

"后来他妻子生了一个男孩，他为他的儿子取名'德弟茂'，他成为这家公司的一位永久的朋友和顾客，直到若干年后他去世。"

多年前，有一个贫苦的、从荷兰移居来美的儿童，在学校下课后，为一家面包店擦窗，每星期赚半美元。他家境贫寒，他每天到街上用篮子捡拾煤车送煤时落在沟渠里的碎煤块。那个孩子叫宝克，一生仅受过 6 年的学校教育，但最后竟使自己成为美国新闻界一个最成功的杂志编辑。他是怎么成功的？说来话长，但他如何开始，我们可以简单地叙述。因为他正是采用本章所提出的原则作为他的开端。

他 13 岁离开学校，在西联做童工，每星期工资为 6.25 美元。但他从未放弃寻求教育的意念。他不坐车、不吃午饭把钱积攒起来，直到足够买一部《美国名人传全书》。他读了名人的传记，写信给他们，请他们寄来有关他们童年时代的补充材料。他是一个善于静听的人，他鼓励名人讲述自己的故事。他写信给那时正在竞选总统的加菲大将，问他是否真的在一条运河上做过拉船童工，加菲给他写了回信。他写信给格莱德将军，询问某一战役，格莱德给了这位 14 岁的孩子一张地图并邀请他吃晚饭，和他谈了一整夜。

他写信给爱默生并希望爱默生讲述关于他自己的情况。这位为西联送信的小孩不久便和全美最著名的人通过信：爱默生、勃罗克、夏姆士、浪番洛、林肯夫人、爱尔各德、秀门将军及戴维斯。

他不只与这些名人通信，并且在他们假期的时候去拜访过他们中间的好多位，成为他们家里受欢迎的客人之一。这种经验，使他产生了一种无比强大的自信心。这些名人激发了他的理想与志向，改变了他的人生，而所有这一切，只是因实行了我们所讨论的这一原则而已。

马可先生大概算得上世上最优秀的名人访问者，他说许多人不能让他人对自己产生好印象，因为他们不注意静听。“他们只关心自己下面要说什么，他们不懂得用耳朵。一些大人物曾告诉我，他们更喜欢善于静听者而非善于谈话者，但能静听的能力，好像比任何其他好性格都少见。”不只大人物要求他人善于静听，平常人也如此。《读者文摘》中曾写道：“许多人之所以请医生，他们所要的只不过是一个静听者。”

在美国内战最紧张的时候，林肯写信给在伊利诺伊的一位老朋友，请他到华盛顿来商讨一些问题。这位老朋友到白宫拜访，林肯跟他谈了数小时关于释放黑奴的宣言是否适当的问题。谈论数小时以后，林肯与他的老朋友握手道声晚安，送他回伊利诺伊，竟然没有征求他的意见。整个谈话中所有的话都是林肯说的，那好像是为了舒缓他的心境，“谈话之后他似乎稍感安适”，这位老朋友说。林肯没有要求得到建议，他只要一位友善的、同情的静听者，使他可以发泄苦闷。那是我们在困难中都需要的，那常是愤怒的顾客所需要的，一些不满意的雇员、感情受到伤害的朋友也都是这样。

如果你想让周围的人躲避你，背后笑你，甚至轻视你，这里有一个最好的办法，就是绝不静听别人说话，不断地谈论你自己。如果在别人谈话时，你有自己不同的意见，别等他说完，他没有你伶俐。为什么浪费你的时间去听他无谓的闲谈？即刻插嘴，在一句话当中打断他。

那些讨厌的人就是被自私心及自重感所麻醉的人。那些只谈论自己的人，只为自己设想，而只为自己设想的人，哥伦比亚大学校长巴德勒博士说“是无可救药的缺乏教育者”。“他确实没有教养，”巴德勒博士说，“无论他受过什么样的教育。”

所以，如果你希望成为一个善于谈话的人，那就先做一个注意静听的人。要使别人对你感兴趣，那就先对别人感兴趣。问别人喜欢回答的问题，鼓励他谈论自己及他所取得的成就。不要忘记，在与你谈话的人，对他自己、他的需要、他的问题，比对你及你的问题要感兴趣 100 倍。他的牙痛、肚子痛是件天大的事，胜过任何世界大事。

# 第三章

## 影响他人的方法

# 批评他人前先自我反省

几年以前，我的侄女约瑟芬·卡耐基离开她在堪萨斯市的老家，到纽约来担任我的秘书。她那时 19 岁，高中毕业已经 3 年，做事经验几乎等于零，而今天，她已是西半球最完美的秘书之一。

但是，在刚刚开始的时候，她身上还有很多要改进的地方。有一天，我正想开始批评她，但转念又想，“等一等，戴尔·卡耐基，等一等。你的年纪比约瑟芬大了一倍。你的生活经验几乎有她的一万倍那么多。你怎么可能希望她有你的观点、你的判断力、你的冲劲——虽然这些都是很平凡的？还有，等一等，戴尔，你 19 岁时又在干什么呢？可还记得你那些愚蠢的错误和举动？可还记得？”

经过诚实而公正地把这些事情仔细思考过之后，我获得结论，约瑟芬 19 岁的行为比我当年好多了——而且，我发现自己并没有经常称赞约瑟芬。

从那次以后，当我想指出约瑟芬的错误时，总是说：“约瑟芬，你犯了一个错误。但上帝知道，我所犯的许多错误比你的更糟糕。你当然不能天生就万事精通。那是只有从经验中才能获得的；而且你比我在你这年纪时强多了，我自己曾做过那么多的愚蠢的傻事，所以我根本不想批评你或任何人。难道你不认为，如果你这样做的话，不是比较聪明一点吗？”

加拿大明尼托拔布兰敦的一位工程师狄里史东，他的秘书有点问题：口述的信打好了，送给他签名，每页总会有两三个词拼错。狄里史东先生怎么处理这个问题呢？

当下封信送来时，上面仍有些错误，狄里史东先生就跟他的秘书一起坐下，对她说：

“不知怎么了，这个词看起来总是不对劲，这个词我也常常不会写。所以我才写了这本拼词本（打开了小笔记本，翻到那一页）。对啦，这就是了。现在我对拼词比较留心，因为别人会以拼错词来评断我们够不够专业。”

但从那次谈话后，她拼错词的次数确实少多了。

一个人即使尚未改正他的错误，但只要他承认自己的错误，就能帮助另一个人改变他的行为。这句话是马里兰州提蒙尼姆的克劳伦斯·周哈辛最近才说的。因为他看到了他 15 岁的儿子正在试着抽烟。

“当然，我不希望大卫抽烟，可是他妈妈和我都抽烟，我们一直都给他做了个不好的榜样。我解释给大卫听，我跟他一样大时就开始抽烟，而尼古丁战胜了我，使我现在几乎不可能抽了。我也提醒他，我现在咳嗽得多么厉害。

“我并没有劝他戒烟，或恐吓警告他抽烟的害处。我只是告诉他，我如何迷上抽烟和它对我的影响。

“他想了一会儿，然后决定在高中毕业以前不抽烟。直到现在都未曾想再抽烟。”

那次谈话的结果是：我也决定戒烟，由于家人的支持，我成功了。

圆滑的布洛亲王，在 1909 年就已经明白这样做事的迫切需要。

当时的布洛亲王是德国皇家参议，当时的皇帝是威廉二世——威廉，是傲慢的；威廉，是狂妄自大的；威廉，是最后的德国皇帝。

他缔造了海军、陆军，他自夸说他能随心所欲地改变一切。

于是，一件令人震惊的事情发生了。威廉皇帝讲了一些话，一些令人难以置信的话，一些震惊了欧洲的话。接着又发生了爆炸性传闻，令世界震惊和愤怒——事情坏得不可收拾。这位德国皇帝在英国做客的时候大放厥词，他竟允许在《每日电报》上发表出来。他宣称他是唯一对英国人友善的德国人；他正在建造海军对付日本的危害；是他的讨伐计划，使英国的劳勃兹爵士战胜了荷兰人等。

100 年内，在和平时期，从欧洲国王口中，从没有人说出像他这样惊人的话。整个欧洲如野马蜂一样骚动起来。英国被激怒了，德国政治家惊骇起来。在这些震惊之中，德皇感到惶恐，他向皇家参议布洛提议，请他负责。

是的，他要布洛宣布一切都是他的责任，是他建议他的君主说这些不负责任的话。

“但是，陛下，”布洛反对说，“在我看来，不论在德国或英国，绝对不会有任何人能相信我会建议陛下说这些话的。”

这句话一出口，布洛即感觉到他犯了一个严重的错误，果然德国皇帝发作起来。

“你以为我是一头笨驴，”他咆哮道，“能犯你永远不会犯的错误！”

布洛知道在责备他以前应当首先称赞他，但现在为时太晚，他马上采取了补救措施。他在批评以后称赞，结果极为神奇。

他的赞赏是这样的。

“我绝对没有那样的意思，”他恭敬地回答，“陛下在许多方面超过我，当然不只在海陆军知识上，而且在尤为重要的自然科学上。当陛下解释风雨表，或无线电报，或透视光线时，我常常惊叹着静听。我对所有自然科学一无所知，对此我感到羞愧。我不懂化学或物理，完全不能解释最简单的自然现象。”布洛接着说，“我有一点历史知识，还有一些政治常识，特别是在外交上有些知识，但这些知识只能作为你的补充。”

德国皇帝露出笑容来——布洛称赞了他，布洛抬高了他的同时贬低了自己。

从那以后，德国皇帝可以原谅布洛的任何事情了。“我不是一直告诉你，”他热情地叫道，“我们不是以互补著名吗？我们应团结一致，而且，我们愿意这样！”

他与布洛握手，不是一次，而是多次。

那天下午，他来了兴致，握起双拳喊道：“如果任何人对我说布洛不好，我将对着他的鼻子，报以拳头！”

布洛及时挽救了他自己——尽管他是灵敏的外交家，他仍然做错了一件事：

如果几句贬低自己、称赞对方的话能使一位傲慢、被侮辱了的德国皇帝变成一个坚定的朋友，是不是太容易了些？

试想谦逊与称赞在我们日常生活中，能对你我有什么效用。在人际关系上用得适当，真的能发生奇迹。

## 用鼓励代替批评

一旦发现他人出现错误，我们很多人往往首先想到的就是如何批评，使之改正。事实上，与批评相比，鼓励似乎更容易使人改正错误，并且更容易让对方去做你所期望的事情。所以，当他人出现错误时，你首先应该考虑一下，是否非批评不可？应该怎样批评？如果可能的话，尽量采取鼓励的方式，这样一方面可以达到让对方知错改错的目的，同时也不影响你们之间的关系。

你要是跟你的孩子、伴侣、雇员说他或她做某件事显得很笨，很没有天分，那你就做错了，这等于毁了他所有力求进步的心。但如你用相反的方法，宽宏地鼓励他，使事情看起来很容易做到，让他知道，你对他做这件事的能力有信心，他的才能还没有发挥，这样他就会练习到天明，以求自我超越。

罗维尔·汤麦斯就是个处理人际关系的高手，他会给人勇气与信心，使人充满自信。举例来说：

一次，我与汤麦斯夫妇一起度周末，罗维尔·汤麦斯请我参加他们的桥牌友谊赛。桥牌对我来说是个全然陌生的游戏，我一点都不了解它的规则。

罗维尔说："戴尔，为什么不试试呢？除了需要一些记忆与判断的能力外，它没有什么技巧可言。你曾经对人类记忆的组织有过深入的研究，所以打桥牌一定难不倒你。"

当我还没有意识到什么时，已经被拉到桥牌桌边。我发现这是有生以来第一次参加桥牌比赛，完全是因为罗维尔给了我信心，使我觉得打桥牌并不难。

我有一个光棍朋友，年约 40 岁，最近刚订婚。他的未婚妻一直怂恿他去学跳舞。这位朋友说道："天知道我的确应该去学跳舞。20 年前，我第一次跳舞。当时的技术和现在一直都没什么两样。我的第一位老师讲的或许不假，她说，我的舞步全错了，必须从头学起。此话颇伤我的心，以致学舞的兴致完全消失无踪，我的学舞生涯也至此宣告结束。

"现在这位老师不知是不是哄我，但她讲的话我听了真高兴。第一位老师由于强调的是我不对的地方，以致让我失去学习的兴趣；第二位老师则是正好相反，她一直称赞我的长处，对我的短处则尽量不提。她曾对我说：'你具有天生的节拍感，可说是天生的舞蹈家呢！'虽然直到现在，我仍然感觉自己并没有什么跳舞细胞，技术也一直没什么进步，但在内心深处，我还是希望这位新老师所说的话'或许'没错，所以便继续付钱让听讲这些话。

"我知道，假如她没有说我天生就有韵律感，我今天也跳不了这么好。她鼓励我，给我希望，让我想要更加进步。"

我训练班的一个学员讲述了他的儿子是如何在他的鼓励下改变的事实：

“1970 年，我的儿子大卫 15 岁，到辛辛那提来跟我住。他的命运坎坷。1958 年，他在一次车祸中脑部受伤需要开刀，这次手术在他前额留下了一道难看的疤。直到 15 岁，他都是在达拉斯的特别班里，因为他的学习速度很慢。也许是因为疤的关系，学校当局判定他的脑部受伤，无法正常运作。他比同年的小孩低两届，所以他现在才七年级，他还不会乘法表，他都用手指算数，也不太会念书。

“但是，他喜欢研究收音机和电视。他想做个电视机技师。我鼓励他这件事，并告诉他需要数学好才能参加训练。我决心要在这种事上帮他做到熟练。我们买了 4 组彩色卡片：加法、减法、乘法、除法。我们一边看卡片，大卫一边把正确的答案放在空白栏内，假如他漏掉了，我就给他正确的答案，再把它放上去，直到全部放完为止。我费了很大劲才让他把每一个卡片都弄对，尤其是先前错过一次的。每天晚上我们都放一次卡片，放完为止。每天晚上，都用一只不走的手表计时，我向他保证，假如他能在 8 分钟内做对全部的卡片而且没有错误，那就不用每天晚上做了。这对大卫来说似乎不太可能。第一次，他用了 52 分钟；第二次，48 分钟；然后是 45、41、40；然后是少于 40 分钟了。每次的进步，我们都加以庆祝。到月底时，他已经能在 8 分钟之内正确放完所有的卡片了。每当他有点进步时，他会要求再做一遍。他终于发现，学习是件容易又有趣的事情了。

“这时，他的代数成绩飞速进步。他自己也觉得惊奇，因他拿回家的成绩单，数学是 B，这在以前从没发生过。其他的变化也快得令人难以置信。他的阅读能力快速进步，他开始用他的天赋画图。在期末时，他的科学老师指定他筹办一个展览，他选择去展出一种高难度的模型来证明杠杆的影响。那不但需要画画和制造模型的技巧，而且要应用数学。这个展览，他拿了学校科学展的第一名，因此参加了市展的比赛，拿到了辛辛那提市的第三名。

“他曾是一个留级两年的孩子，被学校认定脑部受损，被他的同学叫‘摩臀原始人”，又说他的大脑在脑部的缺口漏了出去。突然，他发觉他能够学习而且去完成一些工作。结果呢？从八年级的最后一学期起一直到高中，他都登上了学校的荣誉榜；在高中时，他被选拔至全国荣誉协会。一旦发现学习是容易的，他整个生命都变了。”

# 巧妙地指正他人的错误

我们在批评别人时，常常会犯这样一个错误，就是当发现对方有明显的错误时，会不客气地批评对方说："那是错的，任何人都会认为那是错的！"这样一来，对方的自尊心会受到伤害，而突然陷入沉默，或挑剔你的言辞来拒绝你。

因此，为了不触犯对方的自尊心，即使发现了对方的错误，也不要立刻指出，而应采取间接的方式。

据说美国政治家富兰克林年轻时非常喜爱辩论，尤其是对于别人的错误更是不能容忍，总是穷追到底。因此，他的看法常常不能被人接受。当他发现了自己的缺点之后，便改以疑问的形式表达自己的意见，后来他的成就是众所周知的。

由此可知，不要用"我认为绝对是这样的！"这类口气威压对方。用"不知道是不是这样？"这种委婉的态度与对方交谈，效果会更好。

批评是我们常用的一种手段，但有些人批评起别人来简直让他人无地自容，下不了台。其实，这种批评方式不但无法达到让他人改正错误的目的，而且有碍于你的人际关系。既然如此，为何还要使用这种"残酷"的手段呢？

在生活和工作中，我们不可能没有批评，但要学会巧妙地批评，让他人既意识到自己的错误，并尽快改正，同时也理解你善意批评的意图，使他内心里对你心存感激。

一天下午，查理·夏布经过他的一家钢铁厂，撞见几个雇员正在抽烟，而他们的头顶上正挂着"请勿吸烟"的牌子。那么夏布先生是如何处理此事的呢？他并没有指着牌子说："你们难道不识字吗？"而只是走过去，递给每人一支烟，然后道："老兄，如果你们到外边抽，我会很感谢你们。"员工当然知道自己破坏了规定，但是夏布先生不但没说什么，反而给了每个人一样小礼物，你能不敬重这样的老板吗？谁能不敬重这样的老板呢？

不直接说出对方的错误，而是通过间接的方式让对方自己去发现并改正自己的错误；在禁止对方不要做某件事时，不使用直接禁止的语言，而是劝说对方做与之完全相反的事情。如果直接禁止只会招致对方反感，而采取不禁止，只是劝说对方做与之相反的事情的方法，却能收到良好的效果。

对那些对直接的批评会非常愤怒的人，间接地让他们去面对自己的错误，会有非常神奇的效果。罗得岛温沙克的玛姬·杰各在我的课堂中提到，她如何使得一群懒惰的建筑工人在帮她加盖房子之后清理干净垃圾。

最初几天，当杰各太太下班回家之后，发现满院子都是碎木块，她不想去跟工人们抗议，因为他们工程做得很好。所以等工人走了之后，她跟孩子们把这些碎木块捡起来，并整整齐齐地堆放在屋角。次日早晨，她把领班叫到旁边说："我很高兴昨天晚上草地上这么干净，又没有冒犯到邻居。"从那天起，工人每天都把碎木块捡起来堆放在一边，领班也每天都来看看草地的状况。

在后备军人和正规军训练人员之间，最大不同的地方就是理发。后备军人认为他们是老百姓，因此非常痛恨把他们的头发剪短。

美国陆军第 542 分校的士官长哈雷·凯塞，当他带了一群后备军官时，他要求自己要解决这个问题。跟以前正规军的士官长一样，他可以向他的部队吼几声或威胁他们，但他不想直接说他要说的话。

他开始说了："各位先生们，你们都是领导者。当你以身教来领导时，那便再有效不过了。你必须为追随你的人做个榜样。你们该了解军队对理发的规定。我今天也要去理发，而他的头发却比某些人的头发要短得多了。你们可以对着镜子看看，你要做个榜样的话，是不是需要理发了，我们会帮你安排时间到营区理发部理发。"

成果是可以预料的。有几个人先到镜子前看了看，然后下午到理发部去按规定理发。次日，凯塞士官长讲评时说，他已经可以看到，在队伍中有些人已具备了领导者的气质。

在 1887 年 3 月 8 日，美国最伟大的牧师及演说家亨利·华德·毕奇尔逝世。就在那个礼拜天，莱曼·阿伯特应邀向那些因毕奇尔的去世而哀伤不已的牧师们演说。他急于做最佳表现，因此把他的讲演词写了又改，改了又写，并像大作家福楼拜那样谨慎地加以润饰。然后他读给他妻子听，写得很不好——

就像大部分写好的演说一样。如果她的说话技巧不够，她也许就会说："莱曼，写的真是糟糕，行不通。你会使所有的听众都睡着了。念起来就像一部百科全书似的。你已经传道这么多年了，应该有更好的认识才是。看在老天爷的份儿上，你为什么不像普通人那般说话？你为什么不表现得自然一点？如果你念出像这样的一篇东西，只会自取其辱。"

没想到，她称赞了这篇讲稿，但同时很巧妙地暗示，如果用这篇讲稿来演说，将不会有好效果。莱曼·阿伯特知道她的意思，于是把他细心准备的原稿撕了，后来演讲时甚至不用笔记。

## 适时给人以同情

你想不想拥有一个神奇的短句，可以阻止争执，去除不良的感觉，创造良好意志，并能使他人注意倾听？

想？好极了。下面就是："我一点也不怪你有这种感觉。如果我是你，毫无疑问，我的想法也会跟你的一样。"

像这样的一段话，会使脾气最坏的老顽固软化下来，而且你说这话时，可以有百分之百的诚意，因为如果你真的是那个人，你的感觉就会完全和他一样。让我举例说明。以亚尔·卡朋为例。假设你拥有亚尔·卡朋的躯体、性情和思想，假设你拥有他的经验，身处他的环境你就会和他完全一样——也会得到他那种下场。因为，就是这些事情——也只有这些事情——使他变成他那种面目。

例如，你并不是响尾蛇的唯一原因，是因为你的父母并不是响尾蛇。你不去亲吻一头牛，也不认为蛇是神圣的，唯一原因是因为你并不出生在恒河河岸的印度家庭里。

你目前的一切，原因并不全在你——记住，那个令你觉得厌烦、心地狭窄、不可理喻的人，他那副样子，原因并不全在于他。为那个可怜的家伙难过吧，可怜他，同情他。你自己不妨默诵约翰·戈福看见一个喝醉的乞丐蹒跚地走在街道上时所说的这句话："若非上帝的恩典，我自己也会是那样子。"

明天你所遇见的人中，有 3/4 都渴望得到同情。给他们同情吧，他们将会爱你。

我有一次在电台发表演说，讨论《小妇人》的作者莎易洛·梅·艾尔科特。当然，我知道她住在马萨诸塞州的康科特，并在那儿写下她那本不朽的著作。但是，我竟未假思索地贸然说出我曾到新罕布什尔州的康科特，去凭吊她的故居。如果我只提到新罕布什尔州一次，可能还会得到谅解。但是，老天！真可叹！我竟然说了两次。无数的信件、电报、短函涌进我的办公室，像一群大黄蜂，在我这完全没有设防的头部绕着打转。多数是愤慨不平，有一些则侮辱我。一位名叫卡洛妮亚·达姆的女士，她从小在康科特长大，当时住在费城，她把冷酷的怒气全部发泄在我身上。如果我指称艾尔科特小姐是来自新几内亚的食人族，她大概也不会更生气了，因为她的怒气实在已达到极点。我一面读她的信，一面对自己说："感谢上帝，我并没有娶这个女人。"我真想写信告诉她，虽然我在地理上犯了一个错误，但她在普通礼节上犯了更大的错误，这将是我信上开头的两句话。于是我准备卷起袖子，把我真正的想法告诉她，但我没有那样做，我控制住自己。我明白，任何一位急躁的傻子，都会那么做——而大部分的傻子也只会那么做。

我要比傻瓜更高一等。因此我决定试着把她的敌意改变成善意。这将是一项挑战。我对自己说："毕竟，如果我是她，我的感受也可能跟她的一样。"于是，我决定同意她的观点。当我第二次到费城的时候，就打电话给她。我们谈话的内容大致如下——

我：某某太太，几个礼拜前你写了封信给我，我要在此向你道谢。

她：（声音听起来颇犀利，但讲究辞藻，颇有教养的样子）请问是哪一位？

我：对你来说，我可能是个陌生人。我名叫戴尔·卡耐基，前不久在电台广播节目中谈及艾尔科特女士，我把她的故居地点说错了——说成新罕布什尔州的康科特，这错误实在太不可原谅。由于你花了时间写信给我，所以我觉得应该向你表示歉意。

她：很抱歉，卡耐基先生，是我不该写那样一封信给你，我才应该向你致歉。

我：不，不，该道歉的绝不是你，而是我。连小学生都知道的常识而我却讲错了。我曾在第二个礼拜的节目中更正道歉，现在是亲自致电向你表示歉意。

她：我是在马萨诸塞州的康科特长大的。两个世纪以来，我们的家族一直在那个地方具有影响力，我也一直引以为荣。所以，当我听到你说艾尔科特女士是住在新罕布什尔州的时候，实在觉得很生气。但无论如何，我还是不应该写那样的信。

我：我十分了解你的心情，但我的心情比你更不好过。因为，我所造成的错误对马萨诸塞州并没有造成什么伤害，却对我本身造成极大损伤。我明白，若不是我犯了错误，像你这般对文化有认识的人，是不会花时间写信到电台去的。所以，我想告诉你的是，以后若再犯错，仍希望你继续写信来。

她：我很高兴你能接受我的批评，你一定是个极有修养的人，我应该早些认识你才是。

就是这样，由于我道歉在先，而且对她的观点表示同意，于是她也转而向我道歉，并表示同意我的观点。我很满意自己能控制住脾气，也很满意这种"以德报怨"的处理态度。

住在白宫里的人，大概每天都要面对许多棘手的人际关系问题。塔夫托总统也不例外。他在其著作《服务的伦理》一书中，曾对一位有某种企图的母亲做了相当生动有趣的描述。

"华盛顿有位女士，她的丈夫在政治圈还颇具有影响力，"塔夫托如此写道，"这位女士跑来找我，并且花了 6 个礼拜的时间对我下功夫，希望我能把某个职位指派给她的儿子。她认识许多参议员和众议员，也要他们向我强调这件事。由于这个职位需要特别技术上的鉴定，所以我便指派了另一个人。没多久，这位母亲写了一封信给我，认为我'忘恩负义'，而使她成为一个'最不快乐的女人'。她说她曾为一项我所关心的法案奔走，好不容易争取到州内各代表的支持，才使这项法案顺利通过。如今我却如此回报她。

"当你接到像这样的一封信时，你马上会想，怎能跟一个行为不当或甚至有点无礼的人认真起来。然后，你也许会写封回信，而如果你够聪明的话，就会把这封回信放进抽屉，然后把抽屉锁上，先等上两天——像这类的书信，通常要迟两天才回信——经过这段时间，你再把它拿出来，自然就不会想把它寄出去了。我采取的正是这种方式。于是，我坐下来，写一封信给她，语气尽可能有礼貌，我告诉她，在这种情况下，我很明白一个做母亲的心情。但是，事实上，任命一个人并不是凭我个人的喜好来决定的，我必须选择一个有技术资格的人，因此，我必须接受局长的推荐。我表示，希望她的儿子在目前的职位上能完成她对他的期望。这终于使她的怒气化解，她写了一张便条给我，对于她前次所写的那封信表示抱歉。

“但是，我送出去的那项任命案并未立刻获得通过，经过一段时间之后，我接到一封声称是她丈夫的来信，虽然，据我看笔迹完全一样。信上说，由于她在这件事情上过度失望，导致神经衰弱，病倒在床上，演变成严重的胃癌。难道我就不能把以前那个名字撤销，改由她儿子代替，而使她恢复健康？我不得不再写一封信，这次是写给她的丈夫。我说，我希望那项诊断是不正确的，我很同情，他的妻子如此病重，他一定十分难过，但要把送出去的名字撤销，是不可能的。我所任命的那个人最后终于获得通过，在我接到那封信的两天之后，我在白宫举行一次音乐会。最先向塔夫托夫人和我致意的，就是这对夫妇，虽然这位做妻子的最近差点‘死去’。”

杰伊·曼古是俄克拉荷马州吐萨市一家电梯公司的业务代表。这家公司和吐萨市一家最好的旅馆签有合约，负责维修这家旅馆的电梯。旅馆经理为了不给旅客带来太多的不便，每次维修的时候，顶多只准许电梯停开两个小时。但是修理至少要 8 个小时，而在旅馆便于停下电梯的时候，他的公司都不一定能够派出所需要的技工。

在曼古先生能够为修理工作派出一位最好的技工的时候，他打电话给这家旅馆的经理。他不去和这位经理争辩，他只说：

“瑞克，我知道你们旅馆的客人很多，你要尽量减少电梯停开的时间。我了解你很重视这一点，我们要尽量配合你的要求。不过，我们检查你们的电梯之后，显示如果我们现在不彻底把电梯修理好，电梯损坏的情形可能会更加严重，到时候停开时间可能会更长。我知道你不会愿意给客人带来好几天的不方便。”

经理不得不同意电梯停开 8 个小时总比停开几天要好。由于曼古表示谅解这位经理要使客人愉快的愿望，他很容易而且没有争议地赢得了经理的同意。

乔爱丝·诺里斯是密苏里州圣路易市的钢琴教师。她告诉我们如何处理一个女学生的问题。

贝蒂是名 10 多岁的少女，喜欢留修长的指甲，这对练习钢琴妨碍很大。

诺里斯太太在报告中说道："贝蒂的长指甲对练琴当然是个障碍，但我不想因此让她对弹琴失去兴趣，所以在讨论课程的时候，一直都不去提指甲的事。因为我知道她费了不少心神去保养那些指甲，而且一直引以为傲。

"上完第一课之后，我觉得情况不错，便趁机对她说：'贝蒂，你的双手和指甲都长得很好看……听着，假如你想把钢琴学好，其实比你想象得还要简单。只是，若能把指甲剪短一点，对你一定大有帮助。你愿意考虑考虑吗？'她对我扮了一个鬼脸，意思显然是不愿意。我也同她母亲谈起这个问题，而她也不表示同意。因为贝蒂漂亮的指甲对她来说也很重要。

"第二个星期，贝蒂过来上第二堂课。很让我惊奇的是，她居然把指甲剪短了。我对她的牺牲精神大大夸奖一番，见到她母亲的时候，也感谢她的帮忙。但她回答：'这件事我一点也没帮什么忙，是贝蒂自己决定的。这可是头一次她愿意为别人把指甲剪短。'"

诺里斯太太恐吓过贝蒂吗？她有没有说，假如贝蒂不把指甲剪短，她就不愿教她学琴了呢？没有。诺里斯太太只是告诉贝蒂她的指甲很漂亮，要把指甲剪短对她来说是个牺牲。这等于是说："我同意你，我知道这不容易做到。但为了把琴学好，这牺牲是值得的。"

S·胡洛克可能是美国最佳的音乐经纪人。多年来，他一直跟艺术家有来往——像查理·亚宾、伊莎朵拉·邓肯，以及拔夫洛华这些世界闻名的艺术家。胡洛克先生告诉我，他和这些脾气暴躁的明星们接触所学到的第一件事，就是必须同情，对他们那种荒谬的怪癖更是需要同情。

他曾担任查理·亚宾的经纪人3年之久——查理·亚宾是最伟大的男低音之一，曾风靡大都会歌剧院。然而，他却一直是个问题人物。他的行为像个被宠坏的小孩。以胡洛克先生的特别用语来说："他是个各方面都叫人头痛的家伙。"

例如，查理·亚宾会在他演唱的那天中午，打电话给胡洛克先生说："胡先生，我觉得很不舒服。我的喉咙像一块生的碎牛肉饼，今晚我不可能上台演唱了。"胡洛克先生是否立刻就和他吵了起来？哦，没有。他知道一个经纪人不能以这种方式对付艺术家。于是，他马上赶到查理·亚宾的旅馆，表现得十分同情。"多可怜呀，"他会很忧伤地说，"我可怜的朋友。当然，你不能演，我立刻就把这场演出取消。这只不过使你损失一两千元而已，但跟你的名誉比较起来，根本算不了什么。”

这时，查理·亚宾会叹一口气说：“也许，你最好下午再过来一趟。5 点钟的时候来吧，看看我那时候觉得怎么样。”

到了下午 5 点钟，胡洛克先生又赶到他的旅馆去，仍旧是一副十分同情的姿态。他会再度坚持取消演唱会，查理·亚宾又会再度叹口气说：“哦，也许你最好待会儿再来看看我，我那时候可能好一点了。”

到了 7 时 30 分，这位伟大的男低音答应登台演唱了。他要求胡洛克先生走上大都会的舞台宣布，查理·亚宾患了重伤风，嗓子不太好。胡洛克先生就撒谎说，他会照办。因为他知道，这是使这位伟大的男低音走上舞台的唯一方法。

亚瑟·盖茨在其《教育心理学》一书中说道：“同情，是所有人类最渴望的东西。孩童会急着展示伤口给你看，甚至会制造伤口或瘀血以获取大量的同情。成人也一样……展示青肿之处，讲述各种意外、疾病，尤其是外科手术的详细经过，还有对那些真实或虚构的不幸所发出的‘自怜’等，可说是屡见不鲜。”

# 第四章

## 正确看待金钱

# 正确建立金钱观念

虽然很少有人真正知道自己想从生活中获取什么，但大部分的人却坚定地宣称，有很多钱后就可以使他们得到想要的一切。他们不仅错失了生活的本质，同时也曲解了金钱的本来意义。钱常被误用、滥用，很少有人能聪明地运用金钱，人们对金钱有许多自以为是的错误看法，其中有些甚至极为荒谬。

长久以来，人们一直受物质主义的主宰和操纵，不断地以追求财富、积累金钱作为奋斗的目标，认为拥有了巨大的财富就拥有了快乐。当然，金钱对人们的生活的确有作用，但是并不像大多数人想的那么重要。

人们对金钱最为普遍的一种错误认识是，钱可以使他们快乐。实际上，金钱聚积过多，不仅不会带来快乐，反而成为仇恨、相争等烦恼的根源。

皮德鲁幸运地中了500万美元的彩票，当他发横财的时候其他人正在失业。在一般人的眼里，皮德鲁真是走了大运，有了这么多钱，他一定快乐得不得了。然而事实是，他不仅没有得到快乐，反而陷入了不幸。自从皮德鲁中了彩票后，他就再也没见过自己的女儿，而且好多亲朋好友也都离他而去，原因是他没有把这一大笔天降横财分给他们。皮德鲁说：“我现在要什么东西就可以买什么东西，但除此以外，我比其他任何人都要痛苦……我买不到感情和人心。有了这一大笔钱，我反而成了忌妒和仇恨的对象，人们不愿和我接近，我也时刻在担心有人接近我只是为了钱，我累极了……有朋友就是有朋友，没有就是没有，爱是买不到的，爱一定要建立。”

在现实生活中，许多人通过努力工作、继承遗产、运气或是不合法的手段得到了大笔金钱，然而，或者是因为不满足，或者是因钱而导致朋友的纷争、感情的背离，或是因为钱太多而失去了目标，总之，他们都没有得到快乐。许多有钱人拥有一切物质上的享受，却过着自暴自弃的生活。

不管人们处于何种地位，钱都是生存必需品，钱也是增进休闲方式、提高生活品质的一种途径。然而，不幸的是，人们都被贪婪蒙住了眼睛，把钱视为生活的目标，而不是改善生活的手段。把赚钱当成了目的，人们就会陷入失望和不满，并且永远无法达到提升生活品质的目标。

对钱的另外一种误解是，人们把钱看作生活的保障和建立安全感的基础，这样就会制约我们去相信应该一心一意地积蓄物质财富，作为我们退休或遭到意外时的保障。如果你开始把钱看成完全的保障，你对钱的态度就会有问题，就像用钱不能买爱、朋友和家人，你也买不到真正的保障。

人所能拥有的真正的保障应该是内在的保障。这种内在的保障来源于天赋、创造力、才能、健康的体魄等内在因素，使你相信你能够运用自身的条件，去应付或克服作为一个独立的人所要面对的一切问题和情况。你如果一旦拥有了这种内在的保障，你就不会有那么多的惶恐和害怕，也不会将时间和精力专注于给自己建立外在的财务上的保障。最好的财务保障就是内在的创造能力，这种保障任何人都夺不去，你永远都能想办法谋生。你的本质建立于你本身是什么人，拥有怎样的精神状态，而不是你所拥有的外在的物质。你即使失去了所拥有的，你也还是自己生活的中心。

将个人的安全感建立在金钱上，不外乎修建空中楼阁。那些努力为自己建立保障的人是最没有保障的人。情感上缺乏保障的人积累大量的金钱来抵御人格上所受的打击，填补空洞脆弱的内心，宣泄不愉快的感觉。追求保障的人本质上极为缺乏安全感，因此试图通过外部的事物，比如金钱、配偶、房屋、车子和名声，来求得心理上的安稳和平衡。他们一旦失去了自己所拥有的金钱财富，就失去了自己，因为他们的安全感、对自己的认同感，完全是以金钱为基础的。

以物质和金钱追求为基础保障有很多偏狭之处，就算你是超级富翁，也可能遇车祸身亡，有钱人的健康状况和没钱的人一样会逐渐衰败，战争爆发影响穷人，也影响富人。以钱为保障的人还时刻担心金融崩溃时他们会失去所有的钱财。他们不仅没得到什么确实的保障，反而还增加了许多让他们恐慌的事。

那么，钱和快乐到底有什么关系？我们承认钱是生存的一项重要因素，但这并不能告诉我们，要多少钱才能够快乐。被这个社会主流所认同的那些成功人士，总是时时刻刻在宣扬，百万富翁才是生活的胜利者。也就是说，我们其他人就是失败者。很多事实证明，大部分财力平平的人比我们在报纸上读到的百万富翁更有资格当胜利者。

钱是生活中的权宜办法，钱能够对提高我们的生活品质起到多少作用，要看我们能多聪明地运用手上的钱，而不是看我们到底有多少钱。

在我们的社会中，很多人都认为钱代表权力、地位和安全，但其实钱在本质上不能使我们快乐。要看清钱的本质，请做以下练习：现在把你身上或放在附近的钱拿出来，摸一摸，感觉它的温度。注意，它是冷冰冰的，晚上不能使你温暖。你和你的钱说话，它不会有任何反应，它的面目永远是那么僵硬，一成不变。不管你有多么爱它，它也不会给你一点回报。

麦克·菲力普曾是一位银行副总裁，他认为大多数人把自己的身份牢牢地和钱结合在一起，在他的书《金钱七定律》中，他讨论了几种有趣的金钱观：

1. 如果你做了事情，钱自然会到你的手中。

2. 金钱是个梦——像传说中的花衣服吹笛手一样吸引人。

3. 金钱是梦魇。

4. 你永远都不能把钱当礼物送走。

5. 有的世界里没有钱这个东西。

当然钱的确有很多用途，没有人会否认钱在社会上和商场上所扮演的重要角色，但是人人都可以推翻错误的观点——认为钱越多就会越快乐。每个人所要做的就是留心。

我通过对以下问题的观察，提出了几点重要的意见：如果钱使人快乐，那么——

1. 为什么年薪 7 万美元以上的人当中，对自己薪水不满意的比率比那些年薪 7 万美元以下的人高？

2. 阿尔伯伊斯基通过华尔街地线交易非法聚敛了 1000 万美元，为什么他累积到 200 万美元或者是 500 万美元的时候还不愿停止这种非法行为，却继续累积，直到被捕？

3. 为什么我所认识的一家人（他们的财产总值列居北美家庭的前 100 名）告诉我，他们如果中了彩票赢了大奖会有多么快乐？

4．为什么纽约的一群中了彩票的人要组成一个自助团体来处理中奖后的各种痛苦和忧郁的症状，而他们在赢得大笔奖金之前从来没有经历过这种严重的痛苦和忧郁？

5．为什么这么多高薪的棒球、足球、曲棍球球员有接触毒品和酒精的问题？

6．医生是最有钱的行业之一，为什么他们的离婚、自杀和酗酒比例高于其他行业？

7．为什么穷人捐给慈善事业的钱比富人捐得多？

8．为什么有这么多有钱人犯法？

9．为什么这么多有钱人去看精神科医生和心理治疗师？

以上只是一些警讯，提醒我们钱并不能保证快乐。

当我们满足了基本的生活需求后，钱不会使我们快乐，也不会使我们不快乐。如果我们每年挣到 25000 美元就能够快乐，并且能够妥善地处理各种问题，当我们比现在更有钱时，还是会快乐，还是能妥善地处理问题。如果我们一年只挣 25000 美元就使自己不快乐、神经过敏，而且不能很好地处理问题，那么即使年薪 100 万美元也是如此，还是神经过敏、不快乐，也不能好好地处理问题。差别只在于，我们是否在豪华的住宅、丰富的物质享受里神经过敏和不快乐。

## 养成平日节俭的习惯

节俭不仅适用于金钱问题，而且也适用于生活中的每一件事，从明智地使用自己的时间、精力，到养成小心翼翼的生活习惯，节俭意味着科学地管理自己的时间与金钱，意味着最明智地利用我们一生所拥有的资源。

罗斯贝利勋爵在论述节俭时认为，所有伟大的帝国必须遵循的原则就是节俭。

“就拿伟大的罗马帝国来说吧，它有许多方面在历史上都是最伟大的，曾经一度雄霸世界。它因节俭而建国，然而当它奢侈浪费时，就开始衰退并走向灭亡。又如普鲁士，它开始时是位于北欧的一个小而窄的沙滩地带。正如有人所说的，从普鲁士的地形到它全副武装的居民，所有这一切都使普鲁士显得咄咄逼人。弗雷德里克大帝赋予普鲁士以节俭的品格。他甚至通过近乎吝啬的节俭手段敛聚了巨额的财富，建立了庞大的军队。节俭最终成为普鲁士建立伟大基业的有力武器，并且今天的日耳曼帝国也由此发迹。再如法兰西，在我看来，法兰西实际上是最节俭的国家。我不知道法兰西人是不是总把钱存在银行，是不是也像其他某些国家一样去计算有多少存款。然而，在1870年这个灾难的年头以后，当法兰西顷刻间被外国军队击败，因几乎没有一个国家能够承受的赔款而遭受重创时，你知道什么事情发生了吗？法兰西的农民把他们多年的积蓄统统献给了国家，在短得令人难以置信的时间内法兰西付清了巨额赔款和战争费用。罗马和普鲁士以节俭建国，而法兰西以节俭救国。”

节俭不仅是财富的一块基石，也是许多优秀品质的根本。节俭可以提升个人的品性，厉行节俭对人的其他能力也有很好的助益。节俭在许多方面都是卓越不凡的一个标志。节俭的习惯表明人的自我控制能力，同时也证明一个人不是其欲望和弱点的不可救药的牺牲品，他能够支配自己的金钱，主宰自己的命运。

我们知道一个节俭的人是不会懒散的，他有自己的定规。他精力充沛，勤奋刻苦，而且比起那些奢侈浪费的人更加诚实。

节俭是人生的导师。一个节俭的人会勤于思考，也善于制订计划。他有自己的人生规划，也具有相当大的独立性。

如果你养成了节俭的美德，那么就意味着你证明了自己具有控制自身欲望的能力，意味着你已开始主宰你自己，意味着你正在培养一些最重要的个人品质，即自力更生、独立自主、谨慎小心、深谋远虑，以及聪明机智和独创能力。换言之，就表明了你有生活的目标，你是一个非同一般的人。

一个作家在谈到节俭时说：“节俭不需要超常的勇气，也不需要超常的智力和任何超人的本领，它只需要常识和抵制自私享乐欲望的能力。实际上，节俭不过是日常工作活动中的常识。它不一定要有强烈的决心，而只要有一点点耐心和自我控制力。养成节俭习惯的方法就是马上开始厉行节俭！自我克制者越节俭，节俭就变得越容易，他们为此所做的牺牲就会越快得到回报。”

# 学会为未来储蓄

你孩提时是否拥有过储蓄箱呢？它是在金属盖上开一个小缝，有杯子做装饰的铁罐，还是油彩斑斓的猪形状石膏储蓄箱？那时候我们是储蓄的一代，每个家庭起码都会存一点钱。在每个领薪水的日子，父亲都会到银行存款，就是在最艰难的时候，每个家庭也总要在每个月存上一点。

现在时代改变了，美国比其他国家的储蓄率低，只不过隔了一代，我们的平均存款便较以往下跌了 6%。相对于日本人平均每月储蓄薪水的 19.2%，瑞士每月储蓄薪水的 22.5%，美国人只存 2.9%。

你每月储蓄多少薪金呢？你的银行存款有多少足以用来渡过危机？记住基本的储蓄原则：你起码需要有一个月的薪金存款，以保障你在危难时可以应用。根据这个标准，你超过了或仍然未及？

《我们在哪儿》的编辑总结道："长期来说，不断下降的存款，非但危害家庭安全，也严重削弱了国家未来的投资资金。"

存钱对某些人来说是困难的，特别是在负债时和日常必须要有充裕资金来周转的情况下。但是长远来看，假如你每天存下一小部分钱，你会惊讶地发现，就是在最恶劣时期，你仍有可观的金钱可供使用。

记得伽纳——那做冰箱维修生意的人吗？1929 年股市崩溃时，他还是一个年轻小伙子，他把宝贵的经验传授给女儿。

"家父教我对金钱要有责任感，"她告诉我们：'假如你还有钱可花，就该为明天而把这钱存起来！'

在个人和国家财政赤字日益升高之际，大家不妨记住这句法国的古老格言："远离债务就是远离危险！"前美式足球员布莱恩·布络辛曾如此说，"我这一生中，一直带着破口的钱袋，直到有一天，我才警觉自己要赶紧把它缝起来。"

我们花了一生追逐金钱，时常想象金钱用之不尽，如今钱没了，这岂不是一个大好时机？可以问一下自己：我真需要它吗？还是我可以等？我们是否每次都有必要从皮夹掏出信用卡，或拿着存款簿提钱呢？我今时今日，存了多少钱？我们必须学习以所存的钱，而非所花的钱，来衡量成功。

我认识一个非常有才气的年轻人，他挣了很多钱，对未来很有信心，所以他总是把钱花得精光。突然有一天，他年轻的妻子得了重病，为了保住妻子的生命，他不得已请了一位著名的外科医生为妻子做一个性命攸关的手术，但是，医生要等他交足费用以后才能动手术。年轻人只好去借钱，这可是一笔巨款啊！妻子的命终于保住了，但是妻子随之而来的疗养和孩子们接二连三地生病，加上饱受焦虑的折磨，终于使他积劳成疾，赚的钱一年比一年少。最后，这个人职业受挫，全家穷困潦倒，没有钱渡过难关。在妻子害病之前，他本可以在一年之中就轻而易举地存上千把块钱，但他当时认为没这个必要，却坚信以后挣钱也这么容易。

美国节俭协会主席向全国教育协会所作的名为“伟大的节俭”的演讲中说：“法庭的记录显示，在去世的男人中，只有3%的人留下了10000美元以上的遗产，另有15%的人留下了2000～10000美元的遗产，而82%的男人根本就没有任何遗产。因此，这就造成了只有18%的寡妇有良好舒适的生活条件，而有47%的寡妇被迫出去工作，35%的寡妇则一无所有。”

罗斯福上校说：“我鄙视那些不养家糊口的男人，每个男人都有责任拿出一定的收入来养家糊口。这不是一个生意上的投资问题，这是每个男人的责任！要他的亲人跟着他去冒险是很不公平的。就他个人的能力来说，让他自己独自去冒这个险还差不多。而且，想到自己去世，或发生变故，或由于经营不善造成生意失败以后，亲人们可以得到安顿，这种感觉对任何男人来说，都是一种极大的满足。”

我不知道还有什么东西能在需要的时候代替存款，存款是我们为生活中的不幸购买的保险，否则，没有人能承受不幸的打击。

一次，葛列格·邓肯问我：“假如你受聘为幕僚，你要选择每个月收入1万，抑或第一个月1元钱，第二个月2元钱，第三个月4元钱，第四个月8元钱，如此类推为期30个月？”我还没有明白过来，葛列格便建议我采用第二种办法，他证明若这样能增加每月所得，那第 30 个月你便会有 10 727 418.24 元。

存下每个月赚来的辛苦钱，先撇开暂时的物质诱惑，为你的长远目标努力。开始时你可能毫无收获，一段时间后必能满载而归。

## 远离不必要的债务

假如你认为只要借得一笔资本，就能够创业了，那你就完全想错了。实际上，即便你已经借到了资本，你也未必会创业成功。据我所知，那些毫无商业经验的人靠借来的钱做生意而最后能成功的实在不多见。

一个毫无成功把握的人去创业，没有不遇到经济困难的。但是，假如他确实有相当能力和充分的成功把握，这样无形中就已经在别人面前树立了信用，那么即便他靠借来的本钱创业，也没有太大关系。

一个立意要创业的人，首先必须掌握所要从事的业务范围的详细情况；其次，还要有挑选雇员的眼光。假如这两点做不到，你对于所要经营的事业竟然毫无头绪，在挑选录用员工方面也不加区别，那么即便你做事很忠诚，待人很诚恳，当你向别人开口借钱以作为你的创业资本时，其他人也会毫不犹豫地一口回绝。

当你准备创业之时，最好不要心存太大的奢望，开始规模小些也不要紧，只要你确实是一个杰出的人、能干的人，经过一段时间的筹划经营后，自然能发展得非常喜人。假如你能做到这一点，即使资本是借来的，倒也无妨。

比彻教导他的儿子说：“你得像逃避恶魔一样避免借债。”你要快下决心，不论你怎样急需金钱，也不要让你的名字出现在人家的账簿上！

富兰克林的《穷年鉴查理》里有句话说得好：“借钱等于自投苦恼的罗网。”是啊，法庭上每天有多少的民事纠纷案都能够为这句话做证。

当然，这句话并不适用全部的情形，也有一种例外。当一个人由于意外事件而陷入困境时，当遭遇很多从天而降的祸患时，往往任何人都难以靠自己的努力去避免，即便是满怀希望，事业也难免遇到意外的困难和阻力，到了那时，无论你多么小心谨慎，无论你思想上如何正确，无论你怎样不爱向人借钱，为了应一时之急，你都必须硬着头皮去向银行贷款。但就是到了那时，也要谨记一条：“借得慢，还得快。”

这一原则也适用于生意上的放账和借款，事实上放账和借款都是在所难免的，但你在两个方面都得有一个限度。

一个步入生活的正轨、沿着事业的健康道路前进的人，首先要注意的是，要在自己的才能、意愿、目标之间建立适当的平衡。不要因为野心太大、眼光太高，便走上举债经营的道路。

一些年轻人由于大意的缘故，经常因为借贷不立契约或不立书面的凭据而发生许多有损名誉的纠纷，使他们的前途受到不利的影响，渐趋暗淡，并且还使他们在道德与精神上受到极大的伤害。

世界上每年有无数本来大有前途的年轻人由于借债而遭到了意外的失败。当他们刚跨入社会时，或许还没有染上借债这种恶习。他们原先或许非常看重名誉，也从不喜欢到处去借钱来胡乱花用，那时他们的前途是非常光明的。但后来由于一点小小的用途无意中开启了借债的大门后，他们便渐渐陷入了难以自拔的危险境地。

每年因债务纠纷而丧生的人，比因战争而死的人要多出数十倍以上。现代的 10 个天才人物中，居然有 7 个人因举债而丢掉了性命，包括一个小说家、一个学者、两个法学家、两位政界名人和一个演讲天才。

美国的一位闻名人物斯蒂芬逊，他做人是特别小心谨慎的，这为人所共知，人皆敬仰。可是他在描述自己理想中的生活时，还战战兢兢地希望自己不要陷入借债的旋涡中去。

斯蒂芬逊说：“我们对他人必须示以爱和忠诚，平时应当量入为出。对于自己的家庭，应当保持快乐的气氛。对朋友，必须竭力避免仇恨，当然也绝不可忍受无谓的屈辱。假如遇到蛮不讲理的人，最好还是早些避开为好——这是通向理想生活的捷径。”

纽维尔・希里斯博士也说：“你要使自己过上一种安稳的生活，要保持自己良好的名誉，必须要遵守一条规律：那就是赚得多花得少。”在这个随处布满陷阱的现代社会，好像没有什么比这件事更需要人们加以小心防范。

有的人之所以喜欢向人借债，是由于他们看不到借债背后所隐藏着的危险。假如他们考虑到万一不能还清债务的严重后果——丧失人格、迫不得已的撒谎、可能的营私舞弊、为逃避债务而东躲西藏等，他们的家人真不知道要急成什么样子，甚至连觉也睡不香，饭也吃不下。假如他们弄清了一旦戴上了债务的手铐无法挣扎的情形，他们一定会喊起来：“宁可穷苦而死，也不做债务的奴隶。”

负债是世界上最苦恼不过的事情。只有那些因债务缠身、时刻受着债主的要求与压迫、因债务而吃尽苦头的人，才了解负债是人生最大威胁。债务会把一个人的体力、气魄、人格、精神、志趣、雄姿消磨得一干二净。因为债务对人的压迫，还会把一个人一生的希望全部毁灭。

# 第五章

# 如何对待工作

# 在工作和休闲中获得快乐

许多著名的科学家、小说家、电影明星及其他有名的人物都曾描述工作时所得到的极大快乐与满足，只因为这项工作是他们真心想做的。这可能是促成他们成功的原因之一。

有一些终生不得志的人则把大部分时间用于玩乐之上。致使二者的成就差异如此之大，可见调整和分配工作时间与休闲时间的重要性。

马斯洛曾经定义“自我实现”的人就是喜欢并去做必须做的事。也就是想办法将工作变成游戏般轻松与自由，但是对一般人而言这是一件非常不容易做到的事。

许多人都有一些限制他的时间、行动与想法的工作，这工作也就是不快乐的根源。事实上，最近密歇根及哈佛两所大学的研究者发现大部分的美国人都有换工作的念头，而美国政府则在近些年花费 4000 万美元去发展不使工作厌烦的技巧。

对于许多人来说，快乐绝大部分出现于不在工作的时候，例如晚间、周末及假期当中。

你该如何去除因工作而产生的不快乐呢？你又如何找到更多的快乐时光呢？

有一个很好的方式就是培养自己足够的知识、勇气及内力去做适合你的工作。当最著名的压力研究专家亚莉耶博士在一次接受“美利坚新闻及寰宇报道”的访问时被问道：“人们如何应付压力呢？”他回答：“诀窍不在于如何避免压力，而在于‘做你自己的事’。这就是我一直所强调的：做你喜欢做的事，但也别忘了做那些你该做的事。”

另外他还提到：“药物治疗也能发挥效用，例如现在已有一些能有效治疗高血压的药。但是我想，对大多数人而言，最重要的莫过于学习如何生活，在各种不同的场合中如何表现适当的举止以及如何做最明智的决定。‘我到底是想要接管父亲的事业还是成为音乐家？’如果你真的向往成为音乐家，那就朝这方向去做。”

许多人选择职业时只怀着赚钱、争取高职位或升迁的目的，结果往往无法从事真正有兴趣的工作。例如有位社会工作人员，过去经常到各地区与民众会谈，教他们学习面对及解决问题的技巧，如今却因为其他原因而停止这项工作。现在虽然跃升为一个知名社会辅导站的主管，但同时他放弃了他喜爱的兴趣，终日待在办公室里。又如，一位艺术大师被聘为世界上最著名、最有权威的博物馆之一的馆长之后，他必须将绝大部分时间用于烦琐的行政工作上，而不得不放弃钻研艺术的雅趣。

如果你问一些人在不考虑金钱因素及其他顾虑的情况下，他们真正想从事的工作是什么，往往都会得到意想不到的答案。有一家广告公司的企划部主任曾说到他愿成为一家自然博物馆的制标本的技术人员，有一家出版社的董事长说他想成为餐厅的领班。有位公共关系部门的主管回忆起她一生中从事的最愉快工作就是接待员，因为她每天必须与许多不同的人接触，这使她获得很多乐趣。而且这种工作也不会耗用她太多的私人时间及精力，毕竟拥有自己的时间是很重要的。此外，一位银行的副总裁将业余时间大部分花费于研究制造各种锁。他还打趣地说，如果他不介意失去银行那份高高在上的职位，从事锁匠应该也可以维持温饱。

娱乐是一件非常重要的事。如何寻找到适合自己的娱乐，则是一件非常快乐的事。但是，切莫去随便模仿别人。你最好能够先自问，什么是真正能使自己感到快乐的事情。在我们周围经常会发现，许多人什么事都要掺和，还整天忙忙碌碌，这样的人是享受不到任何快乐的。只有在工作时专心投入，而且能够从工作中获得快乐的人，才能在游乐时感到喜悦。

## 态度决定你工作的成效

每个人都有不同的职业轨迹，有的人成为公司里的核心员工，受到老板的器重；有的人一直碌碌无为，不被人知晓；有些人牢骚满腹，总认为自己与众不同，而到头来仍一无是处……众所周知，除了少数天才，大多数人的天赋相差无几。那么，是什么在造就我们、改变我们？是态度！态度是内心的一种潜在意志，是个人的能力、意愿、想法、价值观等在工作中所体现出来的外在表现。

要看一个人做事的好坏，只要看他工作时的精神和态度。某人做事的时候，感到受了束缚，感到所做的工作劳碌辛苦没有任何趣味可言，那么他绝不会做出伟大的成就。

在企业之中，我们可以看到形形色色的人。每个人都持有自己的工作态度。有的勤勉进取；有的悠闲自在；有的得过且过。工作态度决定工作成绩。我们不能保证你具有了某种态度就一定能成功，但是成功的人们都有着一些相同的态度。

企业中普遍存在着三种人。

第一种人：得过且过。

玛丽的口头禅是："那么拼命干什么？大家不是拿着同样的薪水吗？"

玛丽从来都是按时上下班，按部就班；职责之外的事情一概不理，分外之事更不会主动去做。不求有功，但求无过。

一遇挫折，她最擅长的就是自我安慰："反正晋升是少数人的事，大多数人还不是像我一样原地踏步，这样有什么不好？"

第二种人：牢骚满腹。

史密斯永远悲观失望，他似乎总是在抱怨他人与环境，认为自己所有的不如意，都是由环境造成的。

他常常自我设限，使自己的潜能无法发挥。他其实也是一个有着优秀潜质的人，然而，却整天生活在负面情绪当中，完全享受不到工作的乐趣。

他总是牢骚满腹，这种消极情绪会不知不觉地传染给其他人。

第三种人：积极进取。

在企业里，人们经常可以看到桑迪忙碌的身影，他热情地和同事们打着招呼，精神抖擞，积极乐观，永争第一。

桑迪总是积极地寻求解决问题的办法，即使是在项目受到挫折的情况下也是如此。因此，他总能让希望之火重新点燃。

同事们都喜欢和他接触，他虽然整天忙忙碌碌，但却始终保持乐观的态度，时刻享受工作的乐趣。

一年后，玛丽仍然做着她的秘书工作，上司对她的评价始终不好不坏。一年一度的大学生应聘热潮又开始了，上司开始关注起相关的简历来。也许，新鲜的血液很快就会补充进来，玛丽的处境似乎有些不妙。

人们已经很久没有见到史密斯了，去年经济不景气，公司裁员，部门经理首先就想到了他。经济环境不好，公司更需要增加业绩、团结一致，史密斯却除了发牢骚，还是发牢骚。第一轮裁员刚刚开始，史密斯就接到了解聘信……

桑迪还是那么积极进取，忙碌的身影依然随处可见。他已经从销售员的办公区搬走，这一年，他被提升为销售经理，新的挑战才刚刚开始。

在公司里，员工与员工之间在竞争智慧与能力的同时，也在竞争态度。一个人的态度直接决定了他的行为，决定了对待工作时他是尽心尽力还是敷衍了事，是安于现状还是积极进取。态度越积极，决心越大，对工作投入的心血也越多，从工作中所获得的回报也就相应地更为理想。

玛丽、史密斯、桑迪三人，一个面临失业的危险，一个已经被解聘，一个得到晋升。这并不是说得到晋升的桑迪比史密斯、玛丽在智力上更突出，而是不同的工作态度导致的。尤其是在一些技术含量不高的职位上，大多数人都可以胜任，能为自己的工作表现增加砝码的也就只有态度了。这时，态度就是你区别于其他人，使自己变得重要的一种能力。

如果一个人轻视他自己的工作，而且做得很粗陋，那么他绝不会尊敬自己。如果一个人认为他的工作辛苦、烦闷，那么他的工作绝不会做好，这一工作也无法发挥他内在的特长。在社会上，有许多人不尊重自己的工作，不把自己的工作看成创造事业的要素、发展人格的工具，而视为衣食住行的供给者，认为工作是生活的代价、是不可避免的劳碌，这是多么错误的观念啊！

人往往就是在克服困难过程中，产生了勇气、坚毅和高尚的品格。常常抱怨工作的人，终其一生，绝不会有真正的成功。抱怨和推诿，其实是懦弱的自白。

在任何情形之下，都不要允许你对自己的工作表示厌恶，厌恶自己的工作，这是最坏的事情。如果你为环境所迫，而做着一些乏味的工作，你也应当设法从这乏味的工作中找出乐趣来。要懂得，凡是应当做而又必须做的事情，总要找出工作中的乐趣来，这是我们对于工作应持的态度。有了这种态度，无论做什么工作，都能有很好的成效。

各行各业都有发展才能、都有晋升的机会。在整个社会中，实在没有哪一个工作是可以藐视的。一个人的终身职业，就是他亲手制成的雕像，是美丽还是丑恶，可爱还是可憎，都是由他一手塑造的。人的一举一动，无论是写一封信、出售一件货物，或是一次谈话、一个思想，都是在说明雕像的美或丑，可爱或可憎。

不论做何事，务须竭尽全力，这种精神的有无可以决定一个人日后事业上的成功或失败。如果一个人领悟了通过全力工作来免除工作中的辛劳的秘诀，那么他也就掌握了达到成功的原理。倘若能处处以主动、努力的精神来工作，那么即便在最平庸的职业中，也能增加他的权威和财富。

当一个人喜爱他的工作时，你可以一眼看出来。他非常投入，他表现出来的自发性、创造性、专注和谨慎，十分明显，而这在那些视工作为应付差事、乏味无聊的人那里，是根本看不见的。

即使是补鞋这么个低微的工作，也有人把它当作艺术来做，全身心地投入进去。无论是打一个补丁还是换一个鞋底，他们都会一针一线地精心缝补。这样的补鞋匠你会觉得他就像一个真正的艺术家。但是，另外一些人则截然相反。随便打一个补丁，根本不管它的外观。好像自己只是在谋生，根本没有热情来关心自己活儿的质量。前一种人好像热爱这项工作，不总想着会从修鞋中赚多少钱，而是希望自己手艺更精，成为当地最好的补鞋匠。

我知道100多年前有一位家住罗得岛的人，他殚精竭虑，砌了一堵石墙，就像一位大师要创作一幅杰作一样，其专注程度甚至有过之而无不及。他翻来覆去地审视着每一块石头，研究这块石头的特点，思考如何把它放在最佳的位置。砌好以后，站在附近，从不同的角度细细打量，像一位伟大的雕刻家欣赏着粗糙的大理石变成的精美塑像，其满足程度可想而知。他把自己的品格和热情都倾注到每一块石头上。每年到他的农庄参观的人络绎不绝，他也很乐意解说每一块石头的特点，以及自己是如何把它们的个性充分展现出来的。

你会问砌一堵石墙有什么意义呢？这堵石墙已经存在了一个多世纪，这就是最好的回答。

## 成长比薪水更宝贵

也许是亲眼目睹或者耳闻父辈或他人被老板无情解雇的事实，现在的年轻人往往将社会看得比上一代更冷酷、更严峻，因而也就更加现实。在他们看来，我为公司干活，公司付我一份报酬，等价交换，仅此而已。他们看不到薪水以外的价值，在校园中曾编织的美丽梦想也逐渐破灭了。没有了信心，没有了热情，工作时总是采取一种应付的态度，宁愿少说一句话，少写一页报告，少走一段路，少干一个小时的活……他们只想对得起自己目前的薪水，从未想过是否对得起自己将来的薪水，甚至是将来的前途。

某公司有一位员工，在公司已经工作了 10 年，薪水却不见涨。有一天，他终于忍不住内心的不平，当面向雇主诉苦。雇主说："你虽然在公司待了 10 年，但你的工作经验却不到 1 年，能力也只是新手的水平。"

这名可怜的员工在他最宝贵的 10 年青春中，除了得到 10 年的新员工工资外，其他一无所获。

也许，这个雇主对这名员工的判断有失准确和公正。但我相信，在当今这个日益开放的年代，这名员工能够忍受 10 年的低薪和持续的内心郁闷而没有跳槽到其他公司，足以说明他的能力的确没有得到更多公司的认可，或者换句话说，他的现任雇主对他的评价基本上是客观的。

这就是只为薪水而工作的结果。

大多数人因为不满足于自己目前的薪水，而将比薪水更重要的东西也丢弃了，到头来连本应得到的薪水都没有得到。这就是只为薪水而工作的可悲之处。

如果要让我对于刚跨入社会的青年所遇到的切身问题发表意见，那么我希望每个青年都切切牢记："在你们开始工作的时候，不必太顾虑薪水的多少，而一定要注意工作本身所给予你们的报酬，比如发展你们的技能，增加你们的经验，使你们的人格为人所尊敬等。"

雇主交付给我们的工作可以展示我们的才能，所以，工作本身就是我们人格品性有效的训练工具，而企业就是我们生活中的学校。有益的工作能够使人丰富思想，增进智慧。

如果一个人只是为着薪水而工作，而没有更高尚的目的，那么这实在不是一种好的选择。在这个过程中，受害最深的倒不是别人，而是他自己。他就是在日常的工作中欺骗了自己，而这种因欺骗蒙受的损失，即便他日后奋起直追、振作努力，也不能赶上。

雇主只支付给你微薄的薪水，你固然可以敷衍塞责来加以报复。可是你应当明白，雇主支付给你工作的报酬固然是金钱，但你在工作中给予自己的报酬，乃是珍贵的经验、优良的训练、才能的表现和品格的建立，这些东西的价值与金钱相比，要高出千万倍。

许多年轻人认为他们目前所得的薪水太微薄了，所以竟然连比薪水更重要的东西也宁愿放弃了。他们故意躲避工作，在工作过程中敷衍了事，以报复他们的雇主。

这样，他们就埋没了自己的才能，消灭了自己的创造力和发明才能，也就使自己可能成为领袖的一切特性都无法获得发展。为了表示对微薄薪水的不满，固然可以敷衍了事地工作，但长期地这样做，会使自己的生命枯萎，使自己的希望断送，终其一生，只能做一个庸庸碌碌、心胸狭隘的懦夫。

每个人对于自己的职位都应该这样想：我投身于企业界是为了自己，我也是为了自己而工作；固然，薪水要尽力地多挣些，但那只是个小问题，最重要的是由此获得踏进社会的机会，也获得了在社会阶梯上不断晋升的机会。通过工作中的耳濡目染获得大量的知识和经验，使自己的能力得以迅速提升，这将是工作给予你的最有价值的报酬。

能力比金钱重要万倍，因为它不会遗失也不会被偷。许多成功人士的一生跌宕起伏，有攀上顶峰的兴奋，也有坠落谷底的失意，但最终能重返事业的巅峰，俯瞰人生。原因何在？是因为有一种东西永远伴随着他们，那就是能力。他们所拥有的能力，无论是创造能力、决策能力还是敏锐的洞察力，绝非一开始就拥有，也不是一蹴而就，而是在长期工作中积累和学习得到的。

你的雇主可以控制你的工资，可是他却无法遮住你的眼睛、捂上你的耳朵，阻止你去思考、去学习。换句话说，他无法阻止你为将来所做的努力，也无法剥夺你因此而得到的回报。

许多员工总是在为自己的懒惰和无知寻找理由。有的说雇主对他们的能力和成果视而不见；有的会说雇主太吝啬，付出再多也得不到相应的回报……

一个人如果总是为自己到底能拿多少工资而大伤脑筋的话，他又怎么能看到工资背后的成长机会呢？他又怎么能学会到从工作中获得的技能和经验，对自己的未来将会产生多么大的影响呢？这样的人只会逐渐将自己困在装着薪水的信封里，永远也不会懂得自己真正需要什么。

总之，不论你的雇主有多吝啬、多苛刻，你都不能以此为由放弃努力。因为，我们不仅是为了目前的薪水而工作，我们还要为将来的薪水而工作，为自己的未来而工作。一句话，薪水是什么？薪水仅仅是我们工作回报的一部分。

世界上大多数人都在为薪水而工作，如果你能为自己的成长而工作，你就超越了芸芸众生，也就迈出了成功的第一步。

从前在宾夕法尼亚的一个山村里，住着一位卑微的马夫，后来这位马夫竟然成了美国最著名企业家之一。他靠着惊人的魄力和独到的思想撑起了事业的大厦，他一生的成就为世人所景仰。他就是查尔斯·齐瓦勃先生。

年轻的朋友们很关心齐瓦勃先生的成功，那么为什么他会获得成功呢？齐瓦勃先生的成功秘诀是：每谋得一个职位，他从不把薪水的多少视为重要的因素，他最关心的是新的位置和过去的职位相比较，是否前途和希望更为远大。

他最初在我的工厂里做工，当时他就自言自语地说："终有一天我要做到本厂的经理。我一定要努力做出成绩来给老板看，使老板主动来提拔我。我不会计较薪水的高低，我只要记住：要拼命工作，要使自己工作所产生的价值，远超过我所得的薪水。"他下定决心后，便以十分乐观的态度，心情愉快地努力工作。在当时，恐怕谁也不会想到齐瓦勃先生会有今日巨大的成就。

齐瓦勃的童年时代家境异常艰苦，家中一贫如洗，所以，他只受过很短时间的学校教育。齐瓦勃从 15 岁开始，就在宾夕法尼亚的一个山村里做马夫。两年之后，他又获得了另外一个工作机会，周薪为 2.5 美元。但他仍然无时无刻不在留心其他的工作机会，果然他又遇到一个新的机会，他应某位工程师之邀，去我钢铁公司的一个建筑工场工作，工资由原来的周薪 2.5 美元变为日薪 1 美元。做了一段时间后，他就又升任技师，接着一步一步升到了总工程师的职位。到了齐瓦勃 25 岁时，他晋升到房屋建筑公司的经理了。5 年之后，齐瓦勃开始出任我的钢铁公司总经理。到 39 岁时，齐瓦勃接过了全美钢铁公司的权柄，出任总经理。如今，他是贝兹里罕钢铁公司的总经理。

齐瓦勃只要获得一个位置，就决心要做所有同事中最优秀的人。他绝不会像某些人那样脱离现实胡思乱想。有些人经常会不守公司的纪律，常常抱怨公司的待遇，甚至宁愿在街头流浪，静待所谓的良机，也不愿刻苦努力。齐瓦勃深知，只要一个人有决心、肯努力、不畏难，必定可以成为成功者。在今天的年轻人看来，齐瓦勃先生一生的奋斗与成功故事，简直是一个情节曲折的传奇，但更是一个对人教益最大的典范。从他一生的成功史中，我们可以看到努力劳动所具有的非凡价值。干任何事情，他都能做到非常乐观而愉快，同时在业务上求得尽善尽美、精益求精。所以，在他与同事们一起工作时，那些有难度、要求高的事情，都得请他来处理。齐瓦勃先生做事的态度是一步一个脚印，他从不妄想一步登天、一鸣惊人，所以，他地位的上升也是水到渠成、天意使然。

## 工作让你更年轻

马克·H·赫林德和史坦利·A·弗兰克医生在《健康世界》上介绍过一位住在堪萨斯市的81岁的女人，说她将一张摇椅退还给她女儿，并附言："我太忙了，没有时间坐摇椅。"

这个母亲懂得了要成熟不要变老的方法。她知道工作才是对生活和健康最有用的东西。

如果你认为幸福就是获得无止境的悠闲，如果你希望退休后可以一直躺在摇椅上，那么你只是进入了愚人的天堂。要知道懒惰是人类最大的敌人，它只会制造悲哀、早衰和死亡。

适量的工作，只要不是过度紧张的工作，就不会对人造成伤害，但过分的安逸却会造成伤害。

可见工作是对延迟年老造成影响的一个因素。德国脑科研究机构的欧·弗格特博士，在不久前的一次国际老年问题研讨会上提出：脑细胞的剧烈运动可延迟老化的进程。过度工作，不仅不会伤害神经细胞，反而可以延迟其向年老转化。弗格特博士公布了他对正常人脑神经细胞所做的显微研究结果，重点观察其随年龄而产生变化的情况。分别在90岁和100岁时去世的两个女人的非常活跃的脑中，发现她们的脑神经细胞老化的情况都相应地延迟。

"并且，"弗格特博士说，"我们通过对研究对象的观察，找不到因过度工作而加速神经细胞老化的证据。"

"退休的人早死"——听起来真实得令人感到悲哀。从活跃、忙碌、有益的活动状态中转入整天虚度光阴或漫无目的地排遣时日的薄暮世界中，破坏了我们的生命力，降低了承受力，以致造成早死。在退休后仍然保持快乐的人是那些把退休当作只是换个工作的人。

下面是汤玛士·克林先生的研究。他是芝加哥“每日新闻”的专栏编辑，也是《黄金年华》一书的作者。克林先生认为强制退休的规定“十分残忍”，以下是他的观点：

“7 年来，我访谈了无数年届或刚逾 65 岁的工作者。根据我的观察，强制退休的规定十分残忍，假如同样的情形发生在狗或马的身上，相信它们必定无法忍受。至少，马在告老退休之后，还能随时奔跑到草原之上，嚼食青草，而狗也是被喂养到老死为止。

“但是，人的情形并不只是生计问题……这同时也伤害了这些人对自己能力的信心，更伤害了他们精神上的尊严。

“对人来说，因年老而变得无用是极为可怖的现实，连天使都无能为力。人被剥夺了工作权、收入甚至自尊，只因他已年届 65 岁——这不是极残酷吗？”

那么，为什么人们不起来反对这样的无理规定呢？根据印第安纳州的调查，有 90%的工作者，表示不愿在 65 岁的时候被强迫退休。在某些大工厂里面，此百分比更高达 95%。

从来没有任何心理学或生理学上的理论，说明人在这个年龄会失去工作能力。衰弱或无能，可发生在任何年纪，而对不同的人来说，发生的时间也可能各不相同……假如我们不常常使用双手，双手便不会那么灵巧；假如我们不常常使用大脑，大脑也会很快衰退。当然，每个人都必须在某个时期停止工作，却绝不是非在 65 岁时。

我们若把工作当成是谋生工具，必须等到退休或死亡才能告一段落，则无疑剥夺了生为人类所能拥有的最大满足感。工作本身是件极好的事，除了有益健康，更能影响一个人的气质。因此工作在我们的生命之中，是个极高贵的成分。

所有的工作都具服务性质。无论是烹饪、刷地板、装配零件，或是练习一个舞步，它的主要目的是要使生活更美好、更舒适、更快乐。因此，工作本身极富创意性。假如我们想从工作中获得快乐或好处，都得重视这个富有创意性的目的。

英国著名的电影制作人蓝克先生说过：“许多人常常忘记‘为什么’会有

某个行业的理由。一个制造座椅的工厂，不仅只是生产座椅和获取利润，其主要任务是要制造出人人喜欢坐的椅子来。假如从事此行业的人，忘了自己工作的任务或目的，终有一天会发现——别人不但把他制造的椅子拿出去扔掉，连他想要的利润，也都不翼而飞了。”

是的，工作是生命之动力。假如我们被剥夺了工作权，无论理由如何，我们都会感到十分痛苦。许多治疗机构都采用工作治疗法，如精神病院、监狱、疗养院及其他被隔离起来的地方。一般人认为：“人一旦退休，便开始走向死亡。”话虽残酷，却是事实。人一旦从各种活动中退休，由忙碌的有意义生活变成无目标的“纯消遣”生活，便会使原有的旺盛精力熄灭，因而降低了身体的抵抗力，迅速步入死亡。假如你想在退休后仍能快乐生活，最好是用别的工作来取代原有的忙碌生活。

规定人必须在年届 65 岁的时候退休，这种过时的观念是四轮马车时代的残遗，是任何进步国家都应引以为耻的做法。规定 65 岁必须退休，这是在 1870 年首先由“铁路工作人员退休系统”所采用；接着，是 1937 年由“社会安全系统”来使用。由于 1900 年之后，人类的寿命已逐渐增加了 20 岁，所以，65 岁的退休年龄，现已显得不太合理。无论是男是女，许多 65 岁的人都还精力十分旺盛，根本不预备躺进安乐椅或走向殡仪馆。

政府为什么从来不向这些极力主张废除这种退休制度的人——一群 65 岁的工作者——征询意见呢？很明显的一个事实是，几乎所有正在工作着的人都不愿到 65 岁时就被强迫退休。

鉴于工商业界对于雇用老年人所持的态度，令人感到欣慰的是他们有很多人都到外面为自己找份工作。茱丽艾达·K·亚瑟是一位社会福利方面的权威人士，根据她的调查显示：“1950 年的普查报告有一个最值得注意的就业事实，那就是有几十万超过 75 岁的老人仍在继续工作，他们之中很多都属于没有雇主的自由职业者。”

1954 年，首都人寿保险公司公布了一项报告：65—69 岁之间的男人有 3/5 就业；70—74 岁之间的男人也有 2/5 就业；75 岁以上的男人仍有 1/5 在工作。他们大多从事的是自由职业。

这些数字再一次有力地证明了这样一个事实——工作的能力和意愿并不会在 65 岁时突然丧失。

只要有能力，大多数的人仍然想继续工作，而不愿因为某个养老金计划制订者说他们应该退休就退休。越来越多的工作者对不公平的强迫退休制度的抗议，已经收到一些良好的效果，一些公司延长了退休年龄年限或使它较具弹性。可惜的是，这样的公司还是很少。还要多久，人的工作权利才能不再因为年龄的增高，不再不顾他的需要、能力和意愿而被无情地剥夺掉？

在不久前于纽约州举行的一次老年问题研究会中，当场宣读了一份由杰出的老政治家伯纳德·M·巴鲁克拍给大会的电报。在电文中，巴鲁克先生强烈呼吁废除强迫退休的制度，他说这种制度“对那些虽然年龄很大，但仍然愿意而且有能力继续工作的人来说不是恩惠，是否应该退休不应从年龄而应从能力的角度来考虑”。巴鲁克先生说：“年纪越大的人越是已经获得了无法取代的丰富经验资产的人。”

已经 83 岁还在担任密歇根州老年问题研究委员会委员的亨利·S·柯特斯博士是美国在这方面的权威人士之一，他的话直指对老年人就业的不公平歧视：“强迫退休是存在于工商业界的一项严重的失误，因为它使许多最佳的人才闲置浪费，而且也使受雇者晚年时期想要做好工作的热情受挫。无论是对有能力而且愿意继续工作的人还是对纳税的大众都是一个严重的错误。工作的权利是一项基本的人权，65 岁退休制度的存在是一项基本的人类错误。”

说得精彩，柯特斯博士！愿策划者和官僚们能来听听反对“强迫退休法案”的睿智而强烈的呼声。“65 岁退休的制度规定，”柯特斯博士又说，“是独断的、专横的，不管是从生理学还是从心理学上来讲，都没有什么理论能证明一个人的工作能力会在 65 岁时突然失去。任何年龄都可能变得软弱，这因人而异。如果我们停止动手工作，双手很快就会失去它的灵敏度；如果我们停止用脑思考，大脑就会很快衰老。每一个工作者都应该自己选择放弃工作的时间，在他自认不能胜任他的工作的时候。”

工作是年轻人所无法想象的快乐之一。不管是体力工作还是脑力工作，都是自然赋予我们的可以不断成长而不变老的最神奇的一种力量。

想要避免随一个人变老而来的危险的人，最好能像本节开始时提到的那个 81 岁的女人那样：退掉摇椅，忙碌起来！

# 第六章

# 从计划到行动

# 让目标引领成功

不甘做平庸之辈的人，必须要有一个明确的追求目标，才能调动起自己的智慧和精力。

心中拥有目标，便会使自己不会太留意与之不相关的烦恼，不会与不相关的小麻烦斤斤计较，这会使你变得豁达、开朗。因为人的注意力是很有限的，一旦他（她）全身心地为自己的目标而努力，去冥思苦想时，其他的事情是很难在其脑子里停留的，这个道理极其明显。

心中有了目标，人就会专门去找一些相关的麻烦来解决，以便自己为实现目标而进行一些必要的锻炼。这样，使人在不知不觉中培养起了积极的人生态度和勇于迎接困难的优良品质。

在现实生活中，确实有许多“平庸之辈”有不甘平庸之心，这是一个积极入世的人不容回避的问题。作为一个平凡的人，尽管不可能都轰轰烈烈，但是能使平凡的人生较常人有稍许不平凡，尽可能比别人强一些，是肯定能办到的。

我们需要提升生存的智慧，思考成功，追求卓越，对人生的意义、人生的价值、人生的幸福等问题交出较完美的答卷。不甘平庸、崇尚奋斗，正是人生之歌的主旋律。

没有明确的目标，没有目标的努力，显然如竹篮打水，终将一无所有。

目标是获得成功的基石，是成功路上的里程碑。目标能给你一个看得见的靶子，你一步一个脚印去实现这些目标，就会有成就感，就会信心百倍，向高峰挺进。

成功，是每一个追求者的热烈企盼和向往，是每一个奋斗者为之倾心的夙愿。在目标的推动下，人就能够被激励、鞭策，处于一种昂扬、激奋的状态，去积极进取、创造，向着美好的未来挺进。

目标是一种持久的热望，是一种深藏于心底的潜意识。它能长时间调动你创造激情，调动你的心力。你一旦想到这种强烈的愿望，就会产生一种核能般的动力，就会有一种钢铸般的精神支柱。一想到它，你就会为之奋力拼搏，就会尽力完善自我，在艰难险阻面前，决然不会轻易说“不”字。为了目标的实现，去勇敢地超越自我，跨越障碍，踏出一条坦途。

目标是信念、志向的具体化，奋斗者一定要有梦想，并敢于做“大梦”，梦想正是步入成功殿堂的动力源。许多精英俊杰都是出色的梦想者，他们无一不笃信大梦能成真。他们梦想的目标一旦确立，就会万难不屈、坚毅果敢，充分发掘自己的潜能，将自己的才华优势发挥到极致，以百倍的努力冲刺、攀登。

正如美国成功学家拿破仑·希尔所言：“你过去或现在的情况并不重要，你将来想获得什么成就才最重要。除非你对未来没有理想，否则做不出什么大事来。一有了目标，内心的力量才会找到方向。”

可以说，一个人之所以伟大，首先在于他有一个伟大的目标。

在人的成长过程中，必须经历胎儿期、继承期、创造期和发展期几个阶段，在第二、第三阶段中，有一个目标选择期，即从学校毕业到就业前后，是确定奋斗目标的阶段。

一个人能否成功，确定目标是首要的战略问题。目标能够指引人生、规范人生，是成功的第一要义。目标之于事业，具有举足轻重的作用。忽视目标定位的人，或是始终确定不了目标的人，他的努力就会事倍功半，很难到达理想的彼岸。确立目标，是人生的第一乐章。

## 及时调整错误的目标

执着的追求是应该嘉许和称道的。但如果明知道不行，却仍一条巷子走到黑，或明知客观条件造成的障碍无法逾越，还要硬钻牛角尖，这就不可取了。

目标、志向的调整，实际上是一种动态调整，是随机转移的。若发现你原来确定的目标与自己的条件及外在因素不适合，那就得改弦易辙，另择他径。

这种动态调整有以下的基本形式。

一是主攻方向的调节。若原定目标与自己的性格、才能、兴趣明显相悖，目标实现的概率为零，这就需要适时对目标做横向调整，并及时捕捉新的信息，确定新的、更易成功的主攻目标。

扬长避短是确定目标、选择职业的重要方法。在科学、艺术史上，大量人才成败的经历证明，有的人在某一方面具有良好的天赋和能力，但他不可能有多方面的强项；有的人在研究、治学上是一把好手，而一到管理、经营的岗位，他就一筹莫展、能力平平，甚至很差。

二是在原定目标基础上的调节。这时主攻方向不变，只是变更层次有所调整。若原目标定得过高了，只有很小的实现可能，必须调低，再继续积累，增强攻关的后劲。若原目标已实现，则要马不停蹄地制定新的更高层次的目标。若原目标定得太低，轻易就已跃过，则要权衡自己的能力、水平，将目标向上升级。

实现目标自然需要长期的努力。在为人生目标奋斗时，不能幻想一劳永逸，而要务实笃行、稳扎稳打、奋力前行。同时也要看到，每取得一点成功，都是向总目标靠近一步。取得了全局性的成功，也不是目标的终止，而恰恰是向更高一级目标攀登的开始。

三是在获得信息反馈之中调节。在原定目标中受挫而幡然醒悟，调整通道，重新把目标定在自己拿手的领域。美国科学家迈克尔逊青年时曾入海军学校，但他学习成绩很差，特别是军事课，长期不及格。学校多次批评教育，仍然不起作用，最后学校不得不把他开除。但是，他对物理实验却非常感兴趣，被开除后，他投入对物理的学习和研究，很快显示出才华。他长期孜孜不倦，苦苦钻研，不断攀登一个又一个高峰，终于做出被荣称为“迈克尔逊光学实验”的伟大创举，为相对论奠定了实验基础，成为美国第一个获得诺贝尔奖的人。

四是从预测未来中进行调节。社会的需要和个人的兴趣、才能、性格等都经常会发生变化。要善于打一个“提前量”进行预测，如才能的发展与年龄大小关系极大。任何才能都有其萌发期、发展期和衰退期，这样顺势而为，做出设想、规划，显然对目标定向是大有益处的。

五是对具体阶段目标视情况进行调节。大的目标要终生矢志追求，而小的阶段目标则可以进行适当的调节。科研人员在研究方向的选择上，有时为了能快出成果，改变思路而取得成功，这样的事情在科学史上不甚多见。

那么目标在什么情况下需要适时调整呢？一般来说如下几种情况必须调整人生目标。

第一，在环境发生重大变化的时候，任何人的人生目标都是特定时代特定环境的产物，而各种环境中主要是社会环境对人生目标具有决定作用。社会环境、自然环境的变化，会影响人生目标的变化，特别是重大的环境变化，常造成人生目标的重大改变。

所谓环境的重大变化时刻，是指两个方面发生的重大变化：一是国内外经济、政治、思想文化领域的大动荡，二是人们家庭的经济、政治、亲属关系等发生重大变化。这两个方面发生的重大变化，对人生目标都将产生影响。我们的原则是，无论环境发生什么变化，具体的目标（某个阶段的目标或某个方面的目标）可以变通，随时做好调节，但总目标应该矢志不移。

第二，在人才竞争的胜败转折的时刻。奋斗中的成与败，常常形成人生道路的转折点，这已被无数事实所证明。

第三，人生总流程中，前后两个阶段相更替的时刻。这种时刻，称为人生转折时刻。这种转折，或发生在人的生理发生转折时（发育或疾病造成的），或发生在人的社会地位发生突变的时候，或发生在人的社会智能结构发生质变前后。总之，是人自身某种或某些条件发生重要变化的时刻。这个时刻，也是容易引起人生目标发生改变的时刻。我们应努力防止在人生转折时刻发生人生目标的不良转变，防止因社会地位升高或降低而腐化或丧志、因疾病而颓丧、因智能提高而骄傲，应使人生目标始终保持正确的大方向，具体目标始终切实可行。

为目标下定义，不断修正，相信它会实现——成果就这样出现了。任何人都能完成他们所想的，你也一样。但第一步，你必须知道这伟大的成就是什么；下一步就是设计许多能令你保持高昂情绪的小目标，让它们逐步引导你迈向成功。

每天对工作选择实行，对优先顺序做了解，对你大有助益。确信自己的努力没有白费，而且要求事半功倍。谨慎而自觉地决定事情先后，一般人从不这样做。他们只是任性而为，随波逐流。他们是基于恐惧、气愤和报复，而非为了活得更好而努力；他们不求提高效率，而周旋于私人党派或政治成功的梦想，最终一切幻化为泡影。

了解自己的需要和如何得到自己所想的。明白这些事情的轻重缓急，你可以按部就班地计划自己的每一天了。

# 行动前保持冷静

假如你在树林中碰到一个正在兴奋地锯树的人。

“你在干什么？”你问。

“你看不见吗？”一个人不耐烦地回答，“我要锯倒这棵树。”

“你看来已筋疲力尽了！”你大声说道，“你干了多久了？”

“5个多小时了。”他回答，“我是筋疲力尽了。这是件重活。”

“嗨，你为什么不停几分钟，把锯磨快？”你问，“我可以肯定这样做会使你锯得更快些。”

“我没有时间磨锯。”此人断然地说，“我忙得哪有时间磨锯？”

此时，你一定会笑锯树人的愚蠢，因为我们都知道——“磨刀不误砍柴工”。可是生活中的你是否也注意经常磨快自己的“锯子”，以加快成功的步伐呢？

自从高桥太郎开车以来，已经有20多个年头了。刚开始学开车的时候，有一位长辈教导高桥太郎一件事，使他终身都感激。那位长辈教导他，如果发现车子有故障，你一定要原封不动地绕车走一圈。

例如，当一个前车轮陷入水沟里时，很多人都会惊慌失措地向后退，其实，这样反而很容易使车子发生另一个故障。倘若在采取措施之前，先绕车一周的话，你就能了解整体的状况，清楚车子到底为什么会成这个样子。最重要的是，能把因偶发事件所带来的那种手足无措的心情先行稳定下来。

由此可见，如果面临很糟糕的状况时，会因瞬间的注意而转移张皇失措的心情，把自己引导到有利的方向去。一位围棋大师在自己的著述中说，为了迅速恢复冷静，面临暗想糟糕的一瞬间，脑海里马上要浮起若干跟围棋无关的事，高尔夫球也好，麻雀也好，也不妨想些温室里的花朵或庭院的草木等。

当你在凝思的时候，情绪就会逐渐趋于稳定，并且变得心平气和起来。在某种情况下，如果做错了什么事，不妨立即离开座位，到洗手间去用冷水洗脸，或者望着窗外，幻想赛马获胜的情景。

当一个人暗想糟糕时，神经一定非常紧张，而且会陷入狭窄的视野里。如果不能消除精神的紧张，即使平常看得见的各种情况，也会变得模糊起来，分析、解决问题的能力也随之减弱。这时候，如能在脑海里浮现若干别的事物，即可解除这种紧张感。

## 在行动中不断成熟

冬天来临的时候，雪花飘舞，北风劲吹，青年诅咒道："这鬼天气，冷死了！"青年因此心情糟糕。

夏天来临的时候，烈日炎炎，热浪阵阵，青年诅咒道："这热死人的天，为什么不是冬天呢？"青年因此心情糟糕。

一位老人见了，问青年："你为何一年四季总是愁眉不展？"

"因为我没有遇到一件快乐的事。"青年苦恼地说。

"其实，痛苦与快乐从来不曾分别过。你怎么可能一年四季只见痛苦，不见快乐呢？冬天有美丽的雪花，夏天有清纯的荷花，这些，你怎么都看不见呢？"老人说。

青年思索着老人的话。

老人道："年轻的朋友啊，不要以为痛苦只是痛苦，快乐只是快乐，其实它们如同一对孪生兄弟。如果你在品尝痛苦的滋味时，也能体味快乐的一面，那人生是多么有趣啊！"

青年人满面诚恳地问："人生怎么才能达到这种境界呢？"

"使自己变得成熟！"老人以不容置疑的口气说。

每个人都要接受生活的考验和筛选，成功者和失败者在成熟的过程中，往往会出现两种同化现象：一种向成功的同化，另一种向失败的同化。前者以自己某方面的成绩受到赞赏为起点和契机，促使走向成熟的主观努力越来越大，速度越来越快；后者由于不能正确地对待失败和挫折，逐步形成了无视现实和心安理得的习惯，最后放弃走向成熟的努力，表现出粗劣的品格和各种怪癖。

正确的人生总是在不停地追求成熟。但如果你以为经过努力，在某一天中就会得到那个梦寐以求的“成熟之果”，此后就可高枕无忧，慢慢地品尝和享用它，那实在是一种误会，成熟者的那些特征只存在于成熟者的不断追求中。

20 世纪，世界画坛上出了个“创新魔”——大画家毕加索。他具有画家的天才，到 16 岁那年，就因举办了个人画展而一举成名。直到他 91 岁离世前的那天清晨，在他漫长的人生旅途中，他劳作不已，共创作了 4500 多件艺术珍品。这些珍品记录了他经历写实主义时期、蓝色时期、玫瑰色时期及各种画风杂交时期的创作风格。他的画风不停地变，不仅观众应接不暇而骂他是“邪恶的天才”，就连评论家也惊斥他是“艺术的变色龙”，但是，最后举世公认，他是一位“20 世纪艺术的领路人”，是“一个点石成金的稀有之才”。尤其重要的是发现了他的成功之秘——他的作品全像是各种没有完全盛开的鲜花，或像是各种将熟未熟的鲜果。

由此，你平日发誓要追求的“成熟”，并不是一个放在距离你数米、数十米的目标点，而是一个过程，一个从无序—有序—新的秩序的不断循环的过程。

毕加索每每创立一种新画风时，都要经历这个过程，创造出“没有完全盛开的鲜花”和“将熟未熟的鲜果”时，他在追求成熟，而当他趋向成熟时，果子却又马上腐烂了。于是，又必须在这一刻之前，及时、果断、痛苦地超越这个“成熟”。对于他来说，就是另辟蹊径，扔掉已获得巨大声誉的画风，去追求充满失败风险的新人“不成熟”画风。

做人也一样，成熟只寓于追求的过程中。正如一位名家所言：“完善也和无极一样，不是为我们而存在的。”成熟只存在于不断与幼稚的抗争中，因为环境是不断变化的，人的心理也犹如大洋中的一条小舟漂荡不定。当然，人应该热衷于成熟与完善的追求，只有这样，才能接近美的境界。真正的成熟并不是以凝固的特征来表示，而是以过程来叙述。

你的脖子上挂的是一条不断趋向成熟和不断追求新的成熟的创造链。这就是成熟的意义所在。

# 第七章

# 掌控自我情绪

# 用积极的心态思考

乐观态度或悲观态度，是人类典型的也是最基本的两种倾向，它影响着我们的生活方式。美国医生做过这样一个实验：他们让患者服用安慰剂。安慰剂呈粉状，是用水和糖加上某种色配制的。当患者相信药力，就是说，当他们对安慰剂的效力持乐观态度时，治疗效果就显著。如果医生自己也确信这个处方，疗效就更为显著了。这一点已用实验得到了证实。悲观态度是由精神引起的，而又会影响到组织器官，有一个意外的事故能证明这一点。一位铁路工人意外地被锁在一个冷冻车厢里，他清楚地意识到他是在冷冻车厢里，如果出不去，就会冻死。不到 20 个小时，冷冻车厢被打开时人已死，医生证实是冻死的。可是，仔细检查了车厢，冷气开关并没有打开。那位工人确实死了，因为他确信，在冷冻的情况下是不能活命的。所以，在极端的情况下，极度悲观会导致死亡。一位乐观主义者却总是假设自己是成功的，就是说，他在行动之前，已经有了 85%的成功把握，而悲观主义者在行动之前，却已经认为自己是无可挽救了。

一个积极者就是一个这样的人：当他的鞋子穿破的时候，他只是认为他回到了光脚走路的时代。消极者说："我只有看见了才会相信。"积极者说："只要我相信我就会看见。"积极者采取行动，消极者静止不动。积极者看见半杯水会说它满了一半，消极者看见同样的半杯水会说它有一半是空的。原因很简单，积极者往杯子里倒水，而消极者却从杯子里取水。

在生活中，成功和失败之间仅仅只有毫厘之差。

例如，骏马奈斯华在不到一小时的赛跑中赢得了第一，得到了 100 万美元。在这仅有一小时的赛跑后面却藏着上千个小时的艰苦训练。显然，奈斯华这匹至少值 100 万美元的马一定是一匹罕见的好马。你可以用 100 万美元买 100 匹值 1 万美元的赛马，这是一个简单的算术题。一匹值 100 万美元的马比一匹值 1 万美元的马跑得要快 100 倍，对吗？错了！它能跑得比那匹马快 2 倍，对吗？还是错了！实际上，它只能比那匹马快 25%，或是只有 10%，或是 1%，对吗？还是错了！

那么究竟一匹值100万美元的马比值1万美元的马跑得快多少呢？几年以前，在阿林顿・福特瑞蒂，第一名和第二名的奖金差额是10万美元。这次比赛的跑程是1.25千米。第一名和第二名的差距仅有1/71280，而我们要重申的是，仅仅这点差距就值10万美元。

1974年在肯塔基的德比所举行的赛马比赛中，第一名骑手赢得了2.7万美元。不到2秒钟后，另一名骑手也骑着马冲过了终点线，他是第四名，只得到30美元。

生活就像一场比赛，我们无法改变它的规则。我们能够并且必须去做的是掌握这些规则，利用这些规则来发挥我们最大的潜能。

米歇尔曾经是一个不幸的人。

一次意外事故，把他身上65%以上的皮肤都烧坏了，为此他动了16次手术。手术后，他无法拿起叉子，无法拨电话，也无法一个人上厕所，但以前曾是海军陆战队员的米歇尔从不认为他被打败了。他说："我完全可以掌握我自己的人生之船，我可以选择把目前的状况看成倒退或是一个起点。"6个月之后，他又能开飞机了！

米歇尔为自己在科罗拉多州买了一幢维多利亚式的房子，另外也买了房地产、一架飞机及一家酒吧，后来他和两个朋友合资开了一家公司，专门生产以木材为燃料的炉子，这家公司后来变成佛蒙特州第二大私人公司。

在米歇尔开办公司后的第4年，他开飞机在起飞时又摔回跑道，把他的12条脊椎骨压得粉碎，腰部以下永远瘫痪。"我不解的是为何这些事老是发生在我身上，我到底是造了什么孽，要遭到这样的报应？"

米歇尔仍选择不屈不挠，丝毫不放弃，还日夜努力使自己能达到最高限度的独立自主，他被选为科罗拉多州孤峰顶镇的镇长，以保护小镇的美景及环境，使之不因矿产的开采而遭受破坏。米歇尔后来也竞选国会议员，他用一句"不只是另一张小白脸"的口号，将自己难看的脸转化成一项有利的资产。

尽管面貌骇人、行动不便，米歇尔却坠入爱河，且完成终身大事，也拿到了公共行政硕士证书，并坚持他的飞行活动、环保运动及公共演说。

米歇尔说："我瘫痪之前可以做1万件事，现在我只能做9000件了，我可以把注意力放在我无法再做的1000件事上，或是把目光放在我还能做的9000

件事上。告诉大家我的人生曾遭受过两次重大的挫折，如果我能选择不把挫折拿来当成放弃努力的借口，那么，或许你们可以用一个新的角度，来看待那些一直让你们裹足不前的经历。你可以退一步，想开一点，然后你就有机会说：‘或许那也没什么大不了的！’”

由此可见，积极的人生态度是一个人获得成功的一项重要原则，你可将此原则运用到你所做的任何工作上。如果你不了解如何应用积极的人生态度，就无法从工作中得到最大的效益。

事实上，如果你掌握你的思想，并引导它为你的目标服务，你就能享受：

1. 为你带来成功环境的成功意识；
2. 生理和心理的健康；
3. 独立的经济；
4. 出于爱心而且能表达自我的工作；
5. 内心的平静；
6. 驱除恐惧的信心；
7. 长久的友谊；
8. 长寿而且各方面都能取得平衡的生活；
9. 免于自我限定；
10. 了解自己和他人的智慧。

如果你所抱着消极的人生态度，你将会尝到苦果：

1. 生命中的贫穷和凄惨；
2. 生理和心理疾病；
3. 使你变得平庸的自我限定；
4. 恐惧和所有具有破坏性的结果；
5. 你痛恨帮助自己的方法；
6. 敌人多、朋友少的处境；
7. 人类所知的各种烦恼；
8. 成为所有负面影响的牺牲品；
9. 屈服在他人意志之下；
10. 对人类没有贡献的颓废生活。

通过比较，到底应该树立什么样的人生态度，应该是显而易见的了。

# 学会为自己打气

以下是拳击手杰克·丹普先生远离忧虑的故事。

在我的拳击生涯中，我发现最强劲的敌人不是那些重量级的选手，而是自己内在的情绪困扰，因为情绪上的忧虑不但会消耗体力，还会影响拳击的赛果。所以，我为自己制定了一套原则以保持充沛的体力与旺盛的精力。这一套原则就是：

1．为了让自己有充分的勇气，每当拳赛开始前我都会自我鼓励一番，反复地对自己说："不要怕，没有什么可以伤得了我的，他无法击倒我。"这种积极的鼓舞确实产生了不少作用。

例如，在我和佛波比赛的时候，我不断地对自己说："没有人打得过我，他伤不了我，他的拳头伤不了我，我不会受伤，不管发生什么事，我一定要勇往直前。"像这样为自己打气，使想法趋向积极，对我帮助很大，甚至使我不觉得对方的拳头在攻击。在我的拳击生涯中，我的嘴唇曾被打破，我的眼睛曾被打伤，肋骨曾被打断，而佛波的一拳将我打得飞出场外，摔在一位记者的打字机上，把打字机压坏了，但我对佛波的拳头却并无感觉。只有一次，那晚李斯特·强森一拳打断了我的3根肋骨，那一拳虽不致让我倒下，但影响到了我的呼吸。我可以坦白地说，除此之外，我在比赛中未对任何一拳有过知觉。

2．我一再地提醒自己，忧虑不但于事无补，反而还会产生相反效果。我的大部分忧虑，都出现在我参加重大比赛之前，也就是接受训练期间。我经常在半夜醒来，一连好几个钟头，心里十分忧虑，辗转反侧，无法成眠。我担心会在第一回合中被对方打断手，或扭了脚，或眼睛被严重打伤，如果是这样的话我就不能充分发挥攻势。所以，每次我因为担心第二天的赛程而睡不着觉时，就会下床对着镜子中的自己说："你真是个傻瓜，何必为了尚未发生的事或根本不会发生的事而担忧呢？人生如此短暂，应该好好把握、享受生命才是啊，还有什么比健康更重要呢？"这样日复一日、年复一年地提醒自己，久而久之，这些话好像印到我的骨髓里，经常浮现在脑海中，帮助我克服了许多情绪上的困扰。

3．最后一项也是最重要的一项就是祷告。一天中多次祈祷，拳击赛中每次回合的铃响前、每餐吃饭前、每晚入睡前，我都会虔诚地祷告，祈求上帝赐给我力量与勇气，让我打好每一场人生战役。我的祈祷获得了回应吗？当然，上帝对我的回报远超过我的付出！每天早晨给自己打气，是不是一件很傻、很肤浅、很孩子气的事呢？不是的，这在心理学上是非常重要的。

世界上不是每个人都要面临着巨大的困难，但是每个人身边都存在着若干问题。每个人都能通过暗示或自我暗示让激励产生作用。一种最有效的形式就是有意记住一句自我激励的话，以便在需要的时候，这句话能从下意识心理闪现到有意识心理，如“我激励你！”

阿廉·方索斯是美国密苏里州东南地区某农场的一个病孩子。他在小学遇到了一位优秀老师，这位老师鼓励小阿廉·方索斯去改变自己的世界。老师用挑战的方式鼓励他：“我激励你！”“我激励你成为学校中最健康的孩子！”“我激励你”成了阿廉·方索斯一生自我激励的语句。

他果真变成了学校中最健康的孩子。他在85岁逝世之前，帮助了数以千计的青年获得良好的健康，他还帮助他们立志高远，做事刚勇，服务周到。

“我激励你！”激励着他建立了美国最大的公司之一——若尔斯通培里拉公司；“我激励你！”激励他从事创造性的思考，把负债转化为资产；“我激励你！”激励着他组织美国青年基金会——它的目的是训练男女青年独立生活的能力。

“我激励你！”激励着阿廉·方索斯写了一本书，名叫《我激励你》。今天这本书正在激励着男人和妇女们勇敢地把这个世界改造为更好的社会。

阿廉·方索斯做了多么好的证明啊！一句自我激励语有力地帮助人们发挥积极的心态。

说到此不禁让人想起那些在兴旺的1920年里取得经济成功的人。那时他们是以极好的态度开始他们的事业。1930年经济萧条袭来的时候，他们便遭到了失败。他们破产了。他们的态度便从积极的变为消极的。他们的法宝被翻到了“消极的心态”那一面。他们停止了努力。他们像那些抱着消极心态的人一样变成了一蹶不振的失败者了。

有些人似乎在所有的时候都能充分使用积极的心态。有些人开始时使用，然后就停止使用了。但是，另一些人——我们中的大多数人——并没真正开始使用对于我们很有用的巨大力量。消极心态包括以下几个方面。

### 1．惰性导致愚昧无知

一件事对于不知事实或缺乏实际知识的人来说，似乎是合乎逻辑的；对于知道事实或具有实际知识的人来说，就可能是不合逻辑的了。当你在做决定的时候，如果你不肯保持开朗的心胸并坚持学习真理，那就是愚昧无知。消极的心态会在愚昧无知的基础上不断生长。

具有积极心态的人可能不知道事实，也缺乏实际知识。他可以不了解情况，然而他认识基本的前提——真理就是真理。因此，他就力图保持开朗的心胸，努力学习。他必须把他的结论奠基在他所知道的事情上，并且准备在他自己认识更多时，就改变这些结论。

现在让我再审视一下我们心理上的蛛网，这些似乎还存留在你的脑中：

（1）消极的感情、情绪、激情、习惯、信条和偏见。

（2）只看到别人眼中的“横梁”。

（3）由于语义上的歧义所产生的争论和误解。

（4）由于虚假的前提而做出的虚假结论。

（5）把概括一切的限制性的词或词组作为基本或次要的前提。

（6）“需要”有可能迫使人有不诚实的想法。

（7）不清洁的思想和习惯。

（8）担心应用心理的力量。

这样，你就可看到蛛网有许多种——有些是细小的，有些是巨大的；有些是脆弱的，有些是结实的。然而，如果你把你自己的蛛网再列一张表，然后仔细检查每个蛛网的各条蛛丝，你就会发现它们都是由消极的心态织成的。

你把它们考虑一会儿，然后你会发现由消极的心态所织成的最强有力的蛛网就是惰性蛛网。惰性会使你无所作为；如果你转向错误的方向，它就会使你不去抵抗或不思进取，你就会向下滑去。

### 2．警惕潜意识的误导

一个人的潜意识通常是难以改变的，它经常会配合你本身的才能或所曾犯过的错误，而把这些不愉快的经历返还给你。换言之，当你在潜意识中制造消极的观念后，潜意识便会将制造过的差错想法，不分时间而任意归还于你，因此在你的大脑思维时，极可能将你误导。

为避免遭受原有潜意识的误导，最好的方法是培养积极的想法，这无异于是在向你的潜意识灌输真理，而不久之后，你的潜意识也将开始把这些真理归还于你。

使潜意识变得积极的最佳方法便是摒除存在你思想或言谈间的消极想法。例如，每当人们意识到消极想法存在时，便会对自己的说话方式做一番分析，而且结果往往令人感到十分惊异。

因为许多人都存有类似的想法："我担心也许会来不及""轮胎是不是磨损了""我想，我办不到那件事""这个工作我大概无法胜任，因为我会忙不过来"等。此外，当事情有不好的发展结果时，他们就会说道："哦，果然不出我所料。"又如，在抬头望见天空布满乌云时，心情会变得忧虑起来，并说："我原本就知道会下雨。"

这些都属于消极心态。我们千万不可忽略"积少成多"的道理。当你的言谈中充满消极心态时，它会不知不觉地渗入你的思想深处，并积存它的影响力，而这种力量往往会滋长到令人惊异的地步，甚至会在不久之后使你陷入"无能症"的泥沼中。

所以，你要下定决心，要从自己的言谈间根除这种消极心态。因为对于这种消极的心态，最好的消除办法是——不论对任何事都要表示积极肯定的主张，如事情将有顺利的结果、能够胜任工作、不会招致失败、必会准时到达等。由于这种把积极想法说出来的做法具有相当于在内心中呼应的积极力量，因此它能使你感到一切都将顺利地进行。

曾经有一幅引擎油的广告，上面写着："洁净的引擎是力量的供应源泉。"这个广告的作者就一定有一个积极心态，这对他的事业必定产生积极影响。换言之，洁净的心会是力量的供应来源。因此，请洗净你的思想，赋予你自身一颗洁净的心吧！

为了克服障碍，你不妨采用"不相信失败"的哲学之道。通常人们处理障碍的结果往往决定于其本身所持的心态，因为人们的障碍大多数是源于心理上的问题。

也许你对此有所怀疑，但是任何人对于障碍的态度却绝对是心理方面的事。试想，当一件事从考虑到决定的过程中，是否是心理的活动？你对于障碍的想法如何，是否会决定你对它所采取的行动或态度？事实上，如果你面对障碍之初便在心中断言绝对无法克服它，你便会在自认为“反正做不到”的心理下真正无法克服了。相反地，如果你拥有克服障碍的信心，情况必然不同。

因此，请你牢牢记住：障碍绝对没有你想象中的那般困难，而是可以设法克服的。

无论在培养这种积极想法之初，你的信心是多么微小，只要持续保持这种想法，你必能获得成功。

# 愤怒比无知更有危害

如果你发脾气，对人家说出一两句不中听的话，你会有一种发泄感。但对方呢？他会分享你的痛快吗？你那火药味的口气、敌视的态度，能使对方更容易赞同你吗？“如果你握紧一双拳头来见我，”威尔逊总统说，“我想，我可以保证，我的拳头会握得比你的更紧。但是如果你来找我，说：‘我们坐下，好好商量，看看彼此意见相异的原因是什么。’我就会发觉，彼此的距离并没有那么大，相异的观点也并不多，而且看法一致的观点反而居多。你也会发觉，只要我们有彼此沟通的耐心、诚意和愿望，我们就能沟通。”

工程师史德伯希望他的房租能够减低，但他知道房东很难缠。“我写了一封信给他，”史德伯在讲习班上说，“通知他，合约期一满，我立刻就要搬出去。事实上，我不想搬，如果租金能减少，我愿意继续住下去，但看来并不可能，因为其他的房客都试过——失败了。大家都对我说，房东很难打交道。但是，我对自己说，现在我正在学习为人处世这一课，不妨试试，看看是否有效。

“他一接到我的信，就与秘书约时间来找我。我在门口欢迎他，充满善意和热忱。开始我并没有谈论房租太高，只是强调我多么喜欢他的房子。我真是‘诚于嘉许，惠于称赞’。我称赞他管理有道，表示我很愿再住一年，可是房租实在负担不起。他显然是从未见过一个房客对他如此热情，他简直不知道该怎么办才好。

“然后，他开始诉苦，抱怨房客，其中一位给他写过 14 封信，太侮辱他了。如果不能制止楼上那位房客打鼾的话，就威胁要退租。‘有你这种令人满意的房客，多令人轻松啊！’他赞许道。接着，甚至在我还没有提出要求之前，他就主动要减收我一点租金。我想要再少一点，就说出了我能负担的金额，他毫不犹豫就同意了。

“当他离开时，又转身问我：‘有没有什么要为你装修的地方呢？’

“如果我用的是其他房客的方式要求减少房租的话，我相信，一定会碰到同样的阻碍。使我达到目的的是使用了友善、同情、称赞的方法。”

再举一个例子。这次是一位女士——一位社交界的名人——戴尔夫人，来自长岛的花园城。戴尔夫人说：“最近，我请了少数几个朋友吃午饭，这种场合对我来说很重要。当然，我希望宾主尽欢。我的总招待艾米，一向是我的得力助手，但这一次却让我失望。午宴很失败，到处看不到艾米，他只派个侍者来招待我们。这位侍者对第一流的服务一点概念也没有。每次上菜，他都是最后才端给我的主客。有一次，他竟在很大的盘子里装了一道极小的芹菜，肉没有炖烂，马铃薯油腻腻的，糟透了。我简直气死了，我尽力从头到尾都强颜欢笑，但不断对自己说：等我见到艾米再说吧，我一定要好好给她一点颜色看看。

“这顿午餐是在星期三。第二天晚上，听了教人为人处世的一课，我才发觉，即使我教训艾米一顿也无济于事。她会变得不高兴，跟我作对，反而会使我失去她的帮助。我试着从她的立场来看这件事：菜不是她买的，也不是她烧的，她的一些手下太笨，她也没有办法。也许我的要求太严厉，火气太大。所以我不准备苛责她，反而决定以一种友善的方式做开场白，以夸奖来开导她。这个方法效验如神。第三天，我见到了艾米，她带着防卫的神色，严阵以待准备争吵。我说：‘听我说，艾米，我要你知道，当我宴客的时候，你若能在场，那对我有多重要。你是纽约最好的招待。当然，我很谅解，菜不是你买的，也不是你烧的。星期三发生的事你也没有办法控制。’我说完这些，艾米的神情开始松弛了。艾米微笑地说：‘的确，夫人，问题出在厨房，不是我的错。’我继续说道：‘艾米，我又安排了其他的宴会，我需要你的建议。你是否认为我们应再给厨房一次机会呢？’‘呵，当然，夫人，上次的情形不会再发生了！’下一个星期，我再度邀人午宴。艾米和我一起计划菜单，她主动提出把服务费减收一半。当我和宾客到达的时候，餐桌上被两打美国玫瑰装扮得多彩多姿，艾米亲自在场照应。即使我款待玛莉皇后，服务也不会比那次更周到。食物精美滚热，服务完美无缺。饭菜由四位侍者端上来，而不是一位。最后，艾米亲自端上可口的甜美点心作为结束菜品。散席的时候，我的主客问我：‘你对招待施了什么法术？我从来没见过这么周到的服务。’她说对了。我对艾米施行了友善和诚意的法术。”

大约在100年前，林肯就说过这个道理：

“当一个人心中充满怨恨时，你不可能说服他依照你的想法行事。那些喜欢骂人的父母、爱挑剔的老板、喋喋不休的妻子……都该了解这个道理。你不能强迫别人同意你的意见，但却可以用引导的方式，温和而友善地使他屈服。”

曾经有个格言：“一滴蜜汁比一加仑的胆汁更能吸引苍蝇。”如果你想说服一个人，首先要让他认为你是他的挚友，然后再逐渐达到说服的目的。多年以前，当我赤着脚，穿过树林，走路到密苏里州西北部一个乡下学校上学的时候，有一天我读到一则有关太阳和风的寓言。太阳和风在争论谁更强而有力。风说：“我来证明我更行。看到那儿有一个穿大衣的老人吗？我打赌我能比你更快使他脱掉大衣。”

于是太阳躲到云后，风就开始吹起来，越吹越大，大到像一场飓风。但是风吹得越急，老人越把大衣紧裹在身上。

终于，风平息下来，放弃了。然后太阳从云后露面，开始以它温暖的微笑照着老人。不久，老人开始擦汗，脱掉大衣。太阳对风说，温和和友善总是要比愤怒和暴力更强有力。

古老的寓言依旧合乎现代的意义。太阳的温和使人们乐意脱去外衣，风的冷峻反而使人们更加裹衣取暖。相同地，亲切、友善、赞美的态度，更能使一个人摒弃成见，抛下私我而面对理性，这是人性的自然流露。

波士顿是美国历史上的教育和文化中心，小时候的我根本不敢梦想能有机会看到它。为这件事做见证的是华尔医生，他在 30 年后变成了我那讲习班上的同学。以下是他在讲习班上所讲的故事。

那年头波士顿的报纸充斥着江湖郎中的广告——堕胎专家和庸医的广告。表面上是给人治病，骨子里却以恐吓的词句，类似“你将失去性能力”等，欺骗无辜的受害者。他们的治疗方法使受害者满怀恐惧，而事实上却根本不加以治疗。他们害死了许多人，却很少被定罪。他们只要缴点罚款或利用政治关系，就可以逃脱责任。

这种情况太严重了，波士顿很多善良的民众义愤填膺。传教士拍着讲台，痛斥报纸，祈求上帝能终止这种广告。公民团体、商界人士、妇女团体、教会、青年社团等，一致公开指责，大声疾呼——但一切都无济于事。议会掀起争论，指责这种无耻的广告不合法，但是在利益集团和政治的影响力之下，各种努力均告失败。

华尔医生是波士顿基督联盟的民众委员会主席，他的委员会用尽了一切方法，但都失败了。这场抵抗医学界败类的斗争，似乎没有什么成功的希望。

接着，有一天晚上，华尔医生试了波士顿显然没有人试过的一个办法。他所用的是仁慈、同情和赞美。他企图使报社自动停止那种广告。他写了一封信给《波士顿先锋报》的发行人，表示他有多么仰慕该报：新闻真实，社论尤其精彩，是一份完美的家庭报纸，他一向看该报。华尔医生表示，以他的看法，它是新英格兰地区最好的报纸，也是全美国最优秀的报纸之一。“然而，”华尔医生说道，“我的一位朋友有个小女儿。他告诉我，有一天晚上，他的女儿对他高声朗读贵报上有关堕胎专家的广告，并问他那是什么意思。老实说他很尴尬。他不知道该怎么回答。贵报深入波士顿上等人家，既然这种场面发生在我的朋友家里，在别的家庭也难免会发生。如果你也有女儿，你愿意她看到这种广告吗？如果她看到了，还要你解释，你该怎么说呢？很遗憾，像贵报这么优秀的报纸——其他方面几乎是十全十美——却有这种广告，使得一些父母不敢让家里的孩子阅读。可能成千上万的订户读者都和我有同感吧！”

两天以后，《波士顿先锋报》的发行人，回了一封信给华尔医生。日期是 1904 年 10 月 13 日。华尔医生将这封信保留了 1/3 世纪。他参加讲习班后，把它交给了我。我在写这段时，信就放在我的面前：

麻省波士顿华尔医生

亲爱的先生：

11日致本报编辑部来函收纳，至为感激。贵函的诤言，促使我实现本人自接掌本职后，一直有心于此但未能痛下决心改变的一件事。

从下周一起，本人将督促《波士顿先锋报》摒弃一切可能招致非议的广告。如暂时不能完全剔除的广告，也将谨慎编撰，不使它们造成任何不快。

贵函惠我良多，再度致谢，并盼继续不吝指正。

太阳能比风更快使你脱下大衣。仁厚、友善的方式比任何暴力更易于改变别人的心意。

# 正确处理愤怒

愤怒是一种常见的消极情绪，它是当人对客观现实的某些方面不满，或者个人的意愿一再受到阻碍时产生的一种身心紧张状态。在人的需要得不到满足、遭到失败、遇到不平、个人自由受限制、言论遭人反对、无端受人侮辱、隐私被人揭穿、上当受骗等多种情形下，人都会产生愤怒情绪。愤怒的程度会因诱发原因和个人气质不同而有不满、生气、愤怒、恼怒、大怒、暴怒等不同层次。发怒是一种短暂的情绪紧张状态，往往像暴风骤雨一样来得猛、去得快，但在短时间里会有较强的紧张情绪和行为反应。

易怒者主要与其个性特点有关，大都属于气质类型中的胆汁质。胆汁质的人直率热情、容易冲动、情绪变化快、脾气急躁、容易发怒。易怒还与年龄有关，青年人年轻气盛，情绪冲动而不稳定，自我控制力差，比中年人更易发怒。

愤怒的情绪对人的身心健康是不利的。人在愤怒时，由于交感神经兴奋，心跳加快，血压上升，呼吸急促，经常发怒的人还易患高血压、冠心病等疾病，愤怒还会使人缺乏食欲、消化不良，导致消化系统疾病，而对一些已有疾病的患者，愤怒会使病情加重，甚至导致死亡。这一点古人早有认识，如中医认为“怒伤肝”“气大伤身”等。

一般而言，生气时可归类为下列几种：

1．当你因某种因素感到受挫、受胁迫或被他人轻视时；当你朝着既定目标前进，却可能由于某人的行为而受到阻碍时。

2．当我们着实受到严重伤害，但为了掩饰自己的脆弱，于是代之以愤怒，以求自卫。

3．当某种情境或某人的行为勾起我们昔日某种不堪的回忆时。

4．当我们觉得自己的权利受到剥夺，或遭到某人误解时。

5．当我们受到惊吓或处事不当时，自己生自己的气。

我们的确有时免不了会生气，但却很少有人知道该如何来处理这种情绪。为了了解其中的原因，也为了探究愤怒产生的缘由，现在就让我们概要地来看一看一些可能伴随愤怒而来的情绪。

（1）自以为是

当我们对某件事感到愤怒时，容易坚信自己是站在正义的一方——而别人则是错得离谱。在此种情况下，你不妨先问一问自己，事实真是如此吗？如果我们仍旧深信不疑，继而选择了表达自己的愤怒，如此一来，你表现的，极可能就是一副得理不饶人、气焰嚣张的样子。你不妨扪心自问一下，你真的想给对方一点颜色瞧瞧吗？

也就是“他们敢？”的同义词。如果你有一丝一毫这种感觉，那么原因可能是你太看重约定了，或将他人的所作所为均看成和自己有利害关系，而非仅是他人的因素。举例来说，如果有个朋友答应你，要在星期一之前打电话给你，让你知道她是否能够帮你处理宴会事宜，但现在已经星期三了，而她依然没打电话过来——假使如此让你感到生气且义愤填膺，不要认为她一点都不尊重你，也许她只是临时有其他事耽搁了，所以无法打电话给你。纵使这样虽不能让愤怒消失无踪，但起码可以将它导向正轨。

（2）自尊受损

关于这方面的应对之道已多有论及。事实上，如果我们觉得自尊心受损，我们可能就会把事情看得过于个人化，认为他人的行为均是针对你的攻击或侮辱，即使他们并未存心如此。

（3）好下结论

此项与前两项，尤其是“自以为是”，有着相当密切的关系。有人做了我们无法苟同的事，因此“他一定是错的”。如果你是个好下结论的人，你的思考一定倾向于这种方式：他绝对是个笨蛋加三级的人。

倘若我们存有这种想法与感觉，往往就会在我们和相关者谈话时，于不知不觉间显露无遗。毕竟，很少人会真的直接明白地表达出自己的愤怒。

愤怒是一种极具毁灭力量的情绪，它不仅能够摧毁你的健康，而且可以扰乱你的思维，给你的工作和事业带来不良的影响。既然愤怒对我们的生活毫无用处，我们应该怎么做来克制自己的愤怒情绪呢？

首先，可以通过意志力控制愤怒，使愤怒情绪少产生，或有愤怒不发作。当愤怒时多想想盛怒之下失去理智可能引起的种种不良后果，心中不断提醒自己“不要发怒”，努力控制自己的情绪表现，这样可以起到控制愤怒的作用。

其次，可以主动释放愤怒情绪，将心中的愤懑、不平向人倾诉，从亲朋好友处得到规劝和安慰，可以缓解怒气。还可以在工作、学习中向使自己愤怒的人说明自己的不满，说出自己的意见，使矛盾得以调和，不满得以消除。

另外，易怒的人还可以尽量避免接触使自己发怒的环境，减少愤怒情绪，或者在即将发怒时通过转移注意力而减轻愤怒，尽快离开当时的环境，避免进一步的刺激，使愤怒情绪消退。发怒时可以看电影、逛公园、听音乐、散步，使注意力转向其他与愤怒无关的活动中，新的活动内容引起新的情绪，可使愤怒的程度降低。

具体而言，我们可以采取以下方法来控制自己的愤怒：

（1）正面行动

愤怒提醒了我们，世事并非都如人所愿。不满是一件极富正面意义的事，少了它，人们就只会接受现状，而不会为了迈向自己的目标而采取任何行动。

（2）缓解压力

表达愤怒可以缓解压力，否则压抑的情绪可能会导致焦虑，甚至疾病，这些症状均可借由愤怒的宣泄得到缓解。然而这并不意味着，我们必须将愤怒直接发泄在使我们生气的对象身上。

（3）开诚布公

愤怒可以使得双方关系更开诚布公，进而互相信赖。如果你知道某人愿意和你谈谈最为棘手的核心问题，而非只是将其含糊带过，假装好像不存在似的，那么一股崇敬之情便会油然而生。

（4）情感疏通

倘若我们在情绪产生时，能够确实触及自己真正的感受（包括愤怒在内），并加以适当处理，那么我们则不大可能将那些未表达或封闭的情绪囤积起来，以避免巨大的内在压力或严重的沟通不良。

（5）实现目标

不容忽略的是，存在愤怒情绪中的能量，同样是一股实现目标的动力。如果运用得当，它将能够帮助我们成为一个有自信、坚定的人，能够确切地表达自己的内在感受，并且得到自己梦寐以求的事物。但请务必谨慎处理。

# 第八章

# 告别不良心理

# 不要经常皱眉

有一个令人难以置信的事实：只劳心的工作，并不会让人感到疲倦。这听起来似乎令人不可思议。但在几年前，科学家们就想找出一个问题的答案——人类大脑在不降低工作效率的情况下究竟能支持多久呢？令人惊奇的是，科学家们发现：血液通过活动的脑部时，一点都没有疲劳现象。如果你从正在劳动的工人血管中抽取血液样本，你就会发现里面充满了“疲劳毒素”，因而产生疲倦现象。但是，假如你从爱因斯坦身上取出一滴刚经过脑部的血液加以观察，就会发现里面根本没有任何“疲劳毒素”。

截至目前，我们知道，大脑可以“工作了 8～12 个小时后，情况仍然一样好”。大脑是全然不会累的……那么，人为什么会经常感到劳累，是什么让你觉得劳累呢？

精神病理学家宣称，大多数疲劳现象源于精神或情绪的状态。英国著名的精神病理学家哈德菲尔德在其《权力心理学》一书中写道：“大部分疲劳的原因源于精神因素，真正因生理消耗而产生的疲劳是很少的。”

美国著名的精神病理学家布利尔更加肯定地宣称：“健康状况良好而常坐着工作的人，他们的疲劳百分之百是由于心理的因素，或是我们所谓的情绪因素。”

这些久坐的工作者的情绪因素是什么？喜悦？满足？当然不是！而是厌烦、不满，觉得自己无用、匆忙、焦虑、忧烦等。这些情绪因素会消耗掉这些长期坐着工作的人的精力，使他们容易患感冒、精力衰退，每天带着头痛回家。不错，是我们的情绪在体内制造出紧张而使我们觉得疲倦。

大多数保险公司在他们的宣传单上指出：“辛勤工作很少会导致疲劳，尤其是那种经过休息或睡眠之后都不能解除的疲劳——忧虑、紧张、心乱才是导致疲劳的三大因素，而我们却常常以为是身体或精神的操劳引起的——记住，紧绷的肌肉本身就在工作。所以，放松自己吧！节省精力去做更重要的事。”

现在，请你暂时停下来，审视一下自己。当你读到这句话的时候，是否正对着书本皱眉？你有没有觉得两眼间的肌肉紧缩起来？你是否很轻松地坐在椅子上，还是紧绷双肩？你脸上的肌肉紧不紧张？除非你的全身像个布娃娃一样松散，否则你现在就是正在制造精神紧张和肌肉紧张。

为什么你在从事脑力工作时，会制造出这些不必要的紧张呢？丹尼尔·乔塞林说道：“我发现症结在哪里了——几乎是全世界的人都相信，工作认不认真，在于你是否有一种努力、辛劳的感觉，否则就不算做得好。”于是，当我们聚精会神的时候，总是皱着眉头、紧绷肩膀，我们要肌肉做出努力的动作，其实那与大脑的工作一点也没有关系。

一个令人吃惊而可悲事实是，无数不会浪费金钱的人，却在鲁莽地浪费自己的精力。那么，什么才是解除精神疲劳的方法？放松！放松！再放松！要学会在工作的时候让自己放松！

学会放松，是一件容易的事吗？你可能要花一辈子时间改掉目前的习惯。这种努力是值得的，因为你的一生可能因此而发生很大的改变。威廉·詹姆士在一篇文章中写道：“美式的生活让人过度紧张，快动作、高节奏、强烈极端的表达方式……这或多或少是些坏习惯。”

紧张是一种习惯，放松也是一种习惯。坏习惯可以改正，好习惯可以慢慢培养。

那么，你怎么放松自己呢？是从大脑开始，还是从神经开始？都不是，你应该从肌肉开始放松。为了说得具体一点，我们假定由眼睛开始，先把这一段文字读完，然后向后靠，闭上眼睛静静地对眼睛说：“放松，放松，不皱眉头，不皱眉头，放松，放松……”你慢慢地重复约一分钟……

著名小说家薇姬·鲍姆说，小时候，她摔伤了膝部和腕部，有个老人把她扶起，这老人当过马戏班的小丑，一面帮她掸掉身上的灰土，一面说：“你之所以会受伤，是因为你不懂得怎样放松自己，你要把自己当成一只旧袜子一样松弛。过来，我教你怎么做。”

老人教薇姬和其他小孩子怎么跌倒，怎么前滚翻、后滚翻。他不停地叮咛：“把自己想象成一只松垮垮的旧袜子，你就一定会松弛下来！”

下面有4个建议，它们可以帮助你学习如何放松自己。

1. 随时保持轻松，让身体像只旧袜子一样松弛。我在办公桌上就放着一只褐色的袜子，好随时提醒自己。如果找不到袜子，猫也可以。你见过睡在阳光底下的猫吗？它全身软绵绵的，就像泡湿的报纸。懂得一点瑜伽术的人也说过，要想精通“松弛术”，就要学学懒猫。我从未见过疲倦的猫，或因精神崩溃而无法入眠、忧虑、患胃溃疡或大受折磨的猫。

2．尽量在舒适的情况下工作。记住，身体的紧张会导致肩痛和精神疲劳。

3．每天自省 4～5 次，并且自问：“我做事有没有讲求效率？有没有让肌肉做不必要的操劳？”这样会使你养成一种自我放松的习惯。

4．每天晚上再做一次反省。想想看：“我感觉有多累？如果我觉得累，那不是因为劳心的缘故，而是我工作的方法不对？”丹尼尔·乔塞林说过：“我不以自己疲累的程度去衡量工作绩效，而用不累的程度去衡量。”他说：“一到晚上觉得特别累或容易发脾气，我就知道当天工作的质量不佳。”如果全世界的商人都懂得这个道理，那么，因过度紧张所引起的高血压死亡率就会在一夜之间下降，我们的精神病院和疗养院也不会人满为患了。

如果你是家庭主妇，下面是一些可以在你家里做的运动。

1．只要你觉得疲倦了，就平躺在地板上，尽量把你的身体伸直，如果你想要转身的话就转身，每天做两次。

2．闭起眼睛，像约翰逊教授所建议的那样说：“太阳在头上照着，天空蓝得发亮，大自然非常沉静，控制着整个世界——而我，大自然的孩子，也能和整个宇宙步调一致。”

3．如果你不能躺下来，因为你正在炉子上煮菜，没有这个时间，那么只要你能坐在一张椅子上，得到的效果也完全相同。坐在一张很硬的直背椅子上，像一个古埃及的坐像那样，然后把你的两只手掌向下平放在大腿上。

4．现在，慢慢将你的 10 个脚趾蜷曲起来——然后让它们放松；收紧你的腿部肌肉——然后让它们放松；慢慢运动各部位的肌肉，最后一直到你的颈部。然后让你的头向四周转动着，好像你的头是一个足球。要不断地对你的肌肉说：“放松……放松……”

5．用很慢很稳定的深呼吸来平定你的神经，要从丹田吸气，印度的瑜伽术做得不错，规律的呼吸是安抚神经最好的方法。

6．想想你脸上的皱纹，尽量使它们抹平，松开你皱紧的眉头，不要闭紧嘴巴。如此每天做两次，也许你就不必再到美容院去按摩了，也许这些皱纹就会从此消失了。

# 找到压力的源头

“压力”其实是一个过度使用的字眼。我们通常为必须承受最大压力的角色而竞争，并且因人们知道我们正处在压力之下而高兴。事实上，我们倾向于夸大我们所承受的压力，却很少停下来思考压力从哪里来，以及它对我们的生活所产生的意义。

压力的起源和时代有关，我们的祖先不会像我们现在因路况所引发的愤怒。研究资料显示，当工作环境有很大改善时，我们的工作增加，并且必须处理更多工作上和家庭生活中的压力。现代社会期望我们思考得更快、工作得更努力，并在每件我们着手进行的事情上表现得更为卓越。

面对危险时，我们马上会有生理上的应变，荷尔蒙和肾上腺素增加，输送更多的血液到大脑并提高感官的知觉。在每天压力的惯性之下，我们的身体会有类似的反应，但是警觉状态（通常是在打架或飞行时）会拉长，在缺少自我检视的情况下，可能就会导致身体和心理上的功能失常。

从医学角度看，压力产生的原因是身体三种体液的不平衡。每一种体液如果过量的话，就会引发身体某些症状。因此，如果我们受苦于“破坏性的压力”，我们的肌肉就会紧绷；“不开心的压力”会带来没有耐性和易怒；“冷漠的压力”会引起沮丧和疲惫。似乎很少人赞同这种观点，然而这种体液的观念对身体平衡却是很重要的。一旦我们失去平衡（例如，我们对家庭生活的企图心失去了平衡），压力就来了。

压力其实不是一种客观事实，而是一个主观感受。相同的事在不同的人眼中，会产生完全不同的感受。同样的事在同一个人身上，也可以随着环境、时间转变而产生不同程度的压力。比如你第一次参加面试时，你会紧张得气也喘不过来，但当你第 10 次、第 20 次面试时，你就仿佛如履平地，不费吹灰之力就可以安然度过了。

很多时候我们会发现不是事情本身令你烦躁不安，而是你对事情的看法和感受令你不快乐。以上面的例子来说，当你第一次去面试时，你的心会忐忑不安，你会对整个程序没有把握，所以你会惧怕失败，担心被人羞辱，也可能因缺乏自信而看轻自己。这些恐惧不安的感受，往往令你情绪紧张，压力重重。

压力的另一个来源是工作，据一份心理调查答卷显示，白领阶层认为工作是首个导致精神紧张的原因。报告指出，办公室的压力主要源于工作过量，被访者表示问题在于太忙碌或太少职员分担工作。

事实上，不少人是工作狂，整天不停工作，一秒也不肯停下来。问题是，人不是一部永不停歇的机器，长期接受多重心理压力的结果就是身心健康受损，并出现各种症状，包括心跳、出汗、紧张、脾气急躁、头痛、肠胃出现问题、肌肉疼痛等等。一般人在这种情况下会自动自觉地休息一下，舒缓身心的压力。但是工作狂反而会因此而自夸，觉得这些是都市人必然的经历，相信这些就是成功人士需要付出的代价。于是，他们不但不会停下来休息，相反他们会更拼命地去追求成功、去发奋上进。

但是，工作狂同时会抱怨工作太多、太忙，没有人可以协助分担。为什么呢？我看主要的原因是因为他们太自信、自负，觉得别人无论怎样勤奋，也是能力不行，所以不能放心地把权力或工作下放给下属。另外一个因素就是他们有强烈的控制欲，觉得若一切都在自己的控制下，他们才感到安全，感到一切都在掌握之中。若有任何未知之数、任何预料之外的事发生也会令他们不安，因此他们要先天下之知而知，要掌握所有资料和洞悉下属、对手的一切，这样做的代价，就是要下属执行他们的指示，要下属详尽报告，而不愿意把工作放心地交付下属。

于是又一个恶性循环产生了，就是下属们只求无过不求有功，不假思索地执行指示，依循惯例去进行工作，绝口不提建议，不会带创意去上班。日子一长，这群下属就变成一个个生产机器，没有建议，不能发挥潜质，成为真正的庸碌之辈。

压力的症状变化多端，人人皆不同。一般而言，压力的表现常是某种形式的痛，我们可以思考这种痛带给我们什么样的信息，可能是有些事需要改变。通常，当我们有压力时，一个平常的小问题似乎都会令人感觉难以克服，最微不足道的工作都可能使我们畏缩。有人可能感觉到持续疲倦，有人可能会有幻想的痛，另外有人可能会突然表现愤怒。我们不必是医生就能诊断出压力，也不需要特别的技巧去治疗压力。只要我们可以发现真正的原因，我们就可以治疗我们自己——只要我们不再视压力为每天生活的一部分，或将压力当成获取同情或奖励的手段。

和压力抗争的第一步是：接受它的存在是我们的生活形态或生活态度的结果——它并不是我们原有的失败或弱点的一种表示。逐渐地，我们会期望自己在每一方面都是好的，不只是在工作和家庭方面，在家庭园艺上，在假期规划上，甚至在放松方面也要做得很好。我们期望自己做得更多，有这么多地方要去，有这么多事情要做，它们便成为压力的来源。

我们通常听到人们说在压力下工作可以表现得更好。如果我们看看肾上腺素分泌曲线，可能会发现其中某些事实。通常，当压力逐渐增加时肾上腺素曲线会上升，表现可能会比较好。然而，一旦肾上腺素分泌值到某一程度时，压力不可避免地就会转变成逐渐增加的紧张，分泌曲线就会开始往下降，直到最后到达崩溃点。如果我们在自我的极限范围内督促自己，我们可能会成功；如果我们逼迫自己到达极限，这显然将面临压力。

这时候，应该尽快放一个大假，让身心舒展一下，并应及早到医院治疗身体上的毛病。这个阶段你自己的身体会发出了警告信号，所以万万不能疏忽。因为，如果你不理会这些信号，你的身体便会越来越差，精神萎靡，继续下去会有注意力不能集中、精神散漫、神不守舍等现象，工作表现开始变差，生活感到紧张慌忙。若你仍然不愿意休息的话，精神健康便会大受损伤。这时，休息和学习减压的方法，是不能缺少的。

最后，我们必须接受，虽然生活是有压力的，但是这并不是它原有的特质。如果我们学着了解自己的需要和能力，找到一些控制压力的方法，没有任何事可以让压力上身，我们可以让这种现代恶魔远离自己。

## 抑郁没有想象中严重

在《人性奥秘》一书中，有一篇标题为“无名病”的文章，作者格莱姆论到现今世界越来越多妇女所面临的苦境，她们对生活厌烦不满，她们压根儿就没有快乐，更谈不上精力充沛、活力四射。

一位 24 岁的母亲如此自述：

我身体健康，孩子们都活泼可爱，家庭舒适，经济上也算宽裕。我的丈夫是一个电子工程师，前途无量，但不知为何我总觉得不满足，我常问自己为什么会这样。我的丈夫认为我可能需要度假休息一阵子，但我需要的并不是休息，因为我根本就不能独自坐下来看书。孩子们午睡时，我就会在房间里走来走去，等着去叫醒他们。有时早晨醒来，我会觉得今天的生活一点希望也没有。

一个名叫布鲁诺的医生，在《读者文摘》上写道：

现今世界的文明和优越的物质生活是前所未有的，然而现今一代的人却越来越厌倦生活。我们寻求娱乐却常常觉得索然无味；甚至在剧院上演一幕精彩的戏剧时，也常常出现幕还没拉开就走了好几批观众的现象。我们坐在电视机前，看着一出又一出的电视剧、电影，但脑子里却不知道看了些什么。我们看报章、杂志的时候也是心不在焉。大多数人在说“我累了”的时候，实际上是指他们对自己所做的事情厌倦了，对自己的生活感到索然无味。

布鲁诺所讲的“无名病”就是“厌烦病”。各个行业、各个阶层的人都会患这种病。无论你有什么或你没有什么，都不能保证你不会患上厌烦病。无论是富人还是穷人，聪明的还是愚拙的，知识分子还是文盲，都同样会患上此病。

厌烦症不仅是妇女特有的病症，男人也同样会有。有一个商人去医院看病，却说不清自己有什么大问题。于是医生给他做了详细的检查，结果是身体的器官无任何病症，于是这人再到医生处做进一步咨询。经过一段轻松的谈话后，医生就对他说：“我有一个好消息要告诉你，你的身体检查完全正常，我不用在你的病历卡上写任何东西。”

商人听了不高兴，他说：“医生，我从早晨起床到晚上睡觉，一直不觉得疲倦。”这时，医生才意识到他的病人患的是“厌烦病”，而不是一般的身体不适。于是医生就开始指出这个商人所拥有的一切：兴隆的生意、舒适的房子、漂亮的妻子、可爱的孩子和其他能用金钱买到的许多东西。但这个商人听了以后却说：“让别人把这些东西都拿去吧，我对这些简直厌烦透了。”

为什么会出现这种现象？难道患这种病的人不都是生活一帆风顺的人吗？他们不是处于别人奢望的“顺境”之中吗？

这还是和我们的心理习惯有关。这个世界上，可以说除了圣人之外，没有人能随时感到快乐。一位哲人曾说道："如果我们感到可怜，很可能会一直感到可怜。"对于日常生活中使我们不快乐的那些琐事与环境，我们可以借助思考使我们感到快乐，这就是：大部分时间想着光明的目标与未来。对小烦恼、小挫折，我们可能习惯性表现为暴躁、不满、懊悔与不安，这样的反应我们已经"练习"了很久，所以成了一种习惯。这种不快乐反应的产生，大部分是由于我们把它解释为"对自尊的打击"等这类原因。司机没有必要冲着我们按喇叭；我们讲话时某位人士没注意听甚至插嘴打断我们；认为某人愿意帮助我们而事实却不然；甚至个人对于事情的解释，结果也会伤了我们的自尊；我们要搭的公共汽车竟然迟开；我们计划要郊游，结果下起雨来；我们急着赶搭飞机，结果交通阻塞……由于这样，我们的反应是生气、懊悔、自怜，或换句话说——闷闷不乐。

抑郁就好像透过一层黑色玻璃看一切事物。无论是考虑你自己，还是考虑世界或未来，任何事物看来都处于同样的阴郁而暗淡的光线之下。"没有一件事做对了"；"我彻底完蛋了"；"我无能为力，因此也不值一试"；"朋友们给我来电话仅仅是出于一种责任感"。当你工作中出了一点毛病，或思想开了小差，你就认为"我已经失去了干好工作的能力"，好像你的能力已经一去不回了。回想过去，你的记忆中充满着一连串的失败、痛苦和亏损，而那些你曾经认为是顺利或成功的事情，以及你的爱情和友谊，现在看来都一文不值了。你的回忆已经染上了抑郁的色彩。一旦戴上这副黑色的滤光镜，你就再也无法在其他的光线下观察任何事物。消极的思想会与抑郁相伴，情绪低落引致消极的思想和回忆。反之，消极的思想和回忆又引致情绪低落。如此反复下去，形成一个持久而日益严重的恶性循环。

在某种程度上，你对你的抑郁是有责任的。你可以采取许多办法来控制它，甚至还能控制它的某些起因。你肯定能改变它，如果你真的想要克服这种习惯，你就必须改变自己对待抑郁的态度。然而，人们对于抑郁症的感受程度是各不相同的。我们每个人的情绪都会有所波动、有所摇摆，看来这部分是由于我们大脑中的生物化学精密结构之差异所致，而这种生物化学结构是不能随意控制的。因此，把你的抑郁症看成是超出你控制能力的事，就像你患感冒一样，不要看得过于严重，有时候也许对你是有帮助的。用这种体贴的态度对待自己，反而能帮助你摆脱抑郁，不至于被它所控制。

# 提高睡眠质量

充足的睡眠，不但可以给第二天的活动“充电”，而且是确保身心健康必不可少的一个重要基础。千万不要为了延长工作时间而减少睡眠时间，这样是不明智的做法，会得不偿失，因为这是以牺牲健康为代价的。

睡眠是否充足，不但是指形式上的睡眠时间够不够，更重要的是指睡眠质量的高低。为了提高睡眠的质量，一定不要失眠。只有高质量的睡眠，才可以使你很快恢复消耗的体力，让你第二天神采奕奕，焕然一新。

如果你能听从下面的建议，相信你会获得满意的睡眠。

第一，睡觉之前不要生气。

不同的情绪变化，对人体有不同的影响。“怒伤肝，喜伤心，思伤脾，悲伤肺，恐伤肾。”睡前生气发怒，会使人心跳加快、呼吸急促、思绪万千，以致难以入睡。

第二，饱餐之后不要马上睡觉。

睡前吃得过饱，胃肠要进行消化，装满食物的胃会不断刺激大脑。大脑持续兴奋，人便不会安然入睡。

第三，睡觉前不要饮茶或咖啡。

茶叶和咖啡中含有咖啡因等物质，这些物质会刺激人的中枢神经，容易引起人的精神兴奋。如果睡觉前喝茶或咖啡，特别是很浓的茶或咖啡，那么人的中枢神经就会更加兴奋，使人不易入睡。

第四，睡觉前不要剧烈运动。

睡觉前的剧烈活动，会使大脑控制肌肉活动的神经细胞呈现极其强烈的兴奋，这种兴奋在短时间内不可能安静下来，人就很难快速入睡。因此，睡觉前应尽量保持身体平静，但也不妨做些轻微运动，如散步等。

第五，不要使用太高的枕头。

枕头过低，容易造成“落枕”，或因流入大脑的血液过多而造成大脑次日发涨、眼皮浮肿；而枕头过高，则会影响呼吸道畅通，易打呼噜，而且长期高枕入睡，也会导致颈部不适或造成驼背。

从生理角度上说，枕头高度以 8～12 厘米为宜。

第六，不要枕着手入睡。

睡觉时把两手枕在头下，除了影响血液循环、引起上肢麻木酸痛外，还容易使腹腔内的压力升高，长此以往还会引发“反流性食道炎”。

第七，不要用被子蒙面入睡。

用被蒙面入睡，容易引起呼吸困难，而且吸入自己呼出的二氧化碳也是对健康不利的。

第八，睡觉时不要用口呼吸。

闭口夜卧是保养元气的最好方法，张口呼吸，不但容易吸入灰尘，而且极易使气管、肺和肋部受到冷空气的刺激。因此，最好用鼻子呼吸，这样不但鼻毛能阻挡部分灰尘，而且鼻腔能对吸入的冷空气进行加温，有益健康。

第九，不要对着风睡觉。

在睡眠状态中，人体对环境变化的适应能力会降低，容易受凉生病。因此，睡觉的地方应避开风口，使床距离窗口、门口有一定长度为佳。

# 第九章

## 获得快乐的方法

# 用快乐传递快乐

快乐是有传染性的，只有使别人快乐，才能让我们自己快乐。

无论你的处境多么平凡，你每天都会碰到一些人，他们每个人都有自己的烦恼、梦想和个人的野心，他们也渴望有机会跟其他人来共享，可是你有没有给他们这种机会呢？你有没有对他们的生活流露出一份兴趣呢？你不一定要做南丁格尔或是一个社会改革者，才能帮着改善这个世界。你可以从明天早上开始，从你所碰到的那些人做起。

这对你有什么好处？这会带给你更大的快乐、更多的满足，以及你自己心中的满意。

“为别人做好事不是一种责任，而是一种快乐，因为这能增加你自己的健康和快乐。”纽约心理治疗中心的负责人亨利·林克说，“现代心理学上最重要的发现就是以科学证明：必须要有自我牺牲或自我约束，才能达到自我了解与快乐。”

多为别人着想，不仅能使你不再为自己忧虑，也能帮助你结交更多的朋友，并得到更多的乐趣。怎样才能做到这一点呢？

如果你想消除忧虑，培养平安与幸福，请记住这条规则：

“要对别人感兴趣而忘掉你自己，每一天都做一件能使别人脸上带来快乐微笑的好事。”

洛克菲勒早在23岁的时候就开始全心全意追求他的目标。据他的朋友说：“除了生意上的好消息以外，没有任何事情能令他展颜欢笑。当他做成一笔生意，赚到一大笔钱时，他会高兴地把帽子摔到地上，痛痛快快地跳起舞来。但如果失败了，那他会随之病倒。”

就在他的事业达到顶峰之时，他的私人世界却崩溃了。许多书籍和文章公开谴责他不择手段致富的财阀行为。

在宾夕法尼亚州，当地人们最痛恨的就是洛克菲勒。被他打败的竞争者，将他的人像吊在树上泄恨。充满火药味的信件如雪花般涌进他的办公室，威胁要取他的性命。他雇用了许多保镖，防止遭敌人杀害，并试图忽视这些仇视怒潮。有一次他曾以讽刺的口吻说："你尽管踢我、骂我，但我还是按照我自己的方式行事。"

但他最后还是发现自己毕竟也是凡人，无法忍受人们对他的仇视，也受不了忧虑的侵蚀。他的身体开始不行了、疾病从内部向他发动攻击，令他措手不及、疑惑不安。

起初，"他试图对自己偶尔的不适保守秘密"。但是，失眠、消化不良、掉头发——全身烦恼和精神崩溃的肉体病症——却是无法隐瞒的。

在那段痛苦及失眠的夜晚里，洛克菲勒终于有时间自我反省。他开始为他人着想，他曾经一度停止去想他能赚多少钱，而开始思索那笔钱能换取多少人类的幸福。

简而言之，洛克菲勒现在开始考虑把数百万的金钱捐出去。有时候，做件事可真不容易。当他向一座教堂奉献时，全国各地的传教士齐声发出反对的怒吼："腐败的金钱！"

但他继续捐款，在获知密歇根湖湖岸的一家学院因为抵押权而被迫关闭时，他立刻展开援助行动，为那家学院捐出数百万美元，将它建设成为目前举世闻名的芝加哥大学。他也尽力帮助黑人，像塔斯基吉黑人大学，需要基金完成黑人教育家华盛顿·卡文的志愿，他毫不迟疑地捐出巨款。然后，他又采取更进一步的行动，成立了一个庞大的国际性基金会——洛克菲勒基金会——致力于消灭全世界各地的疾病、文盲及无知。

像洛克菲勒基金会这种壮举，在历史上前所未见。洛克菲勒深知全世界各地有许多有识之士，进行着许多有意义的活动。但是这些高尚的工作，却经常因缺乏基金而宣告结束。

他决定帮助这些人道的开拓者——并不是"将他们接收过来"，而是给他们一些钱来帮助他们完成工作。

洛克菲勒把钱捐出去之后，是否已获得心灵的平安？他最后终于感觉满足了。

洛克菲勒十分快乐。他已完全改变，完全不再烦恼。

# 不要报复别人

过去的一个晚上，我正旅行通过黄石公园。一位森林管理人员骑在马上，和我们这样兴奋的游客谈些关于熊的事情。他告诉我们：一种大灰熊大概可以击倒西方所有的动物，除了水牛和另一种黑熊。但那天晚上，我却留意到一只小动物——只有一只，那只大灰熊不但让它从森林里出来，还和它在灯光下一起进餐。那是一只臭鼬！大灰熊了解，它的巨型之掌，能够一掌把这只臭鼬打昏，可是它为什么不那样做呢？由于它从经验里学到，那样做很划不来。我也了解这一点。当我还是个小孩的时候，曾经在密苏里的农庄上抓过四只脚的臭鼬。长大成人之后，我在纽约的街上也碰过几个像臭鼬一样的两只脚的人。我从这些不幸的经验里发现：无论招惹哪一种臭鼬，都是划不来的。

当我们恨我们的仇人时，就等于给了他们制胜的力量。那种力量可以使我们难以安眠、倒坏我们的好胃口、升高我们的血压、危害我们的健康和吓跑我们的欢乐。如果我们的仇人知道他们怎样令我们担心、令我们苦恼、令我们一心报复的话，他们肯定会兴奋得跳起舞来。我们心中的恨意完全不能伤害到他们，却使我们的生活变得像地狱一般。

你猜是谁说过？“要是自私的人想占你的便宜，就不必去理会他们，更不必想去报复。当你想和他扯平的时候，你伤害自己的比伤到那家伙的更多。”这段话听起来仿佛是什么理想主义者所说的，其实不然。这段话出自一份由米尔瓦基警察局所发出的通告上。报复会怎样伤害你呢？伤害的地方可多了。根据《生活》杂志的报道，报复甚至会损害你的健康。

“高血压患者主要的特征就是容易愤慨，”《生活》杂志说，“愤怒不停的话，长期性的高血压和心脏病就会随之而来。”

如今你该了解耶稣所谓“爱你的仇人”，不只是一种道德上的训诫，而且是在宣扬一种 20 世纪的医学。不说“要原谅 77 次”的时候，他是在教我们怎样避免高血压、心脏病、胃溃疡和多种其他的疾病。

我的一个朋友最近犯了一次严重的心脏病，他的医生命令他躺在床上，无论发生任何事情都不能生气。医生们都了解，心脏衰弱的人，一发脾气就可能失去生命。

几年以前，在华盛顿州的史泼坎城，有一个饭馆老板就是由于气愤而死。如今我面前就有一封从华盛顿州史泼坎城警察局局长杰瑞·史瓦脱那里来的信。信上说：几年以前，一个 68 岁的威廉·传坎伯，在史泼坎城开了一家小餐馆，由于他的厨子一定要用茶碟喝咖啡，而使他活活被气死。当时那位小餐馆的老板特别生气，抓起一把左轮枪去追那个厨子，结果由于心脏病发作而倒地死去，手里还紧紧地抓着那把枪。验尸官的报告宣称：他由于愤怒而引发了心脏病。

当耶稣说“爱你的仇人”的时候，他也是在告诉我们：怎么样改进我们的外表。我想你也和我一样，认得一些女人，她们的脸因为怨恨而有皱纹，因为悔恨而变了形，表情僵硬。不管怎样美容，对她们容貌的改进，也不及让她心里充满了宽容、温柔和爱所能改进的一半。

怨恨的心理，甚至会毁了我们对食物的享受。圣人说：“怀着爱心吃菜，也会比怀着怨恨吃牛肉好得多。”

要是我们的仇人知道我们对他的怨恨使我们精疲力竭，使我们疲倦而紧张不安，使我们的外表受到伤害，使我们得心脏病，甚至可能使我们短命的时候，他们不是会拍手称快吗？

即使我们不能爱我们的仇人，至少我们要爱我们自己。我们要使仇人不能控制我们的快乐、我们的健康和我们的外表。就如莎士比亚所说的：

“不要因为你的敌人而燃起一把怒火，热得烧伤你自己。”

当耶稣基督说，仍应该原谅我们的仇人“77 次”的时候，他也是在教我们怎样做生意。

我举个例子吧。当我写这一段的时候，我面前有封由乔治·罗纳寄来的信，他住在瑞典的艾普苏那。乔治·罗纳在维也纳当了很多年律师，但是在第二次世界大战期间，他逃到瑞典，一文不名，很需要找份工作。因为他能说并能写好几国的语言，所以希望能够在一家进出口公司里找到一份秘书的工作。绝大多数的公司都回信告诉他，因为正在打仗，他们不需要用这一类的人，不过他们会把他的名字存在档案里。

不过有一个在写给乔治·罗纳的信上说："你对我生意的了解完全错误。你既错又笨，我根本不需要任何替我写信的秘书。即使我需要，也不会请你，因为你甚至连瑞典文也写不好，信里全是错字。"

当乔治·罗纳看到这封信的时候，简直气得发疯。那个瑞典人写信来说，他写不通瑞典文是什么意思？那个瑞典人自己的信上就是错漏百出。于是乔治·罗纳也写了一封信，目的要想使那个人大发脾气。但接着他停下来对自己说："等一等。我怎么知道这个说的是不是对的？我学过瑞典文可是这并不是我的母语，也许我确实犯了很多我并不知道的错误。如果真是那样的话，那么我想要得到一份工作，就必须再努力学习。这个人可能帮了我一个大忙，虽然他本意并非如此。他用这么难听的话来表达他的意见，并不表示我就不亏欠他，所以应该写封信给他，在信上感谢他一番。"

于是乔治·罗纳撕掉了他刚刚已经写的那封骂人的信。另外写了一封信说："你这样不怕麻烦地写信给我实在是太好了，尤其是你并不需要一个替你写信的秘书。对于我把贵公司的业务弄错的事我感到非常抱歉，我之所以写信给你，是因为我向别人打听，而别人把你介绍给我，说你是这一行的领导人物，我并不知道我的信上有很多文法上的错误，我觉得很惭愧，也很难过。我现在打算更努力地学习瑞典文，以改正我的错误，谢谢你帮助我走上改进之路。"

没过几天，乔治·罗纳就收到那个人的信，请罗纳去看他。罗纳去了，而且得到一份工作。乔治·罗纳由此发现，"温和的回答能消除怒气"。

我们也许不能像圣贤般去爱我们的仇人，但是为了我们自己的健康和欢乐，我们至少要原谅他们、忘记他们，这样做确实是很聪明的事。

有一次我问艾森豪威尔将军的儿子约翰，他爸爸会不会总是怀恨别人。"不会，"他回答，"我爸爸从来不浪费一分钟，去想那些不喜欢的人。"

有句老话说："不能生气的人是笨蛋，而不去生气的人才是聪明人。"

这也就是前纽约州长盖诺所抱定的政策。他被一份内幕小报攻击得体无完肤之后，又被一个疯子打了一枪差一点送命。他躺在医院为他的生命挣扎的时候，他说："每天晚上我都原谅所有的事情和每一个人。"这样做是否太理想了呢？是否太轻松、太好了呢？假如是的话，就让我们来看看那位伟大的德国哲学家，也就是“悲观论”的作者叔本华的理论。他认为生命就是一种毫无价值而又痛苦的冒险，当他走过的时候仿佛全身都散发着痛苦，可是在他绝望的深处，叔本华叫道：“假如可能的话，不应该对任何人存有怨恨的心。”

有一次我曾问伯纳·巴鲁区——他曾经做过6位总统的顾问：威尔逊、哈定、柯立芝、胡佛、罗斯福和杜鲁门——我问他会不会由于他的敌人攻击他而难过？“没有一个人可以羞辱我或者干扰我，”他回答说，“我不让他们这样做。”也没有人可以羞辱或困扰你和我——除非我们让他这样做。

“棍子和石头也许能打断我的骨头，但是言语永远也不能伤害我。”

我经常站在加拿大杰斯帕国家公园里，仰望那座可算是西方最美丽的山，这座山以伊笛丝·卡薇尔的名字命名，纪念那个在1915年10月12日圣人一样慷慨赴死，被德军行刑队枪毙的护士。她犯了什么罪呢？由于她在比利时的家里收容和看护了很多受伤的法军、英国士兵，还协助他们逃到荷兰。在10月的那天早上，一位英国教士走进军人监狱，在她的牢房里，为她做最后祈祷的时候，伊笛丝·卡薇尔说了两句后来刻在纪念碑上不朽的话语：“我了解光是爱国还不够，我一定不能对任何人有敌意和怨恨。”4 年之后，她的遗体转移到英国，在西敏寺大教堂举行安葬大典。我在伦敦住过一年，我时常到国立肖像画廊对面去看伊笛丝·卡薇尔的那座雕像，同时朗读她这两句不朽的名言：“我知道光是爱国还不够，我一定不能对任何人有敌意和怨恨。”

## 摆脱孤独感

根据统计显示，大部分结过婚的妇女，都比先生活得长寿。但是，一旦先生过世之后，这些妇女都很难再快乐生活。男性由于工作的关系，基于工作本身的要求，他们不得不驱使自己继续进步。通常，夫妇当中，先生要比太太来得强壮，也更富进取性。妻子则大部分以家庭为中心，并以家人为主要相处对象。所以，她对必须独自生活或追求个人的幸福，并没有什么心理准备。但是，假如她决心摆脱孤独、追求幸福的话，应该是可以做得到的。

当然，孤寂并不专属于丧偶的人。无论是单身男子或美丽的女士，无论是城市的异乡人或村里的流浪汉，都一样会尝到孤寂的滋味。

虽然现在时代越来越进步，但我们的社会却有一种疾病越来越普遍，那就是处于拥挤人群中的孤独感。

在加州奥克兰的密尔斯大学，校长林·怀特博士在一次女青年会的晚餐聚会里，发表了一段极为引人注目的演讲，内容提到的便是这种现代人的孤寂感："20世纪最流行的疾病是孤独。"并且，"用大卫·里斯曼的话来说，我们都是'寂寞的一群'。由于人口越来越增加，根本分不清谁是谁了……居住在这样一个'不拘一格'的世界里，再加上政府和各种企业经营的模式，人们必须经常由一个地方工作换到另一个地方工作——于是，人们的友谊无法持久，时代就像进入另一个冰河时期一样，使人的内心觉得冰冷不已。"

几年前，有个刚毕业的年轻人，只身来到纽约，准备大展宏图，为这城市带来一点光彩。这位青年长得英俊潇洒，受过良好的教育，自己也很为自身的条件感到骄傲。安顿妥当之后的第一天，他在白天参加了一个销售会议，到了夜晚，他忽然感到孤单起来。他不喜欢独自一人吃饭，不想一个人去看电影，也不认为应该去打扰一些在城市里的已婚朋友。或许，我们还可以再多添一个理由——他也不想让女孩缠上自己。

当然，他是希望能碰到一个好女孩，但那绝不是从酒吧或什么单身俱乐部一类的场所中，随便挑一个来。结果，他只好在那个准备大展宏图的城市里，独自度过了寂寞凄凉的夜晚。

大都市的生活，有时比小镇的生活更会让人有孤寂感。要在大都市里生活，有时更得花点心神去结交朋友，并让这些朋友接纳你、需要你。在去一个大都市之前，要先想好以后的日子——尤其是下班后的时间——要如何打发。你当然需要有些兴趣相同的人在一起，但你得先伸出友谊之手。

初到一个陌生的城市，其实有很多事情可做——你可以上教堂或参加同好俱乐部——都可以增加认识人的机会。你也可以选修成人教育课程——不但可以自求上进，更可以得到同伴和友谊。但是，假如你只是默默一人在餐馆里吃饭，或在酒吧独自喝闷酒，那就得不到什么情谊了。你一定得去安排或做些什么事。

有这样两个生活在大城市里的年轻女孩，她们在纽约东区合租了一间公寓。两个女孩都长得十分迷人，也都有着待遇不错的工作，都希望自己有朝一日能出人头地。

其中一位聪明的女孩，她认为居住在大都市的女孩——尤其是单身女孩——一定要仔细安排自己的生活，并计划自己的未来。她到一间教会去，积极参加各种活动。她还加入一个研讨会，甚至选修一门改进个性的课程。她把自己的薪水尽量用来与人交往，并开创出多彩多姿的生活内容。

她有适度而愉快的休闲活动，但对于社交关系则相当谨慎，尤其避免暧昧不清的男女关系。

她初到纽约的时候，当然也感到寂寞——哪一个女孩不会有这种感觉呢？但是，她不想像某些男性一样，在海底潜游了半天，却只寻得一块海绵。她知道，自己一定要有计划。她与一位聪明的年轻律师结了婚，婚后生活十分愉快。这便是她强调“要达到目标”的结果——她得到了幸福快乐的人生。

至于另外的那个女孩，她当初也很孤单寂寞，却没有找到摆脱孤单的正确方法。她经常到一些游乐场所或酒吧找寻朋友，结果，她最后也加入了一个俱乐部。那是协助酗酒者的“戒酒俱乐部”!

所以，如果你不想让自己孤独忧虑，就要明白：要努力获得别人的喜爱，才能摆脱孤独。

## 学会适当放弃

在我们之中有许多人不只是急着找出是谁让我们感到备受压力与痛苦，而且还将这些资讯储存分类，以便日后运用，我们将其称为“包袱处理”。因为不久后我们会累积许多痛苦，需要将之封入行李箱中，倘若我们有一整批这样的包袱，甚至需要雇人清走它们。

林达再一次为我讲述了她祖母的往事：

我的祖母法兰西卡对回忆过去非常在行（大部分是负面的），足够担任稀有矿物博物馆馆长了。当我还小时，总会问她为何如此不快乐，我所得到的答案一直都是“因为我受苦”。然后就不再多说了。但当她需要时总会对着神朗诵她的愿望，这时脸色会更加悲伤，双手会举向空中。

祖母的痛苦中总有些神秘的气氛围绕着，只能意会，不能言传。

每次她都会嘲讽地补充说：“我的母亲遗弃了我！”这话在意大利人之间普遍流传着，添增了许多戏剧色彩。假使她用意大利语说：“我的胸罩害死了我！”听来也像个噩耗。

我持续追问我母亲关于祖母的事情，但她轻描淡写地说：“你不会懂的。”几年后，一个叔叔告知我整个内幕，精彩得足以搬上电视荧幕。事情大概是这样的：法兰西卡的父亲在她 11 岁时便去世了，一年后，她的母亲嫁给一个小她 20 岁的男人。在当时的意大利，这是前所未有的事情，因为两人年龄差距过大，而且那时祖母也即将成年。法兰西卡的阿姨、婶婶们都认为，倘若法兰西卡的母亲和小她 20 岁的男人生活在一起将有辱家门，而且这个小伙子也可能会对法兰西卡心怀不轨。因此法兰西卡被送到隔壁的阿姨家住。

法兰西卡的母亲甘希塔总是与她温文儒雅、常取悦法兰西卡的丈夫古希波陪在法兰西卡的身边。但即使法兰西卡结了婚，并带着甘希塔和古希波一起移民美国后，她依旧把甘希塔当作瘟疫般对待。法兰西卡被遗弃的争议变成她一切苦恼的中心，从未释放、改善它。当然，这也因为那些和法兰西卡住在一起的女人而搞得更糟。她们令我想起《麦克白》里的巫婆，带来更多的烦恼与忧愁。即使祖母确实有其悲伤的理由，但也无须让这件事在她的余生里添加更多的惨白。

我们之中有许多人将精力耗费在记恨上，仿佛需要维持那些使我们感到不好的事情。在我的公司中，有一项练习是使名人们了解自己是如何处理包袱的，很多人都被结果给吓着了。我要大家各自找一个搭档，并描述多年来累积的负面事情，聆听的那一方必须回说：“那真可怕，再多说一些。”5 分钟后，则接着叙述发生过的美好事情。当我要他们停止叙述负面事情时，她们都表示自己还可以说得更多、更多，然而在停止分享正面的事情前，很多人早就讲不出来了。她们承认要分享美好的事物比较困难。若只单单回想自己上周的心绪，我猜大家马上可以记起那些令自己烦心的事，然而若是要我们回想美好的部分，我们可能说不出话来。

重要的是区分什么需要在意，什么需要放弃。

一只倒霉的狐狸被猎人用捕兽夹套住了一只爪子，它毫不迟疑地咬断了那只小腿，然后逃命。放弃一条腿而保全一条生命，这是孤独的哲学。人生也应如此，当生活强迫我们必须付出惨痛的代价以前，主动放弃局部利益而保全整体利益是最明智的选择。智者曰："两弊相衡取其轻，两利相权取其重。"趋利避害，这也正是放弃的实质。

人之一生，需要我们放弃的东西很多。古人云，鱼和熊掌不可兼得。如果不是我们应该拥有的，我们就要学会放弃。几十年的人生旅途，会有山山水水、风风雨雨，有所得也必然有所失，只有当我们学会放弃时，我们才拥有一份成熟，才会活得更加充实、坦然和轻松。

比如大学毕业分手的那一刻，当同窗数载的朋友紧握双手，互相轻声说保重的时候，每个人都止不住泪流满面……放弃一段友谊固然会于心不忍，但是每个人毕竟都有各自的旅程，我们又怎能长相厮守呢？固守着一位朋友，只会挡住我们人生旅程的视线，让我们错过一些更为美好的人生山水。学会放弃，我们就有可能拥有更为广阔的友情天空。

放弃一段恋情也是困难的，尤其是放弃一场刻骨铭心的恋情。

比如说，你爱上了一个人，而她却不爱你，你的世界就微缩在对她的感情上了，她的一举手、一投足，衣裙细碎的声响，都足以吸引你的注意力，都能成为你快乐和痛苦的源泉。有时候，你明明知道那不是你的，却想去强求，或可能出于盲目自信，或过于相信精诚所至、金石为开，结果不断努力，却遭来不断挫折，弄得自己苦不堪言。世界上有很多事，不是我们努力就能实现的，有的靠缘分，有的靠机遇，有的我们能以看山看水的心情来欣赏，不是自己的不强求，无法得到的就放弃。

懂得放弃才有快乐，背着包袱走路，辛苦又走不远。

我们在生活中，时刻都在取与舍中选择，我们又总是渴望取，渴望着占有，常常忽略了舍，忽略了占有的反面——放弃。懂得了放弃的真意，也就理解了

“失之东隅，收之桑榆”的妙谛。多一点中和的思想，静观万物，体会与世界一样博大的诗意，我们自然会懂得适时地有所放弃，这正是我们获得内心平衡、获得快乐的好方法。

一个人老是背着沉重的包袱，其实许多状况不过是徒耗精力罢了。我常要人们写下他们的压力来源，一定有人会说当他们的同事延长午餐时间，就会扰乱他们。有个女人一再地表示这有多么恐怖。我问她这状况持续多久了，她说已 20 年了，20 年来她一直为此生气，并就此点警告周围的同事。

接着我问她如何解决这个难题，她说没有一种有效，没人能使得上力。现在我们有了一个混合的例子——带着包袱的烈士。我们的行为就如轮回般重复不停，总让我惊讶不已。

当然，这会让他人有机会掌控我们的心情。我们不是常说些“你让我感到不快乐（生气、伤心、烦心……）”，或是“你让我发狂，我无法忍受你的行为”。

我母亲就是最好的例子。每当我们争执时，她就会提及生我时的往事，她说：“当初生你是个痛苦，直到现在还是一样。”50 年后，她还是这句老话！

当我们有许多包袱时，要逃离它们总是困难重重。愤怒将我们的生活变得迟缓、无心工作、无心和孩子们说话，或是取消度假。倘若我们一心一意地徘徊在昨夜与老婆的争吵中，那么，是时候放下这些包袱了。

一旦我们察觉到他人的行为影响到我们时，我们有许多选择。我们可以理直气壮地议论它或改变自己的态度，甚至是释放它（任由它去、不管它）。自从我们喜欢凡事追根究底后，释放可能是人性中最难以做到的行为之一。

下面几个点子，能把包袱变得毫无意义。

1．有时想一想那些结果证明是如意的事情。这样的思考方式能够创造幸福的感觉和乐观的心情。我时常回想祖父母为我做的一切，祖父将我从小马车里抱出来，赏我冰激凌的景象时常出现在我的脑海里，令我感到被爱，感受到自己充满祝福。

2．每当我们无法超越过去的罪恶感时，把它们想象成栖息在自己背后的一只怪兽，并大声地喊出“滚开!”

3．倘若生活中遗留给我们悲伤与不满，也许趁现在找个代理人，再次创造出令自己满足的生活也是个不错的方法。许多人自愿被收养，在这样给予爱的家庭里，充满着爱我们的父母、祖父母、叔叔阿姨等，专门关爱那些来到这里的访客，这些人可能一生都未曾得到过关爱与呵护。这样的社会服务机构有待被发掘。

4．为自己和家人创造一套价值体系。这样的体系能够帮助我们活出更一致的价值观。别再用过往的包袱责备自己。避免说："我不要再像老爸一样白痴了。"而是，"我珍重内在的宁静与和谐，所以我会保持镇静。"别对孩子们说："把自己的房间清理清理，否则你会像你叔叔一样邋遢。"而是教导他们负责的价值观。

5．写下自己的悼念文和墓志铭。我们最能使上力的事情之一是什么，认真思考我们希望人们记得自己什么，这会给予我们方向与目标。让我们期待人们在哀痛我们辞世的同时，还能发现我们留下这一页充满爱、欢笑以及活力的回忆。

# 第十章

# 演讲与口才的艺术

# 克服当众说话的恐惧

爱默生说："恐惧较之世上任何事物更能击溃人类。"这话是很对的。也正因为如此，消除恐惧是人们掌握演讲和谈判技巧的最好方法之一。在这个过程中，练习在公共场合说话是一种天然的方法，它不仅可以克服不安，而且有助于建立勇气和自信。因为当众说话可以使人们控制住自己的恐惧。

在我的训练班有一位年轻姑娘，初次站到讲台上，脸涨得通红，两腿微微颤抖，说话的声音变调，呼吸也显得急促起来。演讲开始后她刚说了几句就忘词了。她越发感到恐惧，感觉所有人的目光都像利箭一样射向她。她想尽快躲避，但又不甘心临阵脱逃，她不想当众出丑，可她唯一能感觉到的是心跳加快，脑子里一片空白，早已背熟的词句全都跑得无影无踪。最后，她只能丧气地跑回到自己的座位坐下。

害怕当众演讲并不是个别现象，根据一份大学调查报告指出，上演讲课的同学 80%～90%在刚上课的时候，都会有上台恐惧感。但他还认为登台演讲保持一定程度的恐惧感是有利的，因为我们天生就具备了应付环境挑战的能力。所以，当你感觉到自己的脉搏加快、呼吸急促时，完全不必紧张，因为这是你的身体对外部刺激保持警惕的一种正常反应，此时它正在为即将到来的行为做准备。如果这种生理准备处于适度的状态的话，你会因此而思考得更快，话也说得更流畅，反而会比在通常情况下说得更精彩。另外很多职业演讲者都坦白地承认，他们从来都没有彻底消除过登台演讲的恐惧，几乎在每一次演讲之前，他们都会感到某种恐惧，而且这种恐惧感会一直持续到刚开始的几句话。另外有些人之所以害怕当众演讲，主要是因为不习惯。罗宾逊教授在他写的《思想的酝酿》一书中说："恐惧产生于无知和不确定。"对于大多数人来说，当众演讲是一个不确定因素，因此心里难免会产生焦虑和恐惧。特别是对于新手来说，要面对许多复杂而陌生的环境，这比学打网球或开汽车要困难得多。因此，只有通过练习、练习、再练习，才能把这种不确定的因素变成确定的因素，从而使自己感到轻松自然。那时你将会发现，只要有了成功的演讲经验以后，当众演讲就不再是一种痛苦，而是一种享受了。

有一次，我参加训练班的毕业聚会，在聚会上，一个毕业生当着200多人的面对我说："卡耐基先生，5年前，我曾想参加你举办的示范表演培训班，但当我来到会场门口时却停住了。我知道只要走进房间，参加课程，早晚都得要讲演一番。我的手僵在门柄上，我害怕走进去，最后，转身走出了饭店。当时，我要是知道你能教人轻而易举地克服恐惧——那种面对听众会瘫软的恐惧，我就不会白白错过5年了。"

听完他的话后，我深深地被他特别的仪态和自信所吸引，因为他这样坦诚相告，并不是隔着张桌子在闲话家常，而是在对着许多人发表言论。这说明，他已完全克服了当众讲话怕羞的心理，他必定能借助现在所具备的表达能力和信心，使自己处理各种事务的技巧大为增加。假如他在5年或10年之前便已战胜恐惧，那他肯定已经享受了比现在更多更好的成功和快乐。

应对这种恐惧心理，是要在了解恐惧事实的基础之上，进行充分和适当的准备。只有做好充分准备的演讲者，才能具备完全的自信。这好比上战场却带着不能用的武器，而且不带半点弹药，又何谈攻城略地呢？林肯说："如果我在台上无话可说时，即使我年纪一大把，经验一大堆，也会很没有面子的。"丹尼尔·韦伯斯特也说："如果我不做好准备就出现在听众面前，就像是没有穿衣服一样。"

关于如何准备，我有以下的建议：

1．切忌逐字逐句地背诵演讲词。如果我们逐字逐句背诵演讲词的话，面对听众的时候会很容易因为紧张而遗忘，而且即使没有忘记，讲出来也会很呆板。为什么呢？因为这些背出来的东西不是发自我们的内心，只是出于记忆。

2．充分思考演讲的题目。真正有用的准备，是对演讲题目的思考。查尔斯·雷诺·伯朗博士多年前曾在耶鲁大学做演讲时，就自己的亲身体验说："谨慎思考你的题目，酝酿成熟之后，它会散发出思想的芳香……再把这些思想简要地写下来，只要能将概念表达清楚即可……通过这样的整理，那些零散的片段就很容易安排和组织了。"

3．进行必要的试讲。当你的演讲准备工作到了一定程度的时候，要不要试讲一下呢？这是完全有必要的，这可以保证你万无一失。

4．假装自己很有信心。如果你对自己所要讲的内容已经了然于胸，就应该轻松地大步走上台，然后做一次深呼吸。深呼吸30秒，可以给你提神，给你信心和勇气。

著名男高音歌唱家简·德·雷斯基常说："你如果气充于胸，那么紧张感自然就会消失。"

还有一个方法，就是身体站直，看着听众的眼睛，然后信心十足地演讲，就好像每个人都欠了你的钱一样，他们在下面只不过是请求你宽限还债的时间而已。这种心理作用，将会对你稳定情绪大很大帮助。

美国总统西奥多·罗福斯在自传里说："有一艘小型英国军舰的舰长，向士兵们讲述如何才能做到气宇轩昂、无所畏惧。他说，刚开始的时候，每个人想有所行动，但都会感到害怕，所以每个人都应该学会如何驾驭自己，让自己表现得好像没有任何畏惧。这样持之以恒，原先的假想就会变成事实。他自己就是通过这种练习，在不知不觉中变成无所畏惧的勇者。这便是我训练自己的理论依据，刚开始时，我害怕的事情太多了，从大灰熊到野马，还有枪手，我没有不害怕的，可是我故意假装不怕这些东西，慢慢地我就真的不再害怕了。大家如果愿意，也能像我一样做到。"

另外，在正式场合谈话前要花大力气做许多准备工作，而在一般的情况下，人们都来不及准备，或者即使准备了，自己也很难感到满意，于是往往说话前没有把握，这样就必然产生紧张、恐惧心理，并伴有喉咙干涩、呼吸急促的现象。

所以，用什么样的方法，说什么样的内容，也就是如何组织演说或公开发言的内容，是我们在发言之前必须先要想到的。很多人都为此感到过困惑，不知从何着手进行组织。其实，并没有什么好害怕的。只要我们牢记了正式场合谈话的特征，并灵活自如地运用它们，就一定能取得令人满意的效果。

总之，对于一般人而言，在发表谈话前，最好的态度就是：不要太高估自己，不要在乎别人，就算献丑，又何妨。如果能这样放下包袱，放松自己，就一定能消除紧张、恐惧的心理，大胆地说话。

## 以和善开场

有一次，一位无神论者向威廉·巴利挑战，要他证明他无神论主张的错误。巴利不急不躁地拿出表来，打开了表盒，说：“假若我告诉你，这些小杆、齿轮和弹簧是自己做成自己，再把自己拼凑在一起，并自己开始转动的，你是否要怀疑我的智慧呢？当然你一定会。但是抬头瞧瞧那些星星，它们颗颗都有自己完美而特定的轨道和运动——地球与行星们围绕着太阳，每日在太阳系中以百万余英里的速度向前飞奔。每颗恒星是另一个太阳，各领一个星群，在太空里如我们的太阳系般往前奔去，然而却没有碰撞、没有干扰、没有混乱，而且安静、有效率、有控制。这样的现象，会使你相信它们是自己发生的，还是有人将它造成这样的？”

如果一开始就反驳对手说：“没有神？别傻了，你根本不知道自己在胡说些什么。”结果会怎样？这位无神论者可能会拍案而起，拼命地为自己的意见而战，像只被激怒的山猫，从而一定是引发 场唇枪舌剑 咬文嚼字的大战随后而至，既无益又充满火药味。为什么呢？就像奥斯维博士说的：“这是他的意见，他珍贵而不可或缺的自尊受了威胁，他的骄傲已岌岌可危。”

骄傲既然是人性中一个基本而易爆的特性，聪明的做法，是否应该让一个人的骄傲为我们所用，而不是与它作对？如何来做呢？照巴利的样子，展示给我们的对手看，让他感觉到，我们所主张的与他已经相信的某些事情其实很相似。这样便会使他易于接受，而不至拒我们的主张于千里之外，这样便会避免相反或对立的意念在他脑海里产生，从而破坏了我们演讲的效果。

巴利细致地展示了他对人性的尊重。然而大多数人都缺乏这种细致的本领，能够与一个人手挽手走进对方信仰的城堡中。如果他们误以为，要攻占城堡，就必须从正面对它猛攻，把它夷成平地。结果会怎么样呢？敌意一旦产生，就会像吊桥高挂、大门紧闭、身披盔甲的弓箭手拉开长弓——文字之争和头破血流之战就会上演。这样的逞强斗狠，最后总是以平局结束，没有哪一方能够说服对方一星半点。

这种方法，其实在很早的时候便为圣徒保罗所采用。他在马斯山上对雅典人所做的著名演讲里就使用了它——用得那样成熟，即使经历了 19 个世纪，仍使我们赞叹不已。他受过完全的教育，在改信基督之后，凭借着自己强有力的、机敏的辩才，成为基督教的主要拥护者。一天，他来到了雅典——伯里克里斯之后的雅典，那是已经过了光荣巅峰、正走下坡的雅典。《圣经》上说到这个时期的它："所有的雅典人和寄居该地的异乡人，都将全部时间用在传述和打听新事物之上。"

没有电报，没有通讯新闻稿，没有收音机，这段日子里的雅典人不得不在每日午后东拉西扯，抓点新鲜事来谈论。保罗适时而至，这可有了新鲜事啦！他们挤在他的四周，觉得很好奇、很好玩、很尽兴。他们将他带到艾罗培哥斯，对他说："我们能不能知道你所说的新教义是什么？因为你为我们的耳朵带来了新奇的事物。因此，我们想知道这些东西究竟是什么意思。"换句话说，他们这是请他发表演讲。保罗毫不犹豫，一口答应。

事实上，他正是为此而来的。或许他是站在拍卖台上或一块石头上，像所有的优秀演讲家一样，一开始时有点儿紧张，也许双手还干搓了几下，并且开口前把喉咙先清一清。

然而，他却不能完全地赞同他们请求他演讲的措辞，"新教义……新奇的事物"，这是毒药。他必须把这些概念连根铲除。它们是宣传相反而冲突的意见的肥沃土地。他不希望把自己的信仰被当成新奇的事情来陈述。他要将它和他们已经相信的事情相联系、相比较，这样才能遏止异议。但是从哪儿着手呢？他想了一会儿，想出了一个绝妙的计划，然后便开始了他千古不朽的演讲：

"你们非常具有宗教热诚。"这样较好、较精确。他们信奉多神，非常虔诚，并以此为荣。保罗先称赞他们，让他们欢喜。雅典人立刻对他感到亲切起来。高明的演讲术里有条法则，就是以例证支持论述，保罗就是这么做的："因为，当我路过这里，亲眼见到了你们的虔诚。我看见一处神坛，上面写着'献给不知名的神'。"

你瞧，这就证明了他们非常虔诚，他们非常害怕忽略了任何一位神灵，因此竟为不知名的神建立神坛，有点像多项目的保险，对一切未察觉的疏忽与无意的遗漏全部提供保障。保罗提到这一特别的神坛，就是要指出自己不是在奉承，说明了自己的评论乃是观察之后出于真心的赞赏。

现在，就可以做这最恰当不过的开场了："你们对所崇拜的神一无所知，现在由我来告知你们。"

对"新教义……新奇的事物"，保罗只字未提。他在那儿只是解释有关一位神灵的一些事实，这位神灵则是他们早已供奉而不自知的。你看，把他们原本不相信的事情和他们已经狂热接受的事情相比拟——这便是他绝妙的技巧。

他宣传自己救赎与复活的教义，引述了他们希腊人自己的一位诗人的一些诗句，这样他就讲完了。虽然听众里有人嘲笑他，但其他的人却说："我们要再听听你讲的事。"

## 让听众信任自己

要获得人家的信任，最要紧的还是你自己应该先具有自信心。银行大王摩根说："获得信任的唯一要素是个性。"我对敏慧的演说家有过不少次的留意，如果说，这是他的特点，那么比较起来，还不及迟钝的演说者所讲的效果大。

某一届演说班有一次请一位名人来演说，他讲得十分流利，所以讲完后大家都称赞他。可是，他仅留下了一个敏慧的表面的印象，不曾深刻到听众的心坎里。同时，有一位保险公司的代表，他起来说话。虽然他的身材矮小，语言不大流利，有时还要木讷地一个字一个字很吃力地说出来，但是，在他那仁慈的目光和中肯的声音之中，却有一种深切的诚意流露出来。所以听众对他的演讲十分注意，对他有一种说不出的好感。

卡莱尔在《英雄与英雄崇拜》中说："拿破仑、米拉波、克林惠尔以及别的英雄们，如果没有极高的热忱，那是决不会如此成功的。所以人们最重要的就是诚恳。无论哪一位英雄，他最需要的特点，便是深切而又真诚的诚恳。不过，诚恳并不是自己说说的。自夸而自觉的诚恳，大都是虚伪而自欺欺人的。伟人的诚恳，他们并不放在口头，而是极自然地流露出来，他们也并没有感觉到。"

有一位聪明的演说家死了。当他在幼年的时候，谁都对他有着很大的期望，预料他将来一定是有极大成就的。谁知，他死了，并不曾留下一些可观的成绩。因为他把他的聪明误用了，他只是注意怎样可以使自己发财就怎样做。他得不到真诚的名誉，所以他的事业完全失败了。

韦伯斯特说，装出来的同情是不会发挥效力的。

林肯对人家向来是同情的，他和参议员道格拉斯辩论的时候，他的神情和言语都不及对方的漂亮，人家称道格拉斯是“小伟人”，称林肯是“诚实的亚伯”。道格拉斯是有着卓越的精神和活力、优美的个性的人，但他对真诚有一些欠缺。他常把智谋放到原则上去，使法理来迁就政策，结果他并没有多大的成功。林肯在讲话的时候，好像总有一些不加修正的风味，使他的字句有一种诚恳的力量。大家都能够感觉到，他是有着和耶稣基督一样的热切而诚实的特性。如果照法律的学识来讲，有很多的人胜过了他，可是对于法庭证人的影响力量，就不大有人能够赶上他了。

除此以外，如果你提出来的意见，可以让人家来质问，“你的谈话，只是现学现卖或完全从书本上看来的”，那你是一定要失败的。但是，如果讲述你自己的经验，那一定要是真诚的表达，而且也是听众所最欢迎的，那他们就会对你很信任，你就获得了成功。

## 让演讲具有感染力

你的目标如果是说服，请记住，动之以情比晓之以理成果更大。因为，演讲者以感情和有感染力的热情来表达自己的思想时，听众很少会产生相反的意念。此处说的“有感染力的”，因为热情就像那样。它会将一切相反的意念摒弃于一边。要激起情感，自己必须先热情如火。不管一个人能够编造出多精妙的词句，不管他能搜集多少例证，不管他的声音多美妙、手势多优雅，倘若不能真诚讲述，这些都只是耀眼的装饰罢了。要使听众印象深刻，先得自己有深刻印象。你的精神会因你的双眼而闪亮发光，由于你的声音而辐射四方，并由于你的态度而自我焕发，它便会与听众产生沟通。

每次演讲时，特别在自认为目的是要说服时，你的一举一动总是决定着听众的态度。你如果缺乏热情，他们也会冷淡。“当听众们昏昏睡去时，”亨利·华德·毕丘这么写道，“只有一件事可做，给招待员一根尖棒，让他去狠刺演讲者。”

一次，在哥伦比亚大学，我是三位被请上台去颁发“寇蒂斯奖章”的裁判之一。有6位毕业生，全都经过精心准备，全都急于好好表现自己。可是，只有一个例外——他们绞尽脑汁只为获得奖章，而少有或根本没有说服的欲望。

他们选择题目的唯一标准，是这些题目容易在演讲中发挥。他们对自己所做的议论，没有多少个人兴趣——他们一连串的演讲仅是一种艺术表演而已。

唯一一个例外是一位来自非洲的王子。他选的题目是“非洲对现代文明的贡献”。他所讲的每个字里都包含着强烈的情感。他的演讲是出于信念和热情的活生生的东西，而不仅只是表演。他演讲时如同他是自己人民的代表，是他那片大陆的代表，充满智慧、品格高尚、满腔善意。他带给人们一种信息，就是他的人民的希望；他也同时带来一项请求，即渴望听众的了解。

虽然在当众讲话技巧方面他可能不比竞争者中的另外两三位表现更佳，裁判们还是把奖章颁给了他。裁判所见到的，是他的演讲时燃着真诚之火，闪烁着真实的光芒。除他以外，其余的演讲都只是火光闪动不定的煤气暖炉罢了。

非洲的王子在这遥远的地方以自己的方式学到了一课：仅运用理智是不能在演讲中把自己的个性投射于别人身上的，必须展现出你对于自己所讲的内容有多么深挚的信念。

# 第十一章

# 认识自我与潜能

# 展现自己最好的一面

我非常重视“自我实现”，也即“自我观”。我认为“自我观”是决定人们各自行为方式的重要因素。每一个人，无论是聪明或愚蠢、贤良或奸诈，他的表现，都是与其当时的“自我观”相符的行为。没有人会去做一件在当时他认为与自己的身份、年龄、性别、能力以及他本身任何一方面不相宜的事情。就像穿衣服，你会选择和你的年龄、职业相称的服装，讲话时会选择和自己身份相称的词句，甚至外出吃饭也会选择与自己的社会地位、经济能力相称的场所……总而言之，每个人都会依照他的自我观点，来决定哪些事他可以做，哪些不可以做，或是该怎样去做好一件事情。因此别人也就能够根据他通常所表现的行为，对他有所了解。

如果某一个人对于自己各方面的印象都与实际情况颇为接近，也就是说，他有着比较正确的“自我观”，那么他所表现的行为，自然会很恰当。相反地，如果一个人没有正确的“自我观”，就不能很清楚地表现自己独特的一面，而只是成为人群中的一名成员，这个人的个人形象明显存在缺憾。缺乏“自我观”的人很难有引人注意的特质，当然更谈不上成功了。

下面这个例子可以证明“自我观”的重要性。

柏林与杰许文初遇时，柏林已经成名，而杰许文则是一个正在奋斗中的青年作曲家，在亭盘巷里为每星期 35 美元的薪水而工作。柏林对杰许文的才能大为赞许，想请他做自己的音乐秘书，薪水已达他当时所得的 3 倍。“不过还是别接受这个工作的好，”柏林劝道，“假使你接受了，你可能会发展成为二流的柏林。可是你坚持做自己，总有一天你会成为一流的杰许文。”杰许文记下了柏林的忠告，没有接受这份工作，果然日后成为美国当代著名的音乐家。任何人都应照着厄文·柏林对已故的乔治·杰许文所做的明智的劝告去做。

由此可见，当一个人具备了正确的“自我观”时，他至少成功了一半。如果没有正确的“自我观”，也就没有了自己的生活方式、思考方式，就会无法定位自我，别人一提意见，就会无所适从、惊慌失措。“自我观”决定生活方式，如果已决定了自己的生活方式，就不用在意别人的目光。不同的人有不同的生活方式，你没有必要努力想达到某个所谓的标准。

想成为成功者，无论怎样，都应当具备正确的“自我观”，认识自己的重要性。要相信由于自己的存在，能帮助许多人并使他们高兴。如果能使许多人高兴，收入会增多，地位也会提高。

人的一生如此短暂、如此渺小。一些小小的成功，固然只需要付出很小的力量及很短的时间，但想要获取长久成功，一定要投入很大的心力及很长的时间。以一天为例子，只要集中心力有效利用这一天，日后必然会得到这一天努力的成果。如果不立目标，人云亦云，改变了最初的打算和自己的生活方式，一天只是一天，在你生命中根本没有任何痕迹。一天如此，一周如此，一月如此，一年如此，一生都是如此。

别人的人生与自己的人生，自然是不同的。自己的人生，掌握在自己的手中，会是“成功传奇”还是“人生悲剧”，全是自己的问题。不去做你永远不知道的事情。所谓“真理唯有实践能证明”，若能专心致力于自己的生活，一定会有期望的效果。

爱默生在散文《自持》中如是说——

每个人在受教育的过程当中，都会有段时间确信：忌妒是愚昧的，模仿只会毁了自己；每个人的好与坏，都是自身的一部分；纵使宇宙间充满了好东西，不努力你什么也得不到；你内在的力量是独一无二的，只有你知道自己能做什么，但是除非你真的去做，否则连你自己也不知道自己真的能做。

另外，道格拉斯·玛拉赫也用一首诗表达了自己对“自我观”的看法：

如果你不能成为山顶上的高松，那就当一棵山间的小树——但要当棵溪边最好的小树。

如果你不能成为一棵大树，那就当一丛小灌木。

如果你不能当一丛小灌木，那就当一片小草地。

如果你不能是一只麝香鹿，那就当条小鲈鱼——但要当湖里最活泼的小鲈鱼。

我们不能全是船长，必须有人也当水手。

这里有许多事让我们去做，有大事，有小事，但最重要的是我们身旁的事。

如果你不能成为大道，那就当一条小路。

如果你不能成为太阳，那就当一颗星星。

决定成败的不是你尺寸的大小——而在于做一个最好的你。

# 经常进行自我肯定

与别人建立开放、真诚、直接和适当的沟通关系的行为，就是自我肯定的行为。

自我肯定的行为可以增加一个人选择的自由度。当一个人拥有选择的自由时，自尊自重的感受会取代压抑、委屈或愤怒等伤害人的情感。

在讨论自我肯定时，十分强调一个人是否自尊自重。以真诚的方式表达自己，得到自尊与自重的感受，同时也能尊重别人，才是自我肯定的真谛。我们可以在生活中学习自我肯定的行为，以便有效地处理人际关系。

**1. 自我肯定的方法**

自我肯定有如下表达方法：

- 描述情境。
- 表达情绪。
- 提出意见。
- 征询讨论。

简单地说，自我肯定是：坚定原则与温和表达。

在自我肯定的行为中，非口语部分包括：温和的目光接触、脸部表情放松、声调坚定平稳、说话流利、保持适当距离、姿势适中、语气肯定。口语部分包括：练习说“不行”“不要”“我不喜欢”，以平稳的方式叙述自己的感受与意见，并学习事实、感受、期望、讨论四者兼具的表达方式。

**2. 自我肯定的时机**

那么自我肯定要选择怎样的时机？下面是我总结的 3 种情况：

- 有人请你帮忙，你心中不乐意，却不知怎么拒绝时。
- 有求于人，又不知从何开口时。

- 经常一个人埋头苦干，不愿意求人帮忙时。

3. 自我肯定的要领

当然，自我肯定也要把握一定的要领，你至少要做到以下几点：

- 温和，但不羞怯，对自己有信心，重视自己的价值。
- 坚持，但不顽固，自己认为重要的原则，即使在家人或外人的压力之下也不退却。
- 关怀，自己重视别人的权益。
- 表达清楚，声调、姿势、态度都能配合例子，让别人清楚感受到自己所要表达的内容。
- 勇敢，有自信，不会畏惧压力或嘲笑。
- 满意，能在环境中保持自己的权益，且不去侵犯别人的权益，双方都满足。
- 有自我价值感，通过与人平等的交往，自己能从别人的尊重中更重视自己作为“人”的价值。

## 拥有健全的人格

为什么有的人会从芸芸众生之中脱颖而出？为什么有的人又会默默无闻？我认为区别就在于，他们是否已具备了某种完整或适用的人格。

这种人格离我们并不遥远。

在多年以前，人们就已经发现，虽然他不能阻止别人不对他做任何不公正的批评，他却可以做一件更重要的事——他可以决定是否要让他自己受到那些不公正批评的干扰。

尽可能去做你应做的事，然后把你的雨伞撑起来，免得让批评你的雨水顺脖子后面流下去。

健全的人格使你有勇气和韧性去面对他人的眼光，坚定自己的方向。

只要你觉得是正确的事，那你就尽可能去完成它。

在这里，我们有必要把人格定义做一番描述与介绍。

人格是指人的性格、气质、品质等各方面素质与表现程度的总和。人格的内涵与外延，都有它的广义和狭义之分。实际上，人格的内涵不仅有品质的高低之分、好坏之分，也有气质、性格的成熟与幼稚之分。人格的品质内涵具有伦理、道德、礼仪的社会特征，而人的气质、性格外延又与个体成长的环境有关。

我在与依长博·罗斯福谈话中谈及人格的问题。他们认为，面对别人的目光时，自己的行为有何表现是人格的表征。

依长博·罗斯福谈及小时候他姨妈对他的忠告："不要管别的人怎么说，只要你自己心里知道是对的就行。"多么精辟！

能从一切羁绊之中得以超脱，才可能获得真正的自由，人格之门正是这自由得以升华的中介。

当你为烦恼所困时，如能了解自己的本性，便可找出自身特点及问题的症结，重塑自我的人格。

塑造健全的人格要避免自我人格褪色。一个人想要集他人的所有优点于一身，是最可笑的行为。我们不要模仿别人。让我们找到自己，发现自我，保持本色。

我曾访问索凡石油公司的人事主任肯鲍·迈克尔，向他询问来求职的人常犯的最大错误是什么。我相信他应该知道，因为他曾经和6万多个求职的人交谈过，还写过一本关于谋职方法的书。他回答我："来求职的人所犯的最大错误就是不保持本色。他们不以真面目示人，不能完全坦诚，却给你一种他以为你想要的回答。"可是这个做法一点用都没有，因为没有人需要伪君子，就像从来没有人愿意收假钞票一样。

"保持本色的问题，像历史一样古老，"詹姆斯·高登·季尔博士说，"也像人生一样普遍。"不愿意保持本色，即是很多精神和心理问题的潜在原因。

我们每个人的个性、形象、人格都有其相应的潜在创造性，我们完全没有必要去一味忌妒与模仿他人的优点。

在个人成功的经验之中，保持自我的本色以及用自我的创造性赢得一个新天地，是更有意义和可比性的东西。

在这个世界上，每个人都应该尽量利用大自然所赋予他的一切。

归根结底说起来，所有的艺术都带着一些自传性：你只能唱你自己的歌，你只能画你自己的画，你只是做一个由你的经验、你的环境和你的家庭所造就的你。无论好坏，你都自己创造一个自己的小花园；不论是好是坏，你都得在生命的交响乐中，演奏你自己的小乐器；不论是好是坏，你都在生命的沙漠上清点自己已走过的脚印。

在每一个人的教育过程中，他一定会在某个时候发现无知的模仿也就意味着自杀。不论好坏，你都必须保持本色。每个人的所有能力是自然界的一种能力，除了上天之外，没有人知道它能做出些什么，它能知道些什么，而这都是人类必须去尝试的。人格，需要你用生命去保护。

## 用意志激发潜能

有人称我们心中内在的否定声音为“意志干扰”。这种内在的干扰声音影响我们的重要判断，应加以消除或暂时不考虑，才能想出更多可行的方案。许多方案可能无法采用，但使大脑自由思考，不予评断，便可以增加更多可行的选择。

我们对创造力自我设限，以符合一般合理标准，这些限制为心理障碍。若我们想更具创意，必须突破这些心理障碍。

我们习惯遵循“标准答案”，很少有机会思考其他的应变方法。依麦尔·查提说过：“没有比单一的答案更危险的事。”

太早应用逻辑，会使许多突破性的意见没有机会产生。

当然，规则是很重要，但有时也该留点空间，让不守规则的意见有发挥的机会。毕加索曾经说：“每一个有创造力的行为，开始时都会造成破坏。”

实事求是具有批判性，过早批判会扼杀思想。许多愚蠢的想法都有机会成大器，不应过早定论。

在学习和工作中，当观念或事实含糊不清时，思考更加吃力，但也许能产生新的组合或形态，有新创意及新发现。

有时，我们害怕犯错，就不敢冒险。其实唯有进入可能经常失败的未知空间，才能产生创造力。

打破事物或思路的原有秩序，是创造力的基本程序。许多伟大的发明，常发生在对新领域的探索中。你怎么知道自己有没有创造力呢？你的创造力与生俱来，取之不尽。

欧易克的书中全是有趣的练习及思考游戏，激发你更高层次的创造力，可用来提升你的创造力技巧。

另一个重要的障碍是自以为是。自认为对某个问题了如指掌，就不会学习新知识与新的构想。众议会的退休图书馆员丹尼尔·柏斯汀说："阻碍进步最严重的原因，不是无知，而是对知识的幻觉。"

1971 年，雷门·达马汀博士发明了一种比 X 光更清晰的人体扫描技术。当时的评论说他疯了，这种核子电磁共鸣理论简直是一派胡言的幻想；《科学月刊》拒绝刊载他的著作，他找不到基金支持他的研究。如今，应用他的理论所制造的扫描设备在医学界不可或缺。奇斯特·卡森的影印技术，曾遭到 21 家大企业拒绝，后来却成为某大公司的科技基石。

每个人一生中总难免遭到拒绝，原因可能是别人不了解你所作所为的价值，或者是你真的错了。你可以接受拒绝，将它当成一种回馈或信息，再继续努力。

想想看一个孩子如何学会走路。如果跌倒即被视为失败，没有一个人能学会走路。学会应付失败、拒绝及挫折，是创造力过程中一个重要的部分，如果我们能够泰然处之，就能更坚强且更有自信。